跟日本儿科医生学育儿

[日] 细谷亮太 著　　生活新实用编辑部 译

江苏凤凰科学技术出版社·南京

江苏省版权局著作权合同登记 图字：10-2019-394号

图书在版编目（CIP）数据

跟日本儿科医生学育儿 / (日) 细谷亮太著 ; 生活
新实用编辑部译. — 南京 : 江苏凤凰科学技术出版社,
2019.12（2022.5重印）

ISBN 978-7-5537-5305-8

Ⅰ. ①跟… Ⅱ. ①细… ②生… Ⅲ. ①婴幼儿 – 哺育
– 基本知识 Ⅳ. ①TS976.31

中国版本图书馆CIP数据核字(2019)第200294号

跟日本儿科医生学育儿

著　　　者	[日]细谷亮太	
译　　　者	生活新实用编辑部	
责 任 编 辑	汤景清　　倪　敏	
责 任 校 对	仲　敏	
责 任 监 制	方　晨	

出 版 发 行	江苏凤凰科学技术出版社
出版社地址	南京市湖南路 1 号 A 楼，邮编：210009
出版社网址	http://www.pspress.cn
印　　　刷	天津丰富彩艺印刷有限公司

开　　　本	718 mm × 1 000 mm 1/16
印　　　张	24.5
字　　　数	320 000
版　　　次	2019 年 12 月第 1 版
印　　　次	2022 年 5 月第 2 次印刷

标 准 书 号	ISBN 978-7-5537-5305-8
定　　　价	55.00元

图书如有印装质量问题，可随时向我社印务部调换。

轻松育儿的三大重点

① 抱有"宝宝是上天的恩赐"的意识；　**②** 常保"良好的平衡感"；
③ 坦率表达"亲情"。

我当上儿科医生已经超过 40 年，当年那个只有 24 岁且单身的儿科菜鸟，现在已 66 岁，是拥有 7 个孙子的资深儿科医生。时间巨轮往前推进的同时，世界也发生了巨大的改变，信息科技发展神速，人与人的关系也和以往大不相同。

尽管如此，我心中那种"宝宝魅力无限"的想法却一如往昔。对于宝宝来说，父母便是他们唯一的依靠，会对他们悉心照料。

每每想到宝宝渐渐发育苗壮直到能独当一面时的成长历程，相信您同我一样觉得"为人父母真的很辛苦"吧。

对于拥有这般想法的您，我将献上一些育儿重点，帮您减轻一些负担。

首要之务是抱有"宝宝是上天的恩赐"的意识。1 个卵子碰上 1 个精子才能制造 1 枚受精卵，直到长成宝宝这个个体得经过好几个充满神秘的过程，请您不要忘记。一旦"宝宝是上天的恩赐"这种意识愈趋淡薄，便等于放大了"宝宝是我一个人的"感觉。由于孩子是自己孕育出来的，所以让其照着自己的意思去成长，也是理所当然的，然而，这种想法实在是大错特错。

第 2 个重点是常保"良好的平衡感"。可以稍微喘口气的时候，就该好好放松以准确决定重要的事。考虑自己可运用的时间及能力，在可能的范围当中决定先后次序，确定现在最重要的事是什么，这就是平衡感。育儿过程中当然最重要的就是和宝宝的接触，宝宝在和父母的接触中成长、发育，最后长大成人，能够独当一面。

第 3 个重点是坦率表达"亲情"。育儿时一定会感到不安、担心、疑惑及疲劳。当你站在仰赖自己的宝宝面前，虽然没什么自信，但打算要好好照料宝宝时，不知不觉间，你一定　想说"宝宝真的好可爱"。此时，请坦率地接纳这份情感，向宝宝表达出来。

所谓的"好父母"，是指什么样的父母呢？父母能为孩子做什么呢？父母又能给孩子传承些什么呢？生存绝活、父母之爱就连动物也可以本能地传承给下一代，人类更是以文化、语言及记忆留存下来。育儿，就是在和孩子的牵扯中创造出自己的文化，这是一种极具创造力的行为。本书用具体易懂的建议、"明朗、快乐、舒畅且轻松"的方法，为各位爸爸妈妈加油！

若这 3 项育儿重点及本书能对您有所帮助，那将是本人极大的荣幸。

小儿综合医疗中心院长

圣路加国际医院特别顾问　　细谷亮太

目录
Contents

第1章 新生儿时期的照顾

分娩、生产

即将生产 ………………………… 10

终于要生产了 …………………… 14

新生儿时期

恭喜生产哦 ……………………… 16

轻松养育小宝宝 ………………… 18

准备婴儿房来迎接宝宝 ………… 20

爸爸也要体会育儿的乐趣 ……… 26

给爷爷或奶奶的专栏 …………… 30

多抱抱增进亲子关系 …………… 32

让妈妈身体复原的产褥操 ……… 34

事先了解托儿所 ………………… 38

成长行事历

宝宝成长月历 …………………… 42

第2章 0岁时期的贴心照顾

哺乳

让宝宝吸母乳 …………………… 58

轻松的哺乳时间 ………………… 62

哺乳时要保持心平气和 ………… 66

做好乳房护理 …………………… 68

预防哺乳的问题 ………………… 70

关于乳房的一些小困扰 ………… 72

舒适的哺乳时间 ………………… 74

奶瓶、奶嘴的挑选和消毒 ……… 78

顺利用奶瓶喂宝宝喝奶 ………… 80

不同月龄宝宝的行事历 ………… 82

尿布

换尿布的心情 86

纸尿裤的使用方式 90

使用布尿布 94

用过的尿布的处理办法 98

换尿布的困扰 100

外出时换尿布 102

换尿布时的健康检查 104

洗澡

宝宝最爱洗澡 110

帮宝宝洗澡 114

顺利度过洗澡时间 116

如何把宝宝的身体洗干净 118

不让宝宝讨厌洗澡 120

宝宝洗澡的皮肤保养 122

宝宝不舒服时的护理方法 126

抱法

抱宝宝的最佳方式 130

背法

背宝宝的方式 132

衣服

睡眠时的婴儿服 134

过了睡眠时期的婴儿服 138

婴儿的衣服要保持干净 142

帮学走路的宝宝挑选鞋子 144

外出

坐车时要使用安全座椅 148

婴儿车的挑选和使用方法 152

用自行车载宝宝的规则 154

成长行事历

不同月龄宝宝的兴趣 156

第3章　如何喂辅食和制作简易辅食

如何喂辅食

如何轻松喂宝宝吃辅食 164

第一阶段　5 ~ 6 个月 166

第二阶段　7 ~ 8 个月 170

第三阶段　9 ~ 11 个月 174

第四阶段　1 岁 ~1 岁 6 个月 178

技巧

考虑辅食的营养均衡 182

制作辅食的烹饪工具 184

制作辅食的基本技巧 186

美味粥的基本做法 190

高汤的基本做法 192

用密封袋来保存食材 194

食谱

5 ~ 6 个月的食谱 196

7 ~ 8 个月的食谱 200

9 ~ 11 个月的食谱 204

1 岁 ~1 岁 6 个月的食谱 208

应用篇

正餐以外的点心食谱 212

用大人喝的味噌汤变化出来的食谱 214

没时间也能煮出好吃的食物 216

先冷冻速度更快 218

解答疑惑

生病时可吃的辅食 220

辅食及食物过敏 222

宝宝什么时候开始吃幼儿食品 224

第4章　1 ~ 3 岁时期的成长和养育方式

教育、发展

身心发育、发展的特征 228

生活

叛逆期也是"独立期" 234

养成规律的生活作息 238

美味又营养的均衡饮食 242

游戏

用游戏和运动锻炼体力 246

开始和其他小朋友交流.........................250

教育

用餐时的餐桌规矩.............................254

教孩子使用词语...............................258

教孩子上厕所的规矩...........................262

教孩子洗手、洗澡.............................266

让孩子养成刷牙的习惯.........................270

教孩子自己换衣服.............................274

沟通

教孩子学会规矩...............................278

好厉害哦！

第5章　疾病的知识和基本处理方式

日常生活的幸福

找到固定的医生...............................282

日常生活的准备

检查急救箱...................................286

处方药的基础知识

处方药的使用和保存方法.......................288

从日常生活开始准备

尽早发现孩子不适的症状.......................290

各种症状的处理方式

哭泣...294

发热...300

腹泻、便秘...................................306

呕吐...312

抽搐（痉挛）.................................316

出疹...322

过敏性疾病...................................328

咳嗽、流鼻涕、喉咙疾病 334

腹痛......................................342

头痛......................................344

眼疾......................................346

耳疾......................................348

健康管理

健康检查及预防接种..........................350

第6章　受伤或事故的预防及紧急处理

预防日常生活的事故

襁褓时期千万别大意..........................356

宝宝会爬后更要寸步不离 358

受伤或事故的预防

跌倒、碰撞................................360

摔落......................................361

拉扯、夹手、开启..........................362

受伤或事故的紧急处理

触电......................................364

溺水......................................365

烫烧伤 366

误食......................................370

异物进入眼、耳、鼻里......................374

受伤导致出血及流鼻血时的应急处理......376

撞到头部、胸部、腹部......................380

骨折、撕裂伤、脱臼........................382

被动物、蚊虫咬伤..........................384

紧急情况下的对策

中暑......................................387

呼叫救护车的方式及

人工呼吸、心肺按摩 388

后记......................................391

第 1 章

新生儿时期的照顾

即将生产
身心放松准备待产吧

维持平常的生活作息，保持轻松

在妈妈的肚子里待了大约 40 周的宝宝，终于接近出生的日子了。许多新手父母"忐忑不安"的心情可能大过于"兴奋期待"的心情。不过，在待产的这段日子还是要尽量放松心情，同时保持正常的生活作息。

随着生产的日子越来越近，应该可以感觉身体出现的一些变化。比如说，因为胎儿的位置会慢慢往下移，所以胃部的压迫感会逐渐消失。因此，到目前为止可能原本食欲不太好的孕妇，食欲也开始变好。

不过，这种情况也是因人而异。可能有些孕妇原本食欲就很好，并没有感觉胃部受到压迫。

提早做好住院准备

有些人在这个阶段会感到安心不少，心想"等到宝宝出生后会更忙"，所以不如趁这个时期跟朋友出去逛街买东西。

不过，若开始有"胎儿往下移动"的感觉时，最好尽量避免独自一人出远门。尤其在感冒流行期间，外出时一定要记得戴口罩，为自己和胎儿做好防护。

进入预产期（从 37 周开始）之后，随时都有可能出现阵痛。因此，最好提前做好住院的准备。

把要带去医院的东西先一一列出来，整理好收进包包，并放在家人都知道的地方。这样一来，如果在外出时突然出现阵痛，可以请先生或其他家人直接把这些物品带到医院去。

从家里到医院的路程，确认好了吗

从家里到医院的路程，在不同路况下会花多少时间、有没有地方停车等，可以在陪太太去产检时，事先确认好。

每天联络一次

"因为是头一胎，即使已经出现阵痛，但孩子还没有那么快生出来……"的状况很常见，且难以预测。所以先生最好让太太知道他在什么地方，这样她会比较安心。尤其是如果要很晚回家，一定要先告知太太，免得她担心。

爸爸也要随时待命！

在爸爸的帮助下，
让生产过程更安心！

相机、摄像机、联络电话

要拍下宝宝出生的记录来通知亲朋好友，想必生产当天爸爸也会很忙。最好事先确认相机、摄像机的电池有没有电，以及亲朋好友的电话号码。

学习拉梅兹呼吸法，陪产时可以派上用场

有没有在妈妈培训班学过缓和阵痛的呼吸法呢？因为是头一次生产，产妇很容易慌张。如果先生能够陪产，引导太太呼吸，产妇会比较安心。

出院前可先准备的婴儿用品

哺乳用品

若喂母乳就不用准备。但喂孩子喝开水时还是要准备 1 个奶瓶。

- □ 奶瓶（2 个，120 ~ 150 毫升）
- □ 奶嘴（1 个，视个人喜好）
- □ 奶粉
- □ 奶瓶清洁剂、刷子
- □ 奶瓶消毒用具
- □ 奶瓶夹

尿布用品

- □ 纸尿裤
- □ 湿纸巾
- □ 布尿布
- □ 尿布兜（3 ~ 4 件）
- □ 尿布衬垫
- □ 洗尿布用的桶
- □ 尿布清洁剂

如果使用布尿布需准备

衣服类

准备要给小婴儿穿的衣服。

□ 短袖（5 ~ 6 件）
因为要勤换衣服，所以多准备几件。最好用容易吸汗的棉纱材质。

□ 长袖（3 ~ 4 件）
选择尺寸宽松、手脚活动不受限的款式。

□ 婴儿服（3 ~ 4 件）
最好是样式简单、容易穿脱的款式。

□ 背心（1 件）
晚上或冬天时，感觉有点冷的时候可以穿，很方便。

□ 围兜兜（4 ~ 5 件）
虽然在新生儿时期几乎不会用到，但宝宝 2 个月大后就会流很多口水。也可以自己动手做，把洗脸的毛巾缝上扣子即可。

□ 毛巾被（1 件）
裹婴儿用的小棉被，卷起来可当绒毛玩具，摊开来又可以当成毯子，非常方便。

□ 裤子（1 ~ 2 岁）
虽然新生儿时期很少会穿到袜子，不过出院时可以穿。

沐浴

☐ 婴儿澡盆
☐ 温度计
☐ 纱布手巾
☐ 纱布手帕
☐ 婴儿皂

外出

☐ 婴儿背带（新生儿专用）
☐ 婴儿帽子
☐ 袜子

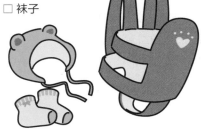

其他婴儿家具

有些可以用租的
☐ 婴儿棉被
☐ 婴儿床
☐ 婴儿用餐高脚椅
☐ 婴儿车
☐ 婴儿汽车安全座椅

妈妈住院时的建议备用品

（根据医院指示准备）

儿童健康手册、健保卡、挂号证	装在一个小包包里面。
睡衣	选前开式的比较方便。哺乳或恶露可能会弄脏，所以最好准备2件。
内衣	前开式的，2～3件。
哺乳内衣	前开式的，2～3件。
产褥内裤	2～3件。
看护垫，产褥垫	要换护垫时比较容易，从产房出来后就可以用。
束腹带	可以促进子宫收缩，产后可立刻使用。
洗脸毛巾、浴巾	可以让宝宝躺在上面睡。
纱布、清洁棉、母乳垫	清洁棉多准备一点，要用来清洁乳头或会阴部。
面纸	有湿纸巾的话，会比较方便。
手表	测量阵痛间隔时间或哺乳时间，有附秒针会比较方便。
羊毛衫、大衣	离开病房购物时可以穿。
筷子或杯子	顺便准备汤匙、叉子。
洗漱用品	可能会有亲友来病房探视，所以要保持整洁。
拖鞋、袜子	要穿袜子，防止足部着凉。
记事本	住院时有很多要记的事情，像如何哺乳或帮宝宝洗澡等。
耳塞、眼罩	减少周围的声音或光线的刺激，睡不着时可以使用。

分娩、生产 终于要生产了！
落红、阵痛、破水

出现"落红"，几天内就可能生产

　　所谓"落红"，是指混杂少量血的分泌物，为混合着包覆胎儿的胎膜和子宫颈管的黏膜。有不同颜色，有的呈现粉红色，有的带褐色。出血量因人而异，有些人的量和月经差不多，有些人的量少，大概是会弄脏内裤的程度，但有些人甚至完全没有感觉。

　　出现"落红"，是准备生产的预兆。这时要有心理准备，可能在 4 ~ 5 天内就会出现阵痛。这时候还不必感到惊慌，保证饮食均衡、睡眠充足，好好地培养体力。

　　做完定期产检后也可能会有出血的情形，这种情形一般在 1 ~ 2 天内就会停止。有时候因为产检刺激，也会出现阵痛。如果不放心的话，可以找妇产科医生咨询。

每隔 10 分钟就阵痛时，要尽快就医

好像快生产的子宫收缩，一般会慢慢发生。"像是生理痛""感觉肚子变得很僵硬""腰变得很沉重、有异物感"等，若出现这些征兆，是即将会变成阵痛的"痛"。

不久就会开始经历从未有过的痛楚，甚至痛到无法走路，这时候要赶紧打电话给先生或家人，先把必要的行李拿到门口。

准备时钟或手表用来测量阵痛的间隔时间，因为真正的阵痛是每小时 6 次，间隔 10 分钟。虽然不必太过焦急，但也不能轻视，万一孩子太快生出来却来不及去医院就糟了。

先打电话联络医院，告知目前状况，听从医院的指示。出租车可能无法随叫随到，所以最好提前叫。

生产是妈妈给孩子的第一份礼物

子宫的胎膜破裂而导致羊水流出来，就是"破水"。通常开始阵痛、子宫口张开、胎儿快要出生前就会"破水"，大多数人到了医院才会发生，但也可能更早之前发生。

一旦出现破水，胎儿就很容易受到感染。如果在去医院前就破水，请立刻送医。这时候千万不要觉得身体弄脏了，很不舒服，想要洗澡。破水和漏尿有时候会搞混，如果无法自主停止，而且没有尿骚味，而是带点酸甜的味道，那就是破水。

恭喜生产哦
住院期间可以做的事

感动的初次见面后是忙碌的妈妈生活

头一次生产，从开始阵痛到生产结束，要花 10 ~ 16 小时。生产后，因为要确认胎盘排出和子宫收缩的情形，所以要先在产房观察一段时间，才能回到病房。

有些人因为怀孕期间的问题而住院，在生产前就安静地休养。不过产后住院期间，因为有很多的事情要做，会非常忙碌。

虽然每隔 3 小时才要哺乳，不过刚开始哺乳可能每次都要花 1 小时左右，再加上还要进行奶瓶消毒或调配奶粉、沐浴、乳房按摩等活动，妈妈也会因为要吃饭、洗澡，或陪来探视的亲朋好友聊天而忙碌不已。

因此，妈妈在休息时间要保证充足的睡眠，才能够恢复体力。

向育婴专家请教吧！

由于现代是小家庭居多，和左邻右舍互动的机会很少，所以可以帮忙照顾小婴儿或提供育儿意见的人也越来越少。因此，比起"小婴儿很可爱"或"带孩子很轻松"，很多人会觉得"养儿育女是一件很辛苦、很困难的事"。

不管是谁，刚开始接触生产或育儿的事，肯定会有很多不懂的地方，这是理所当然的。因此请不要担心："问这个问题会不会很奇怪？"只要有不懂的地方，就向医生请教。

除了如何哺乳或帮新生儿洗澡，像如何帮宝宝剪指甲或清理鼻屎等，都可以请护士先示范一次，也可以事先记下重点。

妈妈产后行事历

生产当天	最重要的是要保持安静，消除疲劳。有些病房会采取母婴同室，如果妈妈会因为小婴儿的哭声而难以入眠，可以告诉医生或护士，请他们把小婴儿先安置在新生儿室。

产后 1~2 天	开始哺乳 量体温 妈妈复诊（检查子宫愈合状况、观察恶露） 小婴儿健康检查 母乳按摩卫生教育 妈妈可以开始冲澡 开始做产褥操 会客

产后第 3 天	复诊 妈妈可以泡澡

产后第 4 天	出院检查 生活卫生教育 育儿建议 家庭计划指导

出院	缴费（各医院要求不同） 预约 1 个月的体检 返家

住院期间可以和合得来的妈妈互留联络方式

　　0 岁时期的宝宝，即使出生只相差 1 个月，两者的体重和身体功能的发育也完全不同。妈妈的烦恼也大相径庭。"遇到这种情况，该怎么办呢？""如果这么做的话，会更顺利"等诸如此类的对话，如果拥有同样月龄的宝宝，妈妈们彼此一定会很有话聊。

　　有些人甚至会定期和在哺乳室有一面之缘的妈妈们举办"见面会"呢！因此不妨和谈得来的妈妈交朋友，大家一起携手度过带孩子的辛苦时期。

轻松养育小宝宝
育儿是没有规定的

宝宝的生活每天都有新发现

终于要和宝宝一起生活了。每天会过什么样的生活呢？对于初次的育儿生活，相信很多人都会感到战战兢兢。

希望和宝宝每天的生活充满乐趣，有各种不同的新发现，时而欢笑、时而担心、时而感动。

育儿书的标准只能当作参考

因为每位小宝宝都是独特的存在，所以无法按图索骥。如果完全按照育儿书的方式去喂养，认为"我家的孩子不是这样"的话，只会徒增烦恼。

一天该换几次尿布，母乳每天该喂几次、该喂多少等，诸如此类的问题，千万不能完全依赖书上的数字。

其实最重要的是观察宝宝的情况。建议把睡眠、哺乳、排便、换尿布的时间或次数、颜色或情绪好坏、便便的状态等一一记录下来。再根据这些记录，自己仔细观察，就能逐渐了解自己的宝宝。带宝宝去体检或看小儿科时，这些记录就能派上用场。

不要拘泥数字育儿的重点

对于体重、哺乳的间隔时间、晚上醒来的次数等问题，不要想着"应该要这样才对"而钻牛角尖。

◎ 只要沿着发展曲线成长，就没有问题。

◎ 最重要的是观察宝宝情况，不要完全依赖书。

◎ 妈妈不要自寻烦恼，全家人一起守护宝宝。

耐心的父母才能让宝宝展现笑容

育儿最幸福的事，莫过于看到宝宝脸上展露笑容。刚出生不久的宝宝，只要爸爸或妈妈对他说话或微笑，也会回以微笑。

至于要如何让宝宝展露笑容，其实最重要的是爸爸或妈妈要用温和的态度去对待宝宝。父母的情绪稳定，孩子的精神也会因此受益。

话虽如此，育儿绝不是轻松的事，需要花很大工夫。能省的时候就要省，该花心思的地方就要花心思。在这两者之间取得平衡，用轻松的心情去体会育儿的乐趣吧！

如果不放心，可以向医生或护理师咨询

翻开儿童健康手册，里面提到宝宝 5 ~ 6 个月大就会翻身，8 ~ 9 个月大就会爬，也介绍了宝宝成长的一些标准。因此，一旦家长发现宝宝的相关数据没有达到标准时，或许就会担心。

但是，宝宝的成长速度是因人而异的。举例来说，有些宝宝在 8 ~ 9 个月大时，好不容易才会翻身，但几乎还不会爬，可是 1 岁之前就已经会走路了。这种案例并不少见。

如果家长真的很担心，可以趁宝宝 1 个月大或 3 ~ 4 个月大要体检时，顺便向医生或护理师咨询，相信大部分都在正常范围内。如果真的有问题，就要采取正确的处理方式。

育儿的问题也可以向儿科医生咨询，只要感到不安，千万不要客气，一定要向专业人士咨询。

最重要的事，不要拿自己的宝宝跟书上写的或邻居的小孩做比较，请用稳定的情绪来守护孩子成长。

准备婴儿房来迎接宝宝
最重要的是明亮、干净、安全

婴儿的被子材质最好是纯棉的

婴儿白天时所待的房间，最好是安静、有柔和的自然光照射、非西晒的房间。如果没办法空出这样的房间，只要在白天的时候把婴儿床移到家中明亮的地方就可以了。

最好在生产之前就完成家中的大扫除，甚至连窗帘也要清洗干净，换上干净的窗帘迎接新生儿到来。

婴儿的棉被最好选用触感良好，同时具有吸湿性的天然材质。丝质或化学纤维的材质太滑，可能会阻塞小婴儿的口鼻；羊毛或羽绒被可能会引起过敏。因此，刚开始最好选用纯棉材质的。而且婴儿的棉被一定要常常晒太阳，让它变得比较蓬松。

婴儿不需要枕头。因为头部和脖子之间的高度差异，有可能会导致婴儿呼吸困难。因此，只要把毛巾折成四折，当作婴儿的枕头就行了，而且这样清洗起来也比较轻松。

把孩子抱走，再打扫婴儿房

婴儿房要常常打扫，保持干净。打扫时，如果要使用吸尘器，为了避免婴儿吸到从排气口所排放出来的灰尘，一定要先把婴儿移到别的房间。打扫完毕之后，要打开窗户通风，让新鲜的空气进来，通风结束后再让婴儿回房间。

在打扫房间时，如果想让小婴儿待在房间里，最好先用手捡拾比较大的垃圾，再用拧干的抹布擦拭，或用除尘式的拖把来拖地，尽量使用不会扬起灰尘的清扫方式。

正确使用婴儿床

如果家中除了婴儿还有其他小孩，或有饲养宠物，最好让婴儿睡婴儿床会比较安全。

如果要挂音乐铃，不要挂在婴儿的头上，挂在脚边会比较好。

婴儿床附近的墙壁不要用圆钉挂月历或书。

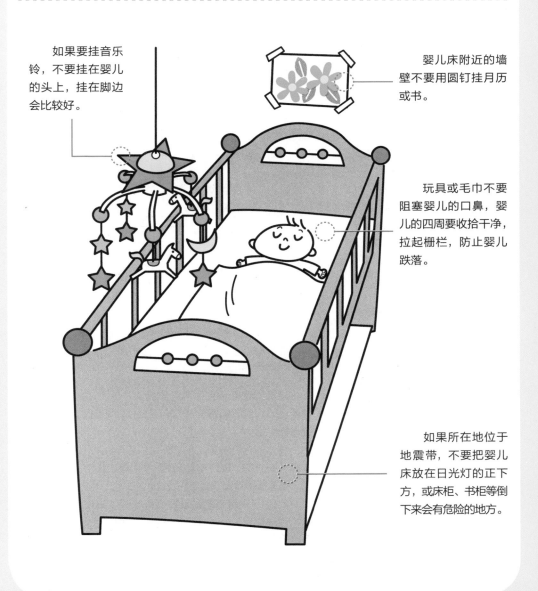

玩具或毛巾不要阻塞婴儿的口鼻，婴儿的四周要收拾干净，拉起栅栏，防止婴儿跌落。

如果所在地位于地震带，不要把婴儿床放在日光灯的正下方，或床柜、书柜等倒下来会有危险的地方。

家中有婴儿，日常要注意这些事

头一次带孩子，相信一定有很多令人感到不知所措的地方。该怎么做，才能让宝宝顺顺利利、健健康康地长大呢？要先为宝宝和自己的居家舒适着想。

禁止吸烟

香烟中含有许多对身体有害的物质，像尼古丁、一氧化碳、焦油等。如果妈妈在哺乳期间抽烟，尼古丁会通过母乳进入婴儿体内，一旦婴儿吸入尼古丁，会出现情绪不佳、失眠、呕吐等急性尼古丁中毒的症状。

如果同一个房间内有人抽烟，婴儿会吸入二手烟。即使在屋外抽烟，但是从衣服或呼吸所散发出来的有害物质，也会对婴儿造成间接的伤害。

香烟中的有害成分，很难从身体中去除，有些甚至会造成一辈子的健康伤害。因此，最好全家一起禁烟！

注意饮酒的方式

适量的饮酒不会伤害身体健康，也会让食物更美味，甚至还可以消除妈妈的压力。但是在哺乳期间，酒精会通过母乳传给小婴儿。

婴儿的营养来源，几乎都是依赖母乳。因此，在还没有哺乳完之前，最好不要喝酒。如果因为有庆祝活动而喝酒，当天晚上尽量不要喂母乳。

此外，即使在哺乳期结束后，在育儿的过程中也不要喝得烂醉如泥，或养成每天喝酒的习惯，因为这样可能会影响到判断能力，导致小婴儿发生意外。

饮食要均衡

妈妈每天照顾婴儿会忙得晕头转向，往往很容易疏忽自己的身体。一天三餐正常饮食很重要，如果常吃外面的食物，像超市的快餐、熟食或面包等，可能会造成饮食不均衡和摄取过多的脂肪或糖类，而缺少维生素、矿物质和膳食纤维。

即使午餐只吃盒饭或饭团，也可以自己做一道汤品，加很多蔬菜或丰富的配料。摄取足够的水分，也会让母乳分泌得更好。

减少压力

一旦有了婴儿，妈妈几乎没有自己的时间。妈妈若感到焦躁不安，会影响婴儿的情绪，也是导致婴儿哭闹或不喝母乳的主因。因此，妈妈千万不要自寻烦恼，认为"为什么都是我在做……"要懂得向先生表达"我遇到困难"或"希望你帮我……"等想法，具体地说出希望他帮忙做的事，先生也应该要主动关心妻子。

请专业月嫂帮忙

产后如果无法回娘家，或没有其他家人帮忙照顾新生儿，可能会让妈妈更容易疲劳。在这种情况下，应该要寻求其他人帮忙，比如请个专业月嫂，千万不要独自烦恼。

1岁才能亲子共乘自行车

外出买东西或办事时，使用自行车很方便。如果要搭载婴儿，须安装专用的辅助椅。除了配合孩子的月龄购买有安全认证的辅助椅，还要正确地安装。要等到1岁左右才能使用。为了防止孩子跌倒或摔落，一定要系安全带。

通常宝宝要到4～10个月脖子才能挺起来。妈妈也可以把孩子背在后面骑自行车。

一定要使用安全座椅

妈妈千万不要认为"只有一会而已"，所以抱着婴儿坐在副驾驶位置，如果突然紧急刹车，婴儿可能会飞出去。这种悲惨的案例，绝对不是个案，千万要留意。

成人要系安全带，婴儿也要坐在安全座椅上。为了不让婴儿排斥坐安全座椅，最好一开始就让孩子习惯坐安全座椅。即使有爷爷或奶奶同坐时，也要让孩子坐在安全座椅上。

检视家中的危险场所

家中原本应该是最安全的地方，但实际上也有很多危险的地方。像是被电线绊倒、撞到衣橱的边角，或用力关门手被门夹到等。

可以参考本书第六章，重新审视住家的安全，避免让孩子受伤。最重要的还是不要让孩子离开自己的视线。

不要剧烈摇晃婴儿

婴儿哭闹不休让人心烦，但如果为了哄宝宝而摇晃太过剧烈，可能会让宝宝有罹患"婴儿摇晃综合征"的危险。

主要因为婴儿脖子的肌肉还没有发育完全，如果剧烈摇晃，或抱着玩"飞高高"，可能会让其脑部受到冲击，导致功能受损，有可能会造成日后发展迟缓。

婴儿房的温度调节

善于使用冷暖房

　　婴儿的体温调节能力很差，因此随着气温的高低变化，宝宝的体温会跟着变化。如果发现宝宝的脸很红、有流汗，表示很热；如果手脚冰冷、脸色很差，表示很冷。可以用增减衣服来帮宝宝调节，同时要注意房间内的温度调节。

　　天气热的时候，空调的温度和室外的温差最好以保持在 5℃左右为宜，同时也可以开窗或开风扇。

　　即使在天气很冷时，室内的温度也不要过高。因为冬天的空气比较干燥，可使用加湿器，记得让室内的湿度保持在 40% ~ 60%。

使用冷暖房时的注意事项

冷气

　　风：如果出风口直接对着小婴儿，会让身体受凉。最好把出风口水平往上吹，不要直接对着宝宝。

　　温度：温度调整为 28℃。晚上睡觉时可以设定定时关机，不要长时间使用。

暖炉

　　一定要使用护栏。爸妈要坐在暖炉的旁边，别忘了要经常通风换气。

电风扇

　　和空调一样，不要直接对着婴儿吹。

暖气

　　温度：温度设定在 18 ~ 20℃。

　　换气：白天的时候要勤于通风换气。

　　保湿：为了防止空气太过干燥，也可以使用加湿器。

暖桌、电热毯

　　婴儿的皮肤很薄，即使是低温，也可能让婴儿的皮肤烫伤，因此要注意控制温度。另外，因为会很干燥，所以要记得多补充水分。

爸爸也要体会育儿的乐趣
成为父亲，人生变得更丰富多彩

扮演妈妈的辅助角色很重要

生产前宝宝已经在妈妈的肚子里待了 40 周，所以妈妈自然比较容易体会身为母亲的角色。就这一点来说，爸爸要从日常生活中，比如看婴儿熟睡的脸庞或触摸他的小手，才能慢慢地体会身为人父的感觉。

尽管从生产开始，爸爸和妈妈的心情是有落差的，但不必为此感到心急。爸爸不仅要有"初为人父"的心理准备，同时也要多关心太太，扮演好先生的角色也很重要。

重点

为婴儿报户口

帮婴儿报户口的人，原则上是婴儿的父亲或母亲。要携带夫妻双方的身份证、结婚证、户口本及户口本复印件、婴儿的出生证明，到当地的户政机关办理户口登记。办理出生登记一般要在婴儿出生的一个月之内办理，各个地方不一样，有的是一个月，有的是半年，超过上户口的期限会有相应的说法，可以咨询当地派出所。

多跟婴儿接触

虽然刚出生的婴儿看起来似乎都在睡觉，但他还是听得见爸爸叫他的声音。因此，如果婴儿张开眼睛，爸爸不妨多跟他说话，对他微笑或触摸他的小手心，会意外地发现婴儿会用力地反握。

建议爸爸用这样的方式，多跟婴儿沟通。如此一来，就能和宝宝慢慢地建立亲密的关系。

最近有个新词叫"奶爸"。爸爸能积极地参与育儿，这对妈妈来说是非常开心的事。不但可以让孩子和爸爸间建立起强烈的情感联结，对爸爸来说，也增加了一项人生的乐趣。

先生要体谅和协助太太

爸爸加入育儿的行列，不光只是帮孩子洗澡、换尿布、哄孩子睡觉而已。如果还能帮忙做一些家务，像是叠衣服、打扫、洗碗等，也算是帮了妈妈很大的忙。

尤其是刚生产完，妈妈可能会因为内分泌失调，情绪特别不稳定，这种状况又称"产后抑郁症"，会出现焦虑不安或失眠、食欲不振等症状。这对于大部分的人来说，或许只是一时的情绪失调。但如果处于压力很大的环境，可能会成为忧郁症的主因。因此，千万不能疏忽。

在这种情况下，能成为太太最大支柱的人就是先生。除了假日帮忙做家事、带孩子，平常下班后也最好早点回家。多听太太发牢骚，应该可以纾解太太的心情。

身为先生，别忘了要对辛苦操持家务的太太说声："谢谢"，这对她来说也是一种莫大的安慰。

还有在产后 6 ～ 8 周，夫妻之间就能恢复性生活，有可能怀孕，两人要好好商量。有人说哺喂母乳的这段时间不会怀孕，这是错误的。

花力气的工作就交给爸爸

即使返家后，也要经过 6 ～ 8 周的休养，妈妈的身体才能恢复到生产前的状态。恢复前，尤其可能会腰痛或罹患腱鞘炎。因此，最重要的就是先生要帮太太分担家务。

此外，为了避免婴儿在家中发生危险。平时就要把电线收拾整理好，并保养家具。耗费力气的工作都交给爸爸去做，也能让他对养儿育女有更深的体会。

爸爸可以用更宽广的视野照顾宝宝

爸爸也要竭尽所能去分担育儿的任务，这点很重要。

例如宝宝突然发热而引起痉挛，或撞到某些东西，妈妈可能会很慌张。这时爸爸要能冷静地判断该不该叫救护车或有没有必要送去医院等，由爸爸负责打电话跟对方交涉，妈妈和宝宝也会感到比较放心。

因此，爸爸平常要尽量帮忙带孩子，必须要事先知道宝宝平常的各种情况。建立"万一遇到紧急情况，还是要有爸爸陪在身边"的信赖感，这对于长时间都在带孩子的妈妈，也是莫大的鼓励。

如此一来，将来孩子面临一些重要的决定时，才会找爸爸商量。

妈妈的产假和爸爸的陪产假

不但上班族妈妈可以请产假，爸爸也有权利可以请陪产假。

上班族妈妈可以在产期前后享受产假，一般规定为 98 天，难产的可以增加 15 天，生育多胞胎的妈妈每多生育一个婴儿可增加 15 天，晚育者可增加 30 天。在生育后，宝宝满一周岁之前，妈妈还可以享受每天在劳动时间内两次哺乳的时间，每次 30 分钟，多胞胎生育的，每多哺乳一个婴儿，每次哺乳时间增加 30 分钟。以上所介绍的为一般情况，具体的休假时间可参考所在省、自治区、直辖市的计划生育条例规定。

在妈妈休产假期间，爸爸可以依法享有一段假期来看护、照料妈妈。爸爸休陪产假的具体时间要看各地的具体法规，多数省份规定的是 7 天，晚婚晚育的可以延长至 10 天，也有的省份是 30 天。关于陪产假的制度，具体可参考当地的相关法律法规。

爸妈一起帮宝宝洗澡

　　由于爸爸的手比较大，很适合在澡盆里按住宝宝的头或耳朵，可稳稳地支撑宝宝的身体，这样宝宝也会比较安心。

　　此外，妈妈帮宝宝洗澡主要是把身体洗干净。因为家务忙碌，希望可以很有效率地完成。因此，如果由爸爸帮宝宝洗澡，可以和宝宝在澡盆内轻松地玩耍。

　　如果爸爸无法每天帮宝宝洗澡，至少可以每周一次，享受和宝宝一起洗澡的乐趣。如此一来，宝宝在成长的过程中可能会主动要求"洗澡要爸爸陪"。

　　相反的，当妈妈在帮宝宝洗澡时，爸爸可以帮忙准备宝宝要换穿的衣服，或等宝宝洗完澡时，帮宝宝穿衣服或陪他玩耍，让妈妈有时间可以慢慢地洗澡。

"孤独育儿"的情况逐渐增加？

　　在祖孙三代一起生活的年代，即使爸爸忙于工作而无法参与育儿，但家中还有其他人可以帮忙带孩子，因此妈妈不必孤军奋战。

　　不过，现代社会的小家庭越来越多，如果爸爸无法协助照顾孩子，妈妈就得单打独斗。加上和邻居的往来也越来越少，导致妈妈即使有育儿方面的困扰，也找不到人可以咨询。

　　对育儿感到不安的妈妈越来越多，这也是无可奈何的事。如果事态严重，甚至可能出现虐儿的案例。这些事件的起因，要归咎于孤独的育儿方式。

　　为了防止这种情况，现在有越来越多的人开始呼吁爸爸也要参与育儿。

给爷爷或奶奶的专栏
从容看待新手父母的育儿方式

用从容的心情带孙子的人生大前辈

身为前辈，爷爷、奶奶看着新手父母为育儿奋战时，一定要在旁温暖地守护他们。

尤其是新手爸爸或妈妈，通常会很在意细节，只要一发现自己的孩子和别的孩子稍微有不一样的地方，就会感到不安。

因此，人生经验比较丰富的爷爷或奶奶，这时要在一旁泰然自若地给他们建议，鼓励他们"不要紧的"，帮他们度过困难的时期。

带孩子的锦囊妙计

不要和其他人比较

身高体重的发展因人而异。

多多称赞他

"你会了耶！""你好棒喔！"要多多称赞孩子，这样他们也会比较喜欢爷爷、奶奶。

养成打招呼的习惯

"早！""谢谢！"等，要让孩子养成这些跟别人沟通最基本的打招呼习惯。

唱童谣或用手玩游戏

小婴儿很喜欢听童谣或玩手指的游戏。听见爷爷或奶奶温暖的歌声，宝宝的心情也会比较稳定。

老生常谈要适可而止

不过，育儿的常识会随着时代的不同有所改变，像喂母乳的方法或抱孩子的方式、添加辅食或换尿布的方式等。因此，会看育儿书的爷爷或奶奶好像也变多了。

育儿的基本方法是由爸爸或妈妈自己拟定。因此，如果和过去的经验法则有出入，在某种程度上要睁一只眼闭一只眼，配合或遵从他们的做法。对孩子的管教方式也要一致。这样孩子在成长的过程中，身心发展才会比较平衡。

容易产生代沟或意见不合的情况

要给零食前，最好先问过爸妈

　　爷爷看到孩子开心的脸庞，忍不住就想给他们零食。但零食的热量很高，可能会影响到孩子的正餐，同时也会担心有食物过敏的问题，所以在给孩子吃零食之前，最好先问过孩子的父母。

不用担心"抱成习惯"，多抱宝宝没关系

　　1950～1970 年出版的育儿书曾提到："为了怕宝宝养成爱给人抱的坏习惯，所以即使宝宝在哭闹也最好不要抱他。"不过，现在这种方式已经遭到否定。宝宝被抱不但会很舒服，且身心发展也会比较稳定。因此，请多抱抱宝宝，千万不要担心。

当年轻夫妻和孩子的温暖依靠

　　平常温暖地守护着孩子，当孩子受到父母严厉的管教时，爷爷和奶奶就成了他们的庇护所。孩子们也可以从他们身上学到不同年代人的价值观或生活方式及人际关系等，并学会关怀别人。

不要把蛀牙传染给宝宝

　　最近研究证实蛀牙是受到蛀牙菌的传染所引起。原本宝宝的口腔内并没有蛀牙菌，是因为大人在喂饭时，通过口中的唾液而传染的。从这个观点看来，大人最好不要拿自己用过的汤匙来喂食宝宝。

多抱抱增进亲子关系
从哭声变化中感受宝宝的成长

只要宝宝哭就抱?

明知道"小婴儿就是会哭闹",但事实上,如果看到小婴儿在眼前一直不停地哭闹,大人的心情多少还是会受到影响。

在此希望妈妈能够先想一下,对于还不会说话的小婴儿来说,这种所谓的"哭闹",是他们向妈妈传达的方式,告诉妈妈他们肚子饿了、口渴、尿布湿了、疼痛、想睡或很热等。

尤其是 3 个月大的小婴儿,通常他们哭泣的理由,几乎都是因为生理上的不舒服。因此,妈妈必须找出宝宝哭泣的原因,尽快给予适当的处理,才能让宝宝停止哭泣。

爱哭和不太爱哭的小宝宝

在小婴儿中,有特别爱哭的和不怎么爱哭的宝宝。这是宝宝不同的个性使然,不必太过在意。

有些时候,如果身边的大人感到焦虑不安,会让小婴儿变得更爱哭闹。因此,无论是爸爸或妈妈,最好不要太情绪化,要用温和冷静的态度来对待小婴儿。

另一方面,也有一些小婴儿不太爱哭,总是笑脸迎人。就算医生说没有任何问题,妈妈和爸爸也不能因为宝宝很乖不吵就完全放任不去管他。而是应该多跟宝宝沟通、说话。

当小婴儿哭泣时,必须要特别注意的一点是,他在哭的过程中突然停下来,出现全身瘫软的情况,这时就要怀疑宝宝的身体有异常,不妨先检查看看有没有发热、拉肚子或其他异常症状。如果有必要,就要叫救护车(比较详细的说明请参考第 6 章)。

抱抱的功效

抱抱有这么多良好的功效

感受到皮肤的温暖，情绪会比较稳定

全身放松、整个身体状态也会变得更好

及早发现婴儿身上的疾病或受伤的地方

减少哭泣，让育儿更轻松

宝宝哭泣的原因会随着成长而变化

大多数时间都在睡觉的宝宝，哭泣的主要原因不外乎就是"肚子饿""尿布湿了不舒服"等生理上的因素。

另外，也时常发生明明抱着时睡得很香，但一放到床上就放声大哭的情况。

宝宝随着醒来的时间增长之后，慢慢地也会有具体的需求，像是"希望人家抱他"或"情绪不好"等精神方面的理由。

在这种情况下，可以多抱抱他，让他感到安心。千万不要怕会养成宝宝爱给人抱的坏习惯。

宝宝知道可以借由哭闹来达到目的

等到 5 ~ 6 个月大，情绪方面逐渐发展之后，宝宝就会开始认生。8 ~ 9 个月大之后，会跟在爸爸或妈妈的后面哭闹。这种"哭闹"不但是宝宝心理成长的证据，同时也是加深亲子之间牵绊的一种表现。

而且在这段时期，宝宝会有更明显的欲求，"会想要某样东西"或"想要这么做"。但因为还不太会用语言表达，就会用哭闹的方式来表达。

宝宝相当聪明，知道在这种情况下，只要自己哭闹，妈妈就会答应自己的要求。

让妈妈身体复原的产褥操
产后 1 个月内不要太逞强

产后妈妈情绪容易不稳定

刚生产完的妈妈，不但身体容易疲累，还要照顾小婴儿，没有时间可以好好休息。除了身体容易疲劳，还有产后忧郁症等精神方面的问题，身心都处于很不稳定的状态。因此，产后 1 个月内，妈妈最好趁孩子睡觉时充分休息，好好调养身体。

产后不久，妈妈的身体会慢慢开始产生变化。怀孕期间被撑开变大的子宫，产后第 1 天会回到肚脐下 2～3 厘米的地方，第 5 天会移动到肚脐和耻骨中间，过了 2 周，会恢复到生产时 1/3 的大小。4 周后，恢复到怀孕前的大小。6～8 周，恢复原来的功能。

产后不久会有恶露（混着血的分泌物）排出。恶露排干净的时间因人而异，如果发现有红色或褐色的分泌物持续超过 2 个月，感到疼痛或有发热，不要忍耐，赶快去看医生。

什么是产后忧郁症

在怀孕期间分泌旺盛的雌激素，在产后会减少，因此导致内分泌失调，让妈妈的情绪变得很不稳定，容易患上产后抑郁症。这时会出现焦躁不安、失眠、食欲不振等症状。或许对大部分的人来说，这只是一时的情绪失调，但如果身处压力很大的环境，可能会患上神经衰弱症，因此千万不能轻忽。

此外，也有少数的女性会因为雌激素减少而导致骨质流失，出现骨质疏松症。

产褥操可帮助身体复原

生产后，在身体允许的范围内，做点产褥操吧！产褥操可以有效地帮助子宫或腹肌恢复，还能让身体早日康复。可以采用循序渐进的方式，每天增加一点活动量。产后住院期间，可以主动向医生或助产士请教如何做产褥操。

产褥操这样做

产后第 1 天

腹式呼吸　每隔 2～3 小时做 5～6 次。

①仰躺，两膝立起，双手放在胸部上。

②慢慢地摩擦双手，同时用鼻子深呼吸，然后憋气。

③从嘴巴慢慢吐气，直到肚子凹下去，一边吐气一边把手放到腹部。

脚踝运动　一回 10 次，做 3 回。

仰躺，脚跟顶住地板，重复弯曲伸直脚尖。

脚部运动　一回 5～6 次，做 3 回。

仰躺，双脚张开与肩膀同宽，再并拢。

手臂运动　一回 10 次，做 3 回。

①仰躺，双脚往前伸直。

②膝盖不弯曲，手心朝上，双手往旁边张开，直接举起手臂。

③双手在胸口上方合十，再放回原位。

产后第 2 天

腹肌运动

一回 5 次，做 3 回。

①仰躺，双脚并拢，往前伸直。

②一手放在肚子上，另一手摆在旁边，只有头抬起来。

③看着肚子上面的手，做一次呼吸之后，再把头放下来。

产后恶露的变化

【产后 2～3 天】

带有血的颜色，就像生理期的月经，有些人的量会比较多。

【产后 4～7 天】

恶露的颜色会变成茶褐色，逐渐变淡，量也慢慢变少。

【产后约 1 个月】

量变得很少，恶露即将结束。

恶露的处理方式

在恶露持续排出期间，可先用消毒棉片从尿道口朝肛门的方向擦拭，如果量很多，可以用卫生巾，量少就用护垫。洗澡时尽量用冲澡的方式，不要泡澡。

腹肌运动 一天数次，每次 5 下。

①仰躺，双手垫在背下，让身体和地板之间形成一道隙缝。

②不停地呼吸，腹部的肌肉慢慢用力、紧缩腹部，像把身体黏在地板上。

手腕运动 以 10 次为一遍，多做几遍。

①站着或坐着都可以，把背打直。

②双手往前伸出举高，与肩同高，放松手腕。

③保持姿势，甩动手腕。

让骨盆倾斜的运动 早晚各做 5 次，左右交叉进行。

①仰躺，把脚伸直，双手放在腰部。

②把一侧的腰抬高 45 度，保持 1 ~ 2 秒，恢复原位。换边再做。

脚部运动 一回 5 次，做两回。

①仰躺，弯曲双膝。

②让左小腿和地板保持平行，弯曲膝盖，深呼吸。

③到大腿快接近肚子时，把腿往前伸直，保持这样的姿势，做一次深呼吸后，放下左脚。换另一只脚再做。

骨盆运动 一回 5 次，做两回。

①仰躺，弯曲双膝。

②双膝并拢后，慢慢地朝左侧倒下。

③呼吸一次后，缓缓地恢复原位再换方向倒向右侧。

用运动来调整体型

在怀孕期间因为激素产生的作用，身体会变得容易累积脂肪，或变成容易发胖的体质。要等生产过后，激素的分泌才会恢复到生产前的状态。

据说从怀孕期间到产后 6 个月左右，体内的脂肪会变成比平常含有更多水分的某种流动性物质。换句话说，在产后 6 个月的这段时间，也是比较容易让身体紧缩的状态。因此，在这段时间不妨穿着有塑身效果的内衣裤。

让腰部紧缩的运动

仰躺，把一脚扭向另一脚的方向，保持 5 秒钟。再换另一边，各做 5 次。

提臀运动

趴着，先抬起一只脚，保持 5 秒。再换另一边，左右各做 5 次。

紧缩大腿运动

仰躺，把脚抬高，做踩脚踏车的动作。脚尖要完全伸直，持续 2～3 分钟。

产后运动

产后运动可从产后第 2 个月开始做。但因为这个时期身体很容易失调，所以在做运动之前，最好还是先向医生咨询，千万不要逞强。

事先了解托儿所
慎选托儿所，妈妈宝宝都开心

托儿所和幼儿园有何不同？

如果父母都有工作，白天家里又没有人可以照顾孩子，可以把孩子送到托儿所。有些托儿所托育对象的年龄可以从零岁开始，一直到上小学为止。

至于公立的幼儿园，其招生对象则通常是在 3 岁以上，一直到上小学为止。安排在适当的环境中，通过集体生活的方式，可以让孩子的身心都得到良好的发展。

妈妈生产后，如果还想继续工作，托儿所就是最得力的助手。因此，不妨在生产前就去了解一下，住宅附近有哪些托儿所，还有多少名额可以申请，以及申请的方式等。

关于托儿所，应该先了解的事

托育时间（标准状况）

托育时间依照不同托儿所多少会有点差异。基本上是一天 8 小时为主。

托育内容

一天的生活方式，在户外玩游戏或画画、读绘本、唱歌、做手工、睡午觉等，午餐和点心由托儿所提供。针对 3 岁以上的幼儿，大多也会教些算术或启发文字兴趣的教学。如今托儿所的托育内容似乎已经跟幼儿园相差不远。

此外，随着上班族妈妈工作形态的多样化，托育的需求和制度也变得越来越多样化了。

【婴儿保育（零岁保育）】

　　有些托育中心收零岁的婴儿，所以从产后 2 ～ 6 个月开始就可以送托育中心。

【延长托育时间】

　　如果家长因为工作或通勤时间，无法在正常时间去接送小孩，有些托儿所可以把时间延到晚上 7 点甚至 7 点半。

【夜间托育】

　　也有些托儿所会配合家长，可托育到晚上 10 点左右。

【假日托育】

　　原本所有的托儿所在节假日都是休息的，但为了配合有些家长因为职务的关系，节假日也要上班，所以有些托儿所假日也有营业。

如何找托儿所

　　家长首先要先收集足够的相关信息，最重要的是挑选一所对孩子或父母来说最适合的托儿所。

　　原则上可以挑选住家附近经过认可的托儿所。因为每天要接送孩子，所以离家近、交通方便的条件也很重要。

　　如果有意想送孩子去某一间托儿所，不妨先去参观环境。有经过认可的托儿所，设施应该都符合一定的标准。但要实际去参观之后，才能确认它的便利性或幼儿园内的气氛等。此外，还可以顺便看看幼儿的人数、设施的规模、有无庭院、周边的环境等。

关于幼儿园，应该先了解的事

幼儿园大致上分为私立和公立幼儿园。私立幼儿园又有学校法人设立及个人设立的。

公立幼儿园的招生对象，原则上以住在学区内的居民为主。基本上并没有入园资格的审查，如果人数超过限制，就会采用抽签或面试的方式。

私立幼儿园的招生方式，则是自行提出申请，有些要经过面试或考试。至于审查的内容，则因各家幼儿园的规定而有所不同。

保育内容

幼儿园的保育年数分为 1 年、2 年、3 年。公立幼儿园的行事历或课程都是依照幼儿园教育的要领来实施的，所以如果是同一县市，大体上没有什么差别。所安排的课程内容，大多是让幼儿和老师一起唱歌、画画、看绘本、做手工或体操等，大多都有寓教于乐的一面。

另一方面，私立幼儿园虽然也是根据幼儿园教育要领实施，不过比较可以发展出各自的特色，所以每家幼儿园的课程内容形形色色。当然有些是让小孩自由成长，有些则会请专门的老师来教幼儿文字或算数、英文、音乐、美术、运动。

此外，有些私立幼儿园除了保育的时间，英语、体操、音乐、美术等课程，是在课外教室上的。

因幼儿园的不同，有些地方是完全提供营养午餐，有些则是全部采用便当的方式，有些则是一周有几天是吃便当的。

至于接送，除了由家长自行接送之外，有些幼儿园有专门的车子负责接送。

保育时间

保育时间依照不同幼儿园多少会有点差异。基本上是一天 8 小时为主。

【寄放保育】

一般幼儿园都是下午 5 点左右放学。但有些可以让孩子托管到晚上 7 点左右。

每家的申请方式都不太一样，有些是采用当天登记，有些是采用整年登记的方式。有些则是周六或暑假期间等的长期休假时间，也可以托管孩子。费用有些是以月为计算单位，有些则是以天来计算，因各幼儿园规定而异。

保育费用

除了学费，还有入园费、制服费、教材费、活动费、餐费等。和私立幼儿园相比，公立幼儿园的费用比较便宜。费用也会依各地情况的不同而有所差异。

以私立幼儿园的情况来说，城市和农村的费用也会有所不同。同时也可能会因为幼儿园本身的附加价值或设备的不同等，而有极大的差异。

※ 此篇内容仅供参考，若需了解具体相关规定，请咨询所在地相关机构。

宝宝成长月历
从 0 个月到两岁的成长标准

0个月

一直重复喂奶、换尿布、睡觉的过程，宝宝迅速成长。妈妈要寻求身边亲人的帮忙，以免睡眠不足。

新生儿的平均体重，男婴大约是 3200 克，女婴大约是 2900 克，身高大约是 50 厘米，但是依据各种因素，有相当大的个体差异。只要体重定期有一定增加，应该就没有问题。

脐带的处理方式

脐带中间有血管通过，呈不透明的胶状。生产后，来自妈妈的血流停止之后，会从底部约 3 厘米处剪断，然后给伤口消毒。残留在宝宝身上的脐带，通常在出生后 1～2 周会自然脱落。如果没有保持干爽，很容易发炎或引起细菌感染，出现黏稠状的黄色液体，要特别注意。

帮宝宝换尿布时，可用棉签蘸点碘酒消毒脐带，并保持干爽。若脐带一直湿漉漉的，要请小儿科医生处理。

此外，小婴儿突出的肚脐，只要不管它，大多会自然复原，不妨先观察一阵子。

宝宝的原始反射，到 5 个月才会消失

宝宝会有吸吮奶嘴的动作（吸吮反射），或有东西在掌心就会抓住的手掌捉握反射，及如果听到大的声响双手张开、空抓的动作（摩洛反射）。

刚出生不久的小婴儿的这些动作，称为原始反射。有些爸爸或妈妈会把宝宝的摩洛反射误以为是痉挛而感到忧心忡忡。在宝宝四五个月时，逐渐会控制自己的身体之后，这些原始反射就会消失。

【胎毛】

　　有些宝宝的胎毛比较浓密，也有宝宝几乎光溜溜的，没什么头发。出生时的胎毛，大多等到 8 个月大之后就会有所改变。

【头】

　　因为通过产道时受到挤压的关系，所以宝宝头部的形状多少会有点扭曲，日后就会自然恢复正常。此外，可能因为使用真空吸引分娩，宝宝头上会长出类似瘤状的东西，这种现象大多在 1 个月后就会自然消失。

【耳朵】

　　因为声音听得很清楚，所以只要一听到很大的声响，宝宝就会出现"摩洛反射"。

【眼睛】

　　眼睛虽然可以分辨明暗，但因为调节水晶体或分析影像的能力还未发展成熟，所以视野呈高度近视般模糊的状态。

【前囟门】

　　在头顶（头盖骨）十字形的骨缝处，凹陷、摸起来很柔软的地方称为前囟门。为了让脑部有发展的空间，所以没有闭合，之后随着脑部的发展，会慢慢密合，通常过了 1 岁半左右，就会自然地闭合不见了。

【蒙古斑】

　　有些宝宝从屁股到背部都长着称为蒙古斑的蓝黑色斑。这种色斑主要出现在有色人种身上，据说和神经系统的成熟度有很深的关联。一般经过 5 ~ 6 年会自然消失。

【尿液】

　　出生 24 小时内（少数在 48 小时内），会出现砖红色的尿液。这是尿酸引起的，不必太过担心。

【粪便】

　　出生 24 小时内排出的大便称为胎便，呈黑色黏稠状。这是因为在胎内所喝的羊水或肠道的黏膜等混合胆汁经消化变成黑色，不必太担心。

1个月

喝母乳的技巧越来越好，跟刚出生时的体重相比，约增加 1 千克。

宝宝满 1 个月大后，会用眼睛追视会动的东西。和刚出生时相比，视野变得比较开阔，但仍然是近视，只能看见眼前 20 ~ 30 厘米的近物。已可以分辨颜色，尤其是黄色或红色等比较鲜艳的颜色。

【嘴巴】

嘴巴四周的肌肉逐渐发展，吸吮母乳的技巧变得越来越好。

【反射】

处于反射时期，还不会挥动手脚，也不会照自己的意思做出动作。

此时期照顾宝宝的方法

这个时期的宝宝，最需要的照顾有三点：①喂宝宝喝母乳或配方奶，补充营养；②帮他换尿布、洗澡，经常保持干净的状态；③提供一个舒适的环境。

爸爸或妈妈要多抱抱他，跟他说话，磨蹭宝宝的脸颊，通过和宝宝之间的亲肤关系，让宝宝的情绪稳定。虽然宝宝看起来好像只会睡觉，什么都不知道，但其实他的五种感官都在发育成长，所以要多跟宝宝互动。

1 个月的体检

医生会检查宝宝的体重是否增加、有无先天性的疾病、有没有髋关节脱臼等。此外，为了预防新生儿吐血等，会让宝宝口服维生素 K。（关于体检请参考第 5 章）

2 个月

对明亮的光线或声音，很快就有反应，开始会发出有声音的微笑。

【体重】

以每天 25 ~ 30 克的比例逐渐增加。等到 3 个月左右，体重大约是出生时的 1 倍。这个时期也可以说是宝宝一生中体重增加最快的时期。

【眼睛】

视野逐渐变得开阔，也慢慢可以清楚地看见东西了。吸吮母乳也不是出于反射性的动作，而是真的会用眼睛去看、去找。

【嘴巴】

喝奶的技巧越来越厉害，会把妈妈的乳头夹在上颚和下颚之间，用一边压住乳头一边划动的方式喝母乳。

【脖子】

原本摇摇晃晃的脖子变得比较结实，在仰躺着时，脸会转向有声音的一边。

体重不足的早产儿

出生时若体重低于 2500 克，称为低体重早产儿。若体重不到 1500 克，称为非常低体重的早产儿。若体重还不到 1000 克，称为极低体重的早产儿。

低体重早产儿由于呼吸或哺乳力还很微弱，加上身体其他的功能尚未发展成熟，往往一出生就被安置在保温箱或新生儿加护病房里，在医护人员的监护下成长。除了体重，在妈妈子宫内待的周数不同，身体功能的成熟度也会有差异。

低体重早产儿的发育和一般的婴儿相比，会比较缓慢，或许因为在初期喝母乳的状况比较差，所以会让妈妈很担心。不过，上了小学几乎就没有成长上的差异了。所以妈妈也不必感到心急，让宝宝慢慢成长吧！

3个月

身体大致上已经变得很结实了，醒来的时间也逐渐变长了。开始注视自己的手，也会自己一个人玩。

【微笑】

当爸爸或妈妈和宝宝说话时，他会看着他们，哄他时也会发出微笑。

【吸吮手指】

开始会按照自己的意思活动手，有些宝宝会开始吸吮手指，有些妈妈可能会很在意宝宝养成吸吮手指的习惯，但只要 4 岁前能戒掉，就没有问题。

【知觉】

这个时期慢慢会产生比较复杂的情绪，也是开始增长智力的时期。可以看见宝宝会一直注视着自己的手的动作，或按照自己的意思活动双手，这就是宝宝开始认识世界的证据。

【体重】

几乎是刚出生时的两倍。

【脖子】

一旦会趴着之后，脖子就会抬起来，左右张望。

此时期照顾宝宝的方法

明明刚喝完奶，尿布也没有脏，但宝宝会莫名其妙地哭闹，或突然就不喝母乳或配方奶……这个时期的宝宝会让爸妈不知所措，这是宝宝智力逐渐增长的证据。

因此，要尽量多跟宝宝说话或抱他，轻轻地哄他，多跟宝宝互动。除了父母，也要多让宝宝有机会跟其他人接触。

3 个月的体检

检查宝宝是否有先天性的疾病，以及身体方面的发育是否顺利等，这个时期主要是看宝宝的脖子能否抬起来。

4个月

手脚的活动很灵活。因为脖子已经可以抬起来了，所以也比较好抱。

【眼睛】

视力逐渐发展，已经可以大致分辨立体或远近感。

【嘴巴】

舌头或口腔的感觉逐渐发展。开始会把东西抓来放进嘴巴里面确认看看。

【脖子】

脖子不会再摇晃，所以可以直抱。等到满4个月之后，脖子几乎可以挺直了。

【手脚】

手脚动作变得很灵活，会挥舞四肢、弯曲膝盖顶住双脚或伸手去抓东西。

5个月

开始会翻身，有时也会对爸爸或妈妈发出声音。

【微笑】

表情变得越来越丰富，只要一哄他，就会发出笑声，也会主动对着爸爸或妈妈微笑。

【翻身】

虽然宝宝已经开始会翻身了，但有些宝宝翻得很好，有些宝宝还不太会翻身，有些宝宝从仰躺的方式，翻身变成趴的方式，但如果自己翻不回来的话，就会哭闹。

【会坐】

只要背部有支撑，这个时期的宝宝有些已经会坐了。

【辅食】

这个时期可以开始给宝宝添加辅食。但如果宝宝不吃，也不要勉强，慢慢等待时机吧！

【脖子】

一旦会趴着之后，脖子就能自由地转动，抬起下巴。几乎所有的宝宝在这个时期，脖子都能挺立。

6个月

无论是趴着或翻身都很厉害，也能清楚地分辨家人。

【翻身】

大多数的宝宝都很会翻身，可从仰躺变成趴卧，再从趴卧变成仰躺。

【上半身】

由于背部开始长肌肉，所以可以自由地活动上半身。趴着时，可用双手支撑身体，抬高到胸部，已经能用这个姿势去拿前方的玩具。

我回来了

【辨别能力】

已经开始会分辨爸爸或妈妈等住在一起的家人，知道家人和外人的区别。

【站立】

脚踩地的力量变强，有些宝宝只要妈妈用手扶住，就可以站起来。

此时期照顾宝宝的方法

尽量多跟宝宝玩游戏，或是让他坐着或站在大人的膝盖上，陪他玩耍。如果宝宝已经开始会发出一些"啊"或"咦"的声音，就要多跟他说话，或带他出去外面活动，见见外面的世界，多和其他不同的人接触，这对宝宝来说是很好的锻炼。

6~7个月的体检

除了检查宝宝身体上的发育，看是否会坐、会翻身之外，同时也会检查是否有斜视。由于这个时期从母亲所获得的免疫力已经没有了，所以也比较容易受到传染而患感冒。因此，也可以趁这个机会请教医生该如何预防。

哇

7 个月

不但已经很会坐了，也开始会爬了。有些宝宝会变得认生。

【辅食】

已经很习惯吃辅食了。甚至有些宝宝会用自己的手去握住汤匙。

【牙齿】

有些宝宝已经开始长牙齿了。大多是从下排前面的门牙开始长。

【翻身】

一下仰卧，一下俯卧，可以自由地变换姿势。

【分辨能力】

可以清楚地分辨出爸爸或妈妈的脸和其他的人。因此，只要爸爸或妈妈跟他说话，就会露出特别开心的表情。

【坐】

已经可以坐得很好了，即使没有支撑物也没问题。

宝宝的乳牙从何时开始长？

大多数的宝宝从 6 个月就会开始长牙，会先长出下排的 2 颗门牙。等上下两排各长出 4 颗门牙之后，直到快要满 1 岁生日时，前面的 4 颗臼齿也会长出来，上下共 12 颗牙齿都会长齐。然后，等到从 1 岁 4 个月到 2 岁，会再长出 4 颗犬齿。等到满 2 岁之后到 3 岁，后面的 4 颗臼齿就会长出来。

8 个月

开始常吃辅食，无论是吃东西或游戏都有明显的喜好。

【辅食】

可以一边用牙龈把食物磨碎一边进食。有些宝宝会出现用手抓东西放进嘴巴的动作。

【爬行】

有些宝宝已经会用肚子贴在地板上爬行，宝宝爬行的姿势千奇百怪。有些不往前进，而是倒退爬。

【坐】

随着支撑骨盆的肌肉越来越发达，宝宝已经可以把脊背挺直坐起来。不但可以保持坐姿，用双手玩玩具，还能转身。

9 个月

会坐、会爬，还会抓住东西站起来。

这个时期宝宝不但已经可以坐得很好，还很会爬。只要是他想去的地方，会迅速地爬过去，要注意不要让宝宝离开视线。有些宝宝虽然还不太会爬，但却开始可以用手抓着东西站起来。不过，会坐、会爬、会抓着东西站起来的时期或时间因人而异，所以妈妈也不必太在意。从这个时期开始，宝宝指尖的动作也会变得很灵活，开始会用手指去抓小小的东西。

此时期照顾宝宝的方法

想要玩具或是想吃东西，宝宝开始会用哭的方式来表达需求。妈妈或爸爸对育儿的生活也已经渐渐习惯，也知道宝宝的需求。尽量满足宝宝的需求，当宝宝知道爸爸或妈妈了解自己的心情，也会觉得很开心。这个时期宝宝的活动范围变得越来越大，因此很容易发生误食的危险。要教会宝宝认识危险可能还很困难，家长要特别注意安全，不要把危险的物品放在宝宝的身边。把宝宝感兴趣的玩具拿给他玩的同时也要注意安全。

10个月

已经很会站了，要防止孩子的恶作剧。

【指尖】

指尖变得更灵巧，会用拇指和食指去抓小东西。

【语言】

这个时期宝宝的智力发展非常明显。会模仿爸爸或妈妈的动作，也会喃喃自语。

此时期照顾宝宝的方法

宝宝一旦会爬或扶东西站立后，活动的范围就变得越来越大，宝宝会随着好奇心在家中四处活动。为了怕宝宝误食，所以最好把家中危险的物品收到宝宝拿不到的地方。桌子的边角可以贴安全胶带或布套，最重要的是帮宝宝营造一个安全的环境。

宝宝在这个时期，已经可以渐渐了解爸爸或妈妈说的话或态度。因此，当宝宝想接近危险的物品时，可以用呵斥的方式让他知道危险性。

9～10个月的体检

主要检查宝宝运动发展的情况，是否会爬、会抓着东西起来或做些简单的模仿等，以及精神方面的发展，是否会认生、跟在妈妈身后等。

但因为发展的速度因人而异，所以也不必太过担心。如果不放心可以向医生咨询。

【认生】

会认生，也会开始跟在大人的后面。这是知性发展的证据，因此不要斥责他，要多陪他玩。

【扶着站立】

开始会用双脚的脚底来支撑全身的重量。有些宝宝觉得用爬行的方式移动很开心，就不想扶着东西站起来。不过也不要勉强他，要顺其自然。

11个月

指尖变得更灵巧，有些宝宝差不多已经可以断奶了。

【从抓着东西站立到扶着东西走路】

有些宝宝已经可以从抓着东西站立到扶着东西走路了。虽然扶着东西走路，但有时还是会跌倒或蹲下去，所以要有人用手扶住他的身体。有些宝宝会用爬行的方式，一边用手扶着楼梯一边往上爬，所以要特别注意。

【指尖】

已经可以用拇指和食指去抓住东西了。会做一些调皮捣蛋的动作，例如把抽屉里面的东西拉出来，或去转煤气灶等，所以最好不要让宝宝离开视线范围。

【牙齿】

大多数的孩子都长出 8 颗牙齿，上下各 4 颗。可以用儿童牙刷让宝宝练习自己刷牙。

如何顺利断奶

只要宝宝在这个时期吃足够的辅食，从营养上来说，差不多就可以让宝宝断奶。

通常妈妈在产后 10 个月左右，月经就会来，这时或许可考虑怀下一胎。妈妈可以在这个时期让宝宝断奶。

首先，让宝宝顺利用吸管或杯子喝水很重要，可以开始试着把饭后的哺乳改成用吸管让宝宝喝配方奶。

为了让宝宝不依赖吸吮母乳睡觉，可以多抱抱他或唱歌哄他睡觉，来建立母子之间的亲肤关系。

1岁

开始会说话，
也很会走路。

身高大约是出生时的 1.5 倍，体重大约是出生时的 3 倍。体重还会慢慢增加，身高也会增长，会慢慢地从婴儿的体型转变成幼儿的体型。

【辅食】

配合孩子的情况，慢慢地可以跟大人吃同样的食物，如果他想要自己用汤匙吃，就让他自己吃。

【从扶着东西走到会自己走】

几乎所有的宝宝在满 1 岁左右，已经会用手扶着东西走路了。比较快的宝宝 10 个月就会走了。在 1 岁前后，宝宝大多就会自己走路。但有些宝宝的个性比较谨慎，会害怕走路。

【表达情感】

好恶的表现变得很明显。对于不喜欢的事物会生气或哭闹、逃避；对于喜欢的东西，则会露出开心的表情或态度。

此时期照顾宝宝的方法

宝宝在这个时期会用手指着感兴趣的东西发出"啊！"的声音，或是对熟人挥手。因此不妨多带宝宝去公园，让他有机会多接触外面的世界。

除了爸爸或妈妈，让宝宝多跟外人接触，可以让宝宝学会如何与他人沟通，培养他的社会性。此外，还要多跟宝宝说话，像是"这是小狗狗喔""好漂亮的花喔"等，这对宝宝的语言发育很有帮助。

【语言】

开始会说一些有意义的话了，像是"妈妈"或"爸爸"。可能有些宝宝的语言发育比较迟缓，所以不必太在意。

1岁3个月

不但喜怒哀乐的表情变得很丰富，同时开始会说话了。

【表达感情】

感情变得很丰富，也开始出现喜悦、生气、忌妒等比较复杂的感情。

【指尖】

已经会用指尖去捏东西，或拿蜡笔开始涂鸦了。

好漂亮啊

【走路很稳】

有些宝宝不用手扶着东西走路就可以走得很稳了。

【语言】

有些宝宝开始会说几个单字，但也有些宝宝还不会说。宝宝就算不会说话，但已经可以听得懂爸爸或妈妈所说的话了，所以要多跟他说话。

要用坚决的态度跟宝宝说不行

宝宝会走路后，对所有事物都很感兴趣，会去看、去摸。当宝宝要去碰触危险的物品时，要用很可怕的表情喝止宝宝说："不行！"让宝宝感受气氛不对，会记住"只要去碰那样东西就会被骂"。

爸妈看到好不容易整理好的屋子，被孩子弄得一团乱，可能一整天都会不断地对孩子说："不行！"

但也要审慎思考，不要孩子做什么事都制止。有时要用宽容的态度看待孩子的淘气行为。等到真的不可以或有危险性时再出声制止，才不会扼杀孩子的欲望或好奇心。

1岁6个月

走路走得很稳，
牙齿也差不多长齐了。

【小跑步】

会走路的宝宝，这时就会自己上下楼梯或小跑步。如果宝宝到了这个时期还不会站，也不太会走的话，谨慎起见，最好还是带孩子去看儿科医生。

【指尖】

已经会用手拿着杯子喝东西，或用汤匙吃东西。但还是会把食物撒出来弄脏四周，所以妈妈要有防护措施。

【牙齿】

这个时期，平均上下排都长出 12 颗牙齿。如果宝宝想自己刷牙，就让孩子自己拿牙刷，爸妈在一旁观看，最后再帮孩子完成。

此时期照顾宝宝的方法

陪孩子玩积木或滚球的游戏。当孩子玩游戏表现出色时，最重要的是要夸奖他。他受到赞美或夸奖，就会变得更有干劲，也会更进步。

此外，从这个时期开始也要教孩子一些将来要在社会中生存的规矩。换句话说，也就是所谓的"教养"。不光是言教而已，爸爸或妈妈也要以身作则。

1岁6个月的体检

检查孩子是否会走路以及语言发展的情况，是否会表达自己的意思等。同时会有牙科的保健师指导如何刷牙。

【语言】

会说的单字越来越多。这个时期可以让宝宝听各种不同的声音，让宝宝可以渐渐分辨出声音的不同。

2 岁

成长迅速，
已经是调皮的
幼儿体型。

【跑跳】

虽然有点笨拙，不过基本上已经可以和大人做同样的运动，不但会跑、会跳，而且还会溜滑梯。

【牙齿】

20 颗乳牙都已经长齐了。

【体型】

体重没有增加太多，身高却长得很快。变得很修长，脚也变得很细。

我要喝果汁

【语言】

发展比较快的孩子，已经会组合两个单字，开口说像是"有、狗狗"或"妈妈、来了"等等。

此时期照顾宝宝的方法

虽然这个时期的宝宝凡事都想自己做，但实际上还不是做得很好。如果爸爸或妈妈想帮他做，他可能会把手拨开或哭闹。因此，只要时间允许，最好让孩子自己去做，家长默默帮助就好。

此外，孩子此时期开始进入叛逆期，会不听爸爸或妈妈的话，同时也因为对任何事物很感兴趣，所以会一直问大人："这是什么？"问到大人心烦。因此，爸爸或妈妈最好要有耐性，不要心烦气躁，尽量回答孩子的问题。

像是跟人打招呼、洗手或刷牙等生活习惯，要让孩子看到全家人都做，使他可以自然地养成这些习惯。

【指尖】

已经很会使用叉子或汤匙。也开始会画曲线了。不过还不会解开小的纽扣，但会自己穿脱内裤或裤子。

第 2 章

0 岁时期的
贴心照顾

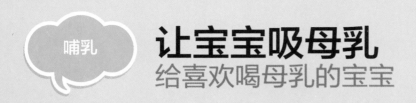

哺乳

让宝宝吸母乳
给喜欢喝母乳的宝宝

喂母乳的好处

　　母乳中含有许多婴儿成长时必要的营养素，以及许多可以预防感染的免疫物质。喂母乳不但可以帮助产后妈妈的子宫早日复原，也不用花钱买奶粉或相关用品，经济又实惠。对宝宝和妈妈来说，还可以自然地促进母子之间的亲肤关系。

乳房按摩

　　如果刚开始母乳分泌的情况不佳，千万不要立刻放弃改喂配方奶，这样太可惜了。可以借着按摩乳房或乳头，来改善母乳的分泌情况，让泌乳变得更顺畅。

　　此外，还可以借着悠闲地淋浴和充分的睡眠让身体放松。通常刚洗完澡时身体会比较温暖，血液循环也会比较好。一旦乳腺周围的血液循环变好，母乳就会比较容易分泌。

试着让宝宝吸吮乳头

　　刚生产完，只要妈妈和宝宝的身体情况都很稳定，就可以尽早哺喂母乳。不同产房做法也会有差异，有些医院是在妈妈生产后，就会让小婴儿躺在床上吸吮母乳。

　　婴儿出生后的 30 ~ 60 分钟处于感受期（虽然很安静地在睡觉，但意识却非常清楚），除了会出现婴儿正在注视着妈妈或听妈妈的声音等反应，同时也会看到宝宝主动地想要吸吮母乳的动作。

　　其实在这个时候，只要让小婴儿的嘴碰触到妈妈的乳头，他就会出现含在口中吸吮的动作。从这些动作中就可以得知，婴儿和母亲之间有很深的感情联结。

　　此外，据说及早哺喂母乳，还可以预防产后乳房的问题。

哺乳期间的妈妈要注意这些事

注意日常饮食

因为母乳是妈妈制造出来的，所以妈妈在饮食上要多注意，建议多摄取海藻类或根茎类蔬菜。

要特别注意的是，油炸类食物或蛋糕等高脂肪食物或甜食，如果摄取过多可能会引发乳腺炎，请减少食用量。

酒精或香烟中的尼古丁会通过母乳影响宝宝的身体健康。此外，药物也会残留在母乳里面。因此，就如同怀孕时，妈妈在用药方面也要非常小心。

要有充足的睡眠

形成母乳的激素——泌乳激素，大多是在睡眠的时候才会分泌。虽然妈妈在哺乳期间很难有足够的睡眠，但是为了宝宝的身体健康着想，家人最好能全力支持，让妈妈拥有充分的睡眠。

尤其爸爸可帮忙做家务或带孩子，尽量让妈妈有时间放松心情，好好睡觉。

如果母乳分泌量不足，可以搭配配方奶

就算已经喂完母乳，但时间还没超过 1 小时，宝宝却又哭了，这种情况很有可能是母乳不足导致的。就算宝宝拼命地吸吮也吸不到母乳，吃不饱，所以才会哭闹。

遇到这种情况，不必局限于只喂母乳，可以采用"混合喂养"的方式，就是先喂完母乳，如果不够的话，再喂宝宝喝配方奶。但不要先让宝宝喝配方奶，因为宝宝喝配方奶比较不费力，若习惯了，宝宝就会排斥吸吮母乳。

有时候，妈妈在晚上感到筋疲力尽，母乳也比较难以分泌。因此，最重要的是妈妈和宝宝在睡眠时间都要好好地休息。也可以改成只在睡前不喂母乳，改让宝宝喝足够的配方奶。

千万不要逞强，无论如何，让宝宝和妈妈过着没有压力的生活，都是第一要考虑的。

加上配方奶

以母乳搭配配方奶

左右两边的乳房各让宝宝吸吮大约 5 分钟后，再喂宝宝喝配方奶。或只在宝宝想喝的时候才喂他喝。

"初乳"可以保护婴儿免受感染

在生产后 1 周内分泌出来的母乳，称为"初乳"。跟母乳相比，初乳的颜色偏黄，且呈黏稠状。

初乳中除了含有一些抗体，可以对抗入侵身体的异物，还有可以预防感染的免疫球蛋白 A。这些物质可以守护小婴儿的肠道，预防各种感染，同时还具有防止细菌从消化道侵入的功效。初乳中还含有丰富的乳铁蛋白。

因此，对于刚出生不久、完全没有任何免疫力的婴儿来说，初乳可以说是帮助他们预防"外敌"的最好帮手。

配方奶也在慢慢进化

以前，若是拿母乳和配方奶两者来做比较的话，绝对是母乳比较好。不过，根据现在的研究结果显示，有些配方奶的成分已经很接近母乳了。由此可见，配方奶也在逐渐改良和进化。

为了避免造成婴儿身体负担，制作配方奶粉时，不但要调整牛奶的成分，也要考虑营养均衡。

虽然母乳中的一些免疫物质无法由人工合成。但由于婴儿在妈妈体内的这段时间已得到某种程度上的免疫力，所以只要宝宝出生时身体很健康，就算没有喝母乳，改喝配方奶一样可以长得健壮。

虽然冲泡奶粉比较费时费力，但爸爸

也可以喂，所以可以跟妈妈轮流喂宝宝喝奶。此外，喝配方奶还有一个好处，就是妈妈可以把宝宝交给别人照顾，自己外出工作时比较不会受到影响。

此外，喝配方奶也比较可以精确地测量宝宝喝了多少的量，这点喂母乳就无法做到。

配方奶的种类和品牌都很多，或许妈妈不知道该如何挑选。其实无论挑选哪一个牌子，应该都不会有太大的差别。

配方奶的味道多少会有点不一样，或许有些宝宝会偏好某些味道。如果发现宝宝喝配方奶的状况不太好，不妨改换另一个牌子，这也不失为一个好方法。

审订者注：配方奶是无法喂母乳的替代选择，配方奶的成分类似母乳，但蛋白质和铁质比母乳高，也添加了对脑部和神经发展的 DHA，以及核苷酸、益菌生（果寡醣）和益生菌。

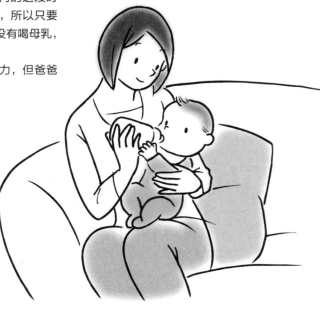

轻松的哺乳时间
成功哺喂母乳的方法

宝宝是吸吮母乳的高手

刚出生的小婴儿，会很自然地用嘴含着妈妈的乳头吸吮母乳，这是所有的哺乳类动物与生俱来维持生命的机制。

这一连串的动作，其实是由四种反射所组成的。分别是探索乳头的捕捉反射、吸附乳头的吸吮反射、吸吮母乳的吸引反射及喝母乳的吞咽反射。

哺乳时要注意的事

哺乳时，不妨根据妈妈乳房的大小或形状及小婴儿的月龄等，选择比较轻松的姿势。一定要让宝宝的身体面对妈妈的乳头。如果宝宝的身体扭动或头朝下就无法顺利吸到母乳。妈妈在哺乳时，一定要观察宝宝喝奶的情况。哺乳时和宝宝面对面，彼此心灵相通，这点也很重要。

便利的哺乳用品

哺乳靠垫

为了让宝宝的嘴能好好地含住妈妈的乳头，可以用这个靠垫来调整高度。妈妈可以靠着墙壁哺乳，这样会比较轻松，也可以用来当作腰部的靠垫。

哺乳背带

把哺乳背带挂在衣服内侧，从衣服的袖子露出来，再挂到脖子上，这样在哺乳时比较容易掀开衣服，露出乳房。

大条丝巾

外出哺乳时，可以用来盖住胸口，这样就算掀开上衣，也不会让人感到害羞。

3 种哺乳姿势

直抱

用妈妈和宝宝面对面的方式。让宝宝跨坐在妈妈的大腿上,妈妈用一只手支撑宝宝的脖子。这种抱法适合乳头扁平或凹陷的妈妈,以及体型比较娇小的宝宝或新生儿。

侧抱

把宝宝的头靠在妈妈手肘的内侧,用手支撑宝宝的臀部。这种抱法让宝宝比较有安定感。妈妈的手臂下面可以放个枕头或靠垫,这样会更稳固,妈妈也比较不会累。这是一般最普遍的抱法,尤其适合乳房比较丰满的妈妈。

重点

妈妈的准备

宝宝刚出生时,妈妈一天可能要哺喂母乳 8 ~ 10 次。因此,妈妈最好是穿前开式的上衣和内衣。长头发的妈妈最好先把头发绑起来,不要让头发碰触到宝宝的脸颊。

橄榄球式抱法

感觉乳房的外侧比较肿胀的时候,或是想让宝宝喝外侧的母乳时,就可以采用这种抱法。把宝宝抱在腋下,用另一只手支撑着他的头。在宝宝的下面放个枕头或靠垫,妈妈就能采取比较轻松的姿势哺乳。

含乳头的方法

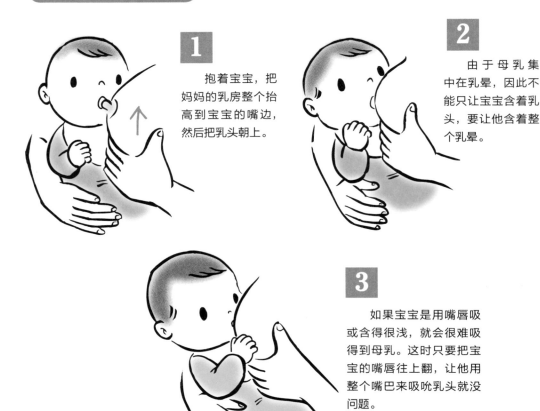

1 抱着宝宝，把妈妈的乳房整个抬高到宝宝的嘴边，然后把乳头朝上。

2 由于母乳集中在乳晕，因此不能只让宝宝含着乳头，要让他含着整个乳晕。

3 如果宝宝是用嘴唇吸或含得很浅，就会很难吸得到母乳。这时只要把宝宝的嘴唇往上翻，让他用整个嘴巴来吸吮乳头就没问题。

哺乳的时间

每个宝宝喝奶的方式也依其个性会有不同。有些宝宝会咕噜咕噜地豪饮，有些则是慢慢地、安静地喝。

一般以宝宝露出满足的表情来判断是否喝饱。通常单侧的乳房最长哺喂 15 分钟就需要换另一边喂。

如果母乳分泌的情况比较差，就一边先喂 5 分钟，换另一边喂 5 分钟，如此反复交替。但如果母乳分泌的情况不佳，一直延长哺乳时间也不太好。不如先让宝宝喝一点母乳，再改喂配方奶。

大部分的宝宝喝完母乳后，嘴自然会离开乳头。但有些宝宝因为感觉含着乳头很舒服，所以可能迟迟不肯放开。这时如果突然把乳头拉出来，不仅会伤到乳头，还会把宝宝给吓哭。所以应该事先轻轻地告诉宝宝："已经喝完了哦！"让宝宝感到安心。

轻松把乳头从宝宝的嘴移开的方法

妈妈可以把食指放在宝宝含着乳头的嘴巴内，一边让他含着手指，再一边把乳房给挪开。

在乳晕压一下，让它和宝宝的嘴之间形成一个缝隙，然后再把乳房挪开。

最后要替宝宝拍嗝

大部分的宝宝在喝母乳时，会把空气一起吸进去。因此，在喂完奶之后，一定要让宝宝打嗝。

如果没有帮宝宝拍背打嗝，直接让他躺下来睡觉，可能会发生吐奶的情况。

因为打嗝的时候，会稍微吐奶，可以在宝宝的嘴旁边垫一条纱布。

在拍嗝时，不必太用力拍打或摩擦宝宝的背部。有些母乳喝得很好的宝宝，几乎不会吸入空气，所以不会打嗝。遇到这种情况，也不必太固执地让宝宝打嗝，因为这样反而会让宝宝吐奶。

不妨先暂时抱着他，如果一直都没有打嗝，再让宝宝躺下来睡觉。

拍嗝的方法

以直抱的方式，让宝宝的头靠在妈妈的肩膀上，然后轻轻地拍打宝宝的背部，或由下往上摩擦。

让宝宝坐在妈妈的膝盖上面，用手撑着宝宝的下巴，再由下往上轻轻摩擦宝宝的背部。

妈妈可以靠在沙发的椅背上，让宝宝在妈妈的肚子上爬，这也是一种很轻松的拍嗝方法。

哺乳时要保持心平气和
关于母乳的烦恼

放松心情，摄取足够的水分

相信不少妈妈都有母乳分泌不足的困扰。当妈妈的心情低落或工作繁忙的时候，母乳也会比较难以分泌。因此，最重要的是妈妈在哺喂母乳时，一定要放松心情。除此之外，也要摄取足够的水分。

如何判断母乳是否分泌良好

要确认母乳是否分泌良好，可以观察宝宝喝奶的样子：如果没有宝宝一直不肯离开妈妈的乳头、哺乳的时间过长或哺乳到一半宝宝会自动放开乳房哭泣等这些情况，表示母乳分泌的情况很好。

此外，观察妈妈乳房肿胀的情形也很重要。乳房肿胀的情形大致上可以分为两种：一种是整个乳房都很紧绷僵硬，乳头从乳房垂下来；另一种是虽然乳房并没有很紧绷，但乳头挺立，哺乳时感觉乳汁是喷出来的。这些情形都表示母乳分泌的情况良好。

母乳分泌过多的困扰

如果妈妈的母乳像喷泉般地猛力喷出，可能会让宝宝呛到，很难吸吮。此外，乳房紧绷或乳头僵硬，宝宝也很难吸吮。

在这种情况下，哺乳前可先轻轻地挤乳，同时按摩一下乳头，让乳头变得比较柔软，宝宝才比较容易含住乳头。

如果母乳分泌的情况左右两边不一样，要先从分泌比较差的那一边开始喂，再换分泌比较好的那边。因为宝宝肚子饿的时候会用力吸吮，经过如此反复的过程，会让两边的乳房分泌母乳情况逐渐平衡。

如何知道宝宝有没有吸到母乳

检查宝宝的体重有无增加，观察宝宝情绪好坏

Point **1** 观察喂奶时宝宝的样子

宝宝喝奶喝到一半会放开妈妈的乳房哇哇大哭，或喝完母乳后马上就哭了，表示母乳分泌不足。虽然宝宝哭泣的原因不只是母乳不足，但如果宝宝会莫名其妙的心情不好，或以为他已经睡着了却又很快醒来，可能是因为母乳不足的关系。

Point **2** 喂奶的时间

一般喂奶时间，加上中间休息时间，为 30 ～ 40 分钟。如果出生已经超过 1 个月，每次哺乳都超过 1 小时，要考虑可能是母乳不足。要是宝宝看起来总是喝不够母乳的话，可以再补充配方奶。要先喂母乳，再喂配方奶。

Point **3** 喂奶的间隔时间

产后的 1 ～ 2 周，由于母乳分泌的情况还不稳定，加上宝宝还不太会吸吮，每次只能喂少许母乳，等宝宝肚子饿了，马上就会哭。1 天哺乳的次数为 10 ～ 15 次。等到妈妈和宝宝都习惯后，可以每隔 3 小时哺乳 1 次。过了 2 个月，如果哺乳的间隔时间又要缩短，要怀疑可能是母乳不足。

Point **4** 每周量一次体重

每周帮宝宝量一次体重，看看有没有增加。如果过了 1 周，体重没有增加 100 克，可能是母乳不足。小婴儿在出生后 2 个月左右，体重每天平均会增加 30 ～ 40 克，之后体重增加的速度会趋缓，每天平均增加 25 ～ 28 克。刚开始婴儿吸吮母乳是出于本能，但渐渐地就会在肚子饿时才会喝奶，喝饱了就不会再喝。

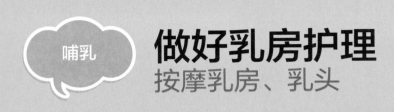

做好乳房护理
按摩乳房、乳头

勤加护理乳房，母乳就容易分泌

刚生产完，母乳分泌量还不多，不过，随着宝宝在吸吮母乳的过程中，慢慢地会发现到哺乳的时间就会胀奶，甚至听到宝宝的哭声，母乳就会滴出来。为了让宝宝比较容易吸吮，最好积极地做好乳房或乳头的护理。因为有很多案例显示，通过对乳房进行按摩，可以让母乳更加容易分泌。

了解母乳分泌的机制

怀孕期间受到黄体素抑制的泌乳激素，生产时随着胎盘排出时所发出的讯息就会开始产生作用，乳房也会开始产生变化。这种泌乳激素又称为催乳素。最主要的功能是负责制造母乳。

受到小婴儿的吸啜刺激（吸吮母乳），也会分泌称为催产素的激素。主要的功能是把制造出来的母乳从乳腺管往输乳窦推出去。

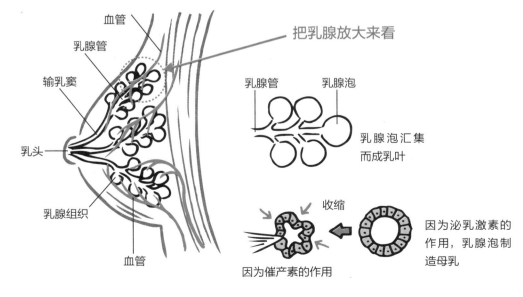

血管
乳腺管
输乳窦
乳头
乳腺组织
血管

把乳腺放大来看

乳腺管　乳腺泡

乳腺泡汇集而成乳叶

收缩

因为催产素的作用

因为泌乳激素的作用，乳腺泡制造母乳

乳头、乳晕、乳房的按摩方式

为了让母乳更容易分泌，要通过按摩让乳腺管变得更通畅。因为宝宝的嘴会深深地含住乳头和乳晕，用上颚和舌头来吸吮母乳。为了让宝宝比较容易吸吮到母乳，所以让乳房保持柔软非常重要。

首先，先碰触自己的乳房，让它上下左右晃动看看。如果乳房能够自由地晃动的话，就是最理想的状态。如果感觉像是紧贴在胸部一样很硬，就得慢慢地按摩，让它变得柔软。

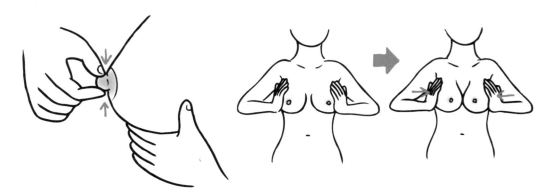

①用一只手托住乳房，用另一只手的拇指和食指的指腹捏住乳头。可以改变方向不断地慢慢压迫乳头的周围，让乳头周围的肌肉放松，组织变得更松软。

③把手放在两边乳房的旁边，然后朝身体的中间摇动乳房。这个动作的重点是要摇动乳房的底部，像是将它移动似的，保持这个姿势，做2～3次的深呼吸之后，再慢慢放开手。

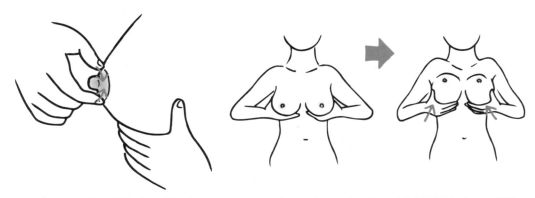

②采用和①同样的动作来按摩乳晕，让它保持松软。

④把手放在乳房下方，让它斜斜地朝上，和③做同样的动作。

只要乳房内的血液循环变得顺畅，乳房的肿胀就会消失，感觉也会比较轻松。

＊通常在产后的3～4个月，胀奶会突然变得很严重，有时甚至乳房僵硬得像石头。如果出现这种情况，不要慌张，可以先慢慢地按摩乳房。

预防哺乳的问题
保养乳房最好的方法就是"挤乳"

挤乳做得好，可以预防乳腺炎

　　一旦母乳残留在乳房里，往往会导致乳腺炎或产生硬块。因此，挤乳（挤出多余的母乳）不但可以预防这些问题，还可以让母乳的分泌更顺畅。

　　如果乳头受伤，有时候会因为伤口疼痛而无法哺乳。这时候可以把母乳挤出，改成用奶瓶喂。

　　如果勉强挤乳，也会导致乳腺受伤。因此在挤乳前一定要先充分地按摩乳房。

挤乳的方式

　　挤乳前最好先轻轻地按摩乳房。因为如果突然挤乳，可能会伤到乳腺，所以要特别注意。

①挤乳前先按摩底部

　　用双手夹住乳房的底部摇晃，轻轻地揉捏乳房。

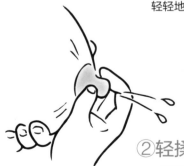

②轻揉乳头后再挤乳

　　做完①的动作后，再用拇指和食指捏住乳晕，朝着旁边斜斜地挤出来。

　　※ 当乳房太过紧绷，有时候挤乳会让乳房变得更紧绷，可以挤到疼痛消失为止，之后就先不去管它。另一方面，如果母乳分泌情况不佳，要把它全部挤出来，否则分泌量会变少。相反，母乳分泌越多，分泌就会越顺畅。

哺乳可以消除乳房肿胀

产后发生乳房肿胀，主要是因为激素变化所产生的作用。虽然乳房肿胀会感到有些疼痛，但借由宝宝吸吮母乳的动作，会慢慢地让人感觉比较轻松。刚开始不必拘泥于哺乳的次数，可以试着多哺乳几次。

只要宝宝能喝到母乳，就可以让乳房的血液循环变好，会再次制造母乳，形成一种循环。最重要的是妈妈要有喂母乳的恒心，但不要过于求好心切，要保持轻松的心情，和宝宝一起享受哺乳的时光。

此外，在挑选内衣时，最好不要挑有钢圈的，只要能轻柔地包裹住乳房就行了。左右两边加起来，挤乳的时间最好在 20 分钟之内完成。如果想要保存挤出来的母乳，可以使用市面上贩卖的各种挤乳器，有手动的和电动的。

可以把多余母乳冷冻保存

挤出来的母乳可以冷冻保存，当妈妈得外出时就可以使用。母乳冷藏可保存 12 个小时，冷冻则可保存 1 个月左右。但如果是开关频繁的家用冰箱，最好要尽快使用完毕。就跟食品一样，冷冻多少会影响到母乳的新鲜度，不过营养成分几乎没有太大的变化。

母乳的冷冻保存方法

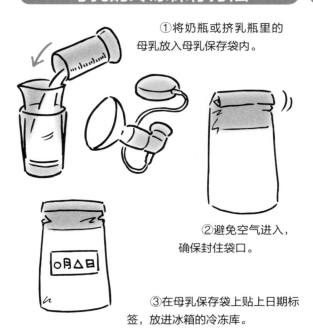

①将奶瓶或挤乳瓶里的母乳放入母乳保存袋内。

②避免空气进入，确保封住袋口。

③在母乳保存袋上贴上日期标签，放进冰箱的冷冻库。

冷冻母乳的解冻方法

放在温度为 50~60℃ 的温开水里

放在温度为 50 ～ 60℃ 的温开水中，让它自然解冻。

※ 可以使用和挤乳瓶直接相连的母乳保存袋，在运送母乳的过程中可以使用保冷袋。

关于乳房的一些小困扰
有受伤或硬块等问题的处理方法

哺乳

不要逞强，请及早处理

在哺乳期间可能会有如乳头受伤、乳房有硬块、肿胀疼痛等问题。此时千万不要逞强，暂时停止哺乳，可以改用奶瓶喂或暂时改喂配方奶。

如果乳房严重肿胀或疼痛，可能是引发了乳腺炎，这时就要去看医生。

乳头受伤或裂开

如果宝宝吸奶时太用力，乳头可能会受伤甚至裂开。可以用市售预防乳头皲裂的专用乳膏来保养乳头。如果伤口一直无法愈合或很痛，就擦处方药膏。

在治疗期间也要挤乳。先把母乳收集起来，可以预防母乳的分泌量变少，不然等到伤口痊愈之后母乳就不再分泌了。

要预防乳头皲裂，平常要做好乳房护理，让乳房经常保持干燥。因为如果太过潮湿闷热，不但细菌容易繁殖，乳头也很容易裂伤。可使用乳房护垫来保护，同时保持干爽。

乳晕变硬或出现硬块

母乳分泌量很多的妈妈，可能会有乳晕变硬或出现硬块的困扰。不妨试着压一下乳晕看看会不会痛，如果手指像是被弹回来，表示乳房肿胀僵硬。

这样不仅妈妈难受，宝宝吸吮母乳也不容易。可以用手指慢慢地按压乳晕，缓解紧绷的情形。按压到乳晕变得比较柔软时，再把积存的母乳挤出来。

整个乳房变硬或感到疼痛

当乳房整体变得僵硬、疼痛，就是"乳汁淤积"的症状，在刚生产完或在产后一段时间都可能发生。虽然母乳分泌量增加，但因为乳腺管并未充分打开，母乳堆积在乳房内，排出情况就会很差。如此就会出现疼痛的情形，如果置之不理可能会引发乳腺炎。因此，最好充分按摩乳头或乳房，让母乳保持畅通。

最好的预防方法，是多让宝宝吸吮母乳，以及哺乳完毕之后一定要挤乳。

如果罹患"乳腺炎"

乳腺炎是指"乳汁淤积"的情况恶化让乳头受到细菌感染，或细菌从乳头受伤处侵入。一旦罹患乳腺炎，乳房可能会出现疼痛的硬块，表面红肿。一旦情况恶化，腋下的淋巴结会肿起来，或出现 38℃ 的高热。如果情况更严重，硬块甚至还会化脓，因此一定要及早治疗才行。

症状轻微的话，只要服用医生开的抗生素或消炎药就会退烧，也可以治愈；不过，如果已经完全化脓，就要把乳房切开，清除脓液。为了避免这种情形，最重要的就是平常要做好乳房的护理。在哺乳完后，务必要挤乳或清洁乳头。

断奶后的乳房护理

为了顺利且完全断奶，好好地做乳房护理吧

1 在断奶后的 3 天左右，即使乳房肿胀也要忍着不要挤乳。借着这个机会，把可以不必再分泌母乳的讯息传送到脑部。让积存母乳的乳腺扩张，使乳腺清空。

2 等到第 3 天左右，乳头四周变得柔软之后再挤乳。之后，再忍耐 3 天不要挤乳。再等 1～2 周后，慢慢地把时间拉长之后再挤乳。

3 母乳量会逐渐减少，浓度会变浓，最后会变成像初乳般的浓稠状，乳房也会变小。约过 2 个月后，就会停止泌乳了。

舒适的哺乳时间
奶粉的冲泡方法

仔细观察温度或浓度

配方奶对小婴儿来说，是替代母乳的营养来源。因此，在为宝宝冲泡配方奶时，温度和浓度一定要拿捏得刚刚好，让宝宝容易入口。

由于配方奶是高营养液体，细菌非常容易繁殖，再加上小婴儿抵抗力还很弱，所以奶瓶或奶嘴等的清洁非常重要。冲泡前，一定要彻底消毒。

接近母乳成分的奶粉

奶粉是以牛奶为原料制成的。奶粉制造厂商们一直努力去分析人类母乳中的成分，极尽所能地去研制接近母乳成分的奶粉。

近年来研发的奶粉，成分几乎和母乳没有什么两样了。用这种奶粉泡的配方奶，可让宝宝安心饮用。

奶粉中所含的代表性成分

矿物质
虽然一般奶粉中所含的矿物质是母乳的3.5倍，但为了不对小婴儿的肾脏造成负担，奶粉中所含的矿物质比例，大致上和母乳相同。

蛋白质
蛋白质主要是由酪蛋白、乳清蛋白等组成。奶粉中所含的酪蛋白比例非常多，而母乳则是含乳清蛋白的比例比较高。

维生素
含有各种强化的维生素，像维生素A、维生素B_1、维生素B_2、维生素C、维生素E、维生素B_3等。

糖类
奶粉中调配有少量的母乳寡醣或唾液酸。

脂肪
原本奶粉就含有乳脂肪，再加上数种植物油，能让热量的比例更接近母乳。

奶粉的冲泡方法

① 洗手

要注意清洁，在帮宝宝冲泡配方奶时，一定要洗手。

② 在奶瓶内倒入一半的开水

在消毒过的奶瓶内，倒入温度为 50 ~ 60℃的温开水，1/3 ~ 1/2 瓶的量。

50~60℃ 的温开水

← 1/3~1/2 奶瓶的量

③ 放入奶粉

分量要正确

放入用量匙量好的奶粉，最好是使用奶粉罐中所附的量匙来量，分量一定要精确。务必要按照说明书上面的指示操作。

④ 让奶粉溶解

把奶瓶朝左右轻轻摇晃，让奶粉溶解。如果摇得太厉害，就会产生泡泡，上下摇配方奶可能会溢出来，所以要特别注意。

⑤ 再加满温开水

温开水

等奶粉完全溶解之后，放稳奶瓶，再加温开水。配方奶最适合的温度跟人体皮肤的温度差不多，如果还找不到诀窍，可以先滴几滴在手臂上试试看，理想上是不烫也不冷的温度。如果觉得太烫，就再加一点温水让它降温；如果不够热，就再加一点热开水。

重点

调整奶瓶的瓶盖

奶瓶的瓶盖如果拧得太紧，奶就会流不出来；相反的，如果太松，奶流出来太多，宝宝又很容易噎到。刚刚好的程度是把奶瓶倒过来时，奶是从奶嘴里面一滴一滴地滴落出来的程度。

⑥ 混合

盖上附有奶嘴的盖子，轻轻摇晃奶瓶，让配方奶充分混合，就大功告成了。

奶粉种类和挑选方法

市面上售卖的奶粉品牌和种类很多。无论是哪一种牌子的奶粉，所含的配方成分，基本上都符合相关标准，所以并没有太大的差异。或许只在味道、营养素的分配比例或热量上有细微的差异。不妨多试几种不同的品牌，或挑选宝宝爱喝的也可以。

最重要的是要现冲现喝

每天要冲泡好几次的配方奶，其实是一件相当辛苦的差事。因此，或许有些妈妈会认为，干脆一次都泡好，等宝宝要喝的时候再加热就行了。

但是，先把配方奶泡好放着，是绝对不可以的。刚冲泡好的配方奶，由于温度适当和营养丰富，也是细菌繁殖的温床。

因此，尽管冲泡配方奶很麻烦，每次喂宝宝喝配方奶，一定要现冲现喝。没喝完的配方奶要倒掉，千万不要觉得很浪费。

此外，奶粉开封之后，要存放在阴凉的地方，避免阳光直射，而且务必要在保质期内食用完毕。

为了要让每天冲泡配方奶能够更有效率，不妨把冲泡配方奶必要的用品全部集中放在固定的地方。如此一来，随时都可以迅速地冲泡。

也可以使用市售的保温瓶，让瓶内的热开水保持在适合冲泡配方奶的温度。

宝宝若是过敏体质，要喝特殊配方奶粉

有些宝宝是过敏体质，不适合喝一般的奶粉。

由于母乳或奶粉、鲜奶里面很少含有可以分解乳糖的消化酵素，所以有些是过敏体质或有乳糖不耐症的宝宝无法消化，只要一喝牛奶就会出现呕吐、拉肚子、长湿疹、腹痛的症状。

针对这些特殊体质的宝宝，可以选用水解蛋白奶粉、过敏专用奶粉或是比较容易消化吸收的特殊奶粉。

此外，有些奶粉是以黄豆为主要原料，成分完全不含牛奶。

如果宝宝喝一般的配方奶后，持续出现类似腹泻或湿疹的症状，就要向医生或药剂师、保健师咨询，结合宝宝的症状，选择比较适合他的奶粉。但因为自行判断很危险，所以千万不要只靠自己判断。

什么是
成长奶粉?

所谓成长奶粉，就是含有丰富的铁或钙的奶粉。主要是针对即将要断奶、开始吃辅食的宝宝，提供一些过渡时期的营养补给。

成长奶粉诞生于 20 世纪 80 年代的欧洲，主要是针对逐渐要改吃辅食的宝宝，以防他们蛋白质和钙方面的摄取量不足，而制造出来的奶粉。如果宝宝从辅食中就可以摄取到足够营养，不喝成长奶粉也无所谓。

针对不太爱吃辅食或食量很少的宝宝，可以考虑给宝宝喝成长奶粉，补充均衡的营养。

此外，和牛奶相比，成长奶粉中所含的蛋白质比较少，相较不会造成宝宝肾脏的负担。因此，在烹调宝宝的辅食时，也可以用它来替代牛奶。

各种品牌的成长奶粉，上面都有标示适合的月龄，如"从 6 个月大开始""从 9 个月大开始"等，可以配合宝宝的成长需求来挑选。

哺乳

奶瓶、奶嘴的挑选和消毒
用正确的方法保养，使用更安心

奶瓶、奶嘴的挑选			
奶瓶的种类	材质	玻璃制	比较耐热，也比较容易消毒，所以很适合平常使用。
		塑料制	比较轻巧，携带比较方便。选购时要注意，最好挑选不含环境激素（内分泌干扰素）的材质。
	容量	240 毫升	给主要喝配方奶的宝宝使用。
		150 毫升、120 毫升	给喝母乳搭配配方奶的宝宝使用，或是用来喝白开水、果汁。
奶嘴的种类	材质、孔的形状以及整体特征各有不同，挑选时要结合月龄或宝宝的喜好等因素。		
	素材	天然橡胶 　黄色的、有适度的弹性，触感最接近妈妈的乳头。但因为不耐热、持久性也不太好，所以要经常更换。有一点橡胶的味道，有些宝宝不喜欢。 人工合成橡胶 　比天然橡胶多一点透明感的黄色，柔软富有弹性，触感接近妈妈的乳头。耐热性比天然的橡胶稍微好一点，但也不强，有一点橡胶的味道。 硅胶 　无色透明、材质略硬。虽然耐热性很强，但容易受损。没有味道，有些宝宝不习惯它比较硬的触感。		
	孔的形状	圆孔 　奶嘴的中心只开一个圆形的孔，孔的大小有 S、M、L 三种尺寸。新生儿可以从 S 的尺寸开始使用。之后再结合宝宝的月龄或吸吮的力度、喝奶量等差异，改换适合的尺寸。 十字孔 　奶嘴的中心切成十字形的类型。它的构造会依据宝宝吸吮力决定奶的流出量，因此可以不必随着宝宝的成长更换奶嘴。		
※ 由于奶嘴是消耗品，如果宝宝太用力吸，或是一直重复煮沸消毒的话，就会耗损。奶嘴一旦变旧就要丢掉，然后更换坚固耐用的。婴儿用品店里都可以单买奶嘴，因此请事先多准备几个备用。 ※ 挑选时可依据宝宝的喜好和月龄来选购适合的款式。			

奶瓶和奶嘴的清洁与消毒

奶瓶和奶嘴的清洁非常重要，最好是在喂奶后立刻清洗奶瓶。如果无法马上清洗，就先泡水。否则奶瓶上面所沾的奶垢会很难清洗干净。

至于消毒，则可以趁喂奶的时间持续进行。刚出生未满 1 个月的小婴儿，奶嘴和奶瓶每次用完之后都要煮沸消毒。

可以使用消毒器，用微波炉也可以简单地消毒。或使用市售的消毒液，只要浸泡就可以完成消毒。总之选择对自己而言比较方便的方式来进行消毒。

奶瓶和奶嘴的清洁方式（煮沸消毒）

①用刷子清洗奶瓶

使用有柄的刷子清洗奶瓶的内部，尤其是瓶口和底部，要仔细清洗干净。使用餐具用的刷子和中性清洁剂就可以了。如果不放心，可以使用奶瓶专用清洁刷或清洁剂。最后一定要用清水冲洗干净。

②在水龙头下面搓洗奶嘴

用手在水龙头下面把奶嘴搓洗干净。也可以使用清洁奶嘴或奶嘴孔专用的小刷子，把角落清洁干净。奶嘴孔容易残留污垢，可冲水确认是否洗干净，同时也别忘了要清洗盖子。

③把奶瓶和奶嘴煮沸消毒

清洗干净的奶瓶和奶嘴，要放在加满水的大锅子里，以大火煮沸消毒。奶瓶要横着放，让整个瓶身都浸泡在水里。

④3 分钟后，再取出奶嘴

因为奶嘴比较不耐热，所以煮沸 3 分钟后就要取出。奶瓶要再煮 10 分钟。取出瓶时可以用奶瓶夹，小心烫伤。

⑤放在干净的抹布上面，让它自然干燥

经过煮沸消毒过的奶嘴和奶瓶，要将瓶口朝下放在干净的抹布上自然阴干。等干了之后，再收进专用的箱子或盒子里。

顺利用奶瓶喂宝宝喝奶
从抱宝宝的姿势到拍嗝的方法

要注意是否适合宝宝

宝宝刚开始用奶瓶的奶嘴吸奶，可能吸得不是很好，在经过反复几次之后，就能建立起自己独特的喝奶方式。

如果发现宝宝一直吸得不好，或许是奶嘴不适合宝宝。遇到这种情况，有时候只要更换不同类型的奶嘴，宝宝就能吸得很好。

用适当的温度和浓度冲泡好的配方奶，也要使用正确的方式，才能让嗷嗷待哺的宝宝喝到。

喂宝宝的方法

如果让宝宝平躺的话，喉咙无法张开，配方奶就很难流进宝宝的口中。因此，要将宝宝的脸稍微朝上，像是把头立起来一样。

要喂宝宝喝奶时，基本上采用侧抱的方式，使宝宝的头靠在妈妈手肘的内侧，屁股坐在妈妈手肘上，让宝宝感到比较安稳。

奶瓶倾斜的角度

要让奶充满整个奶嘴，否则空气会跑进去，宝宝在喝奶时就会连空气一起吸进去。如果吸进太多空气，就要多拍几次嗝，宝宝也很辛苦。

一只手支撑宝宝的头部，另一只手斜斜地拿着奶瓶，让宝宝的嘴含住整个奶嘴。奶瓶跟宝宝的脸大约形成90度的直角。

含奶嘴的方式

空气

空气

把奶嘴放在宝宝的舌头上，像把整个奶嘴放入嘴里，让宝宝含到底部。如果宝宝无法含得很深，就拿出来让宝宝重新再含一次。

如果宝宝只是浅浅地含住奶嘴，不但很难喝到奶，还会从嘴边吸进空气。

重点

顺利拍嗝的方法

喂宝宝喝完奶之后，有时候只要让宝宝的身体挺直，宝宝就能顺利打嗝。可以把宝宝稍微抱高一点，让宝宝的胃大约是在妈妈肩膀的位置，这样也比较容易打嗝。

此外，也可以用手在宝宝胃部附近反面的背后轻轻拍打，或是由下往上摩擦宝宝的背部。

因为喝配方奶的宝宝比喝母乳的宝宝更容易吸进空气，也可以在宝宝的嘴一放开奶嘴的时候，就先让他稍微打嗝，再继续喂奶。

喂完奶，
一定要让宝宝打嗝

不同月龄宝宝的行事历
哺乳
正确的保养，让宝宝感到满足

宝宝出生 1 个月左右，哺乳的次数还不是很规则。之后，间隔 2 ~ 3 小时，间隔时间才会慢慢地固定下来。关于哺乳的时间，有各种不同的考虑方式。不过，目前的主流是采用自立式的哺乳方式，就是宝宝想要喝奶时才喂他喝。

0~1个月

宝宝这时候还不太会吸奶，常常会哭着想要喝奶。所以只要宝宝一哭就要喂他喝奶。有些宝宝可能经过 4 小时也不会吵着要喝奶，有些宝宝可能会吸奶吸到一半就睡着了，这时只要用手指戳一下他的脸颊，刺激他一下，他又会开始喝奶了。这个时期冲泡配方奶要注重清洁，奶瓶一定要消毒。喂宝宝配方奶粉的标准是 150 ~ 200 毫升。

1~2个月

喂奶的间隔时间已经渐渐固定下来，为每隔 2 ~ 3 小时。宝宝渐渐比较会喝奶了，吸吮力也变得比较强。

2-3 个月　哺乳的时间，如果是喂母乳，左右各喂 15 分钟；如果是喂配方奶，大约 10 分钟。如果感觉宝宝已经吃饱，喝的量就会稍微减少，只要宝宝很有活力，就不用担心食量不足。

3-4 个月　喂奶的间隔时间 3 ~ 4 小时。宝宝如果已经吃饱，感觉会更明显。因为喝的奶量会大幅地减少。这个时期，如果是喝配方奶，一天要喝 1000 毫升左右，只要宝宝想喝就喂。这个时期宝宝开始边喝边玩。

4-5 个月　宝宝喝母乳或配方奶的时间，大致上都已经固定了。以前在这个时期会开始给宝宝喝果汁，现在则认为已经没有这个必要。

5-6 个月　流口水的量增多。虽然这个时期可以开始给宝宝吃辅食，但主要的营养来源还是母乳或配方奶。喝配方奶的宝宝，这个时期只要拿奶瓶给他看，他就会很开心地伸手要去拿。

宝宝的厌奶期

　　出生后的 3 个月左右，有段时间宝宝会暂时不想喝奶。这表示宝宝已经开始长智慧了，据说这个时期的宝宝已经可以分辨出不同味道了。

　　在这种情况下，只要不强迫他喝，过一阵子他就又会开始喝了。

　　此外，宝宝变得不想喝母乳或配方奶的原因，有时候是身体不舒服，或是打嗝不太顺畅。除了有明确的原因，否则如果宝宝的情绪、脸色或体温都没有异常，就不必太过于担心。

　　如果妈妈担心可能母乳不足，可以每隔一周帮宝宝量一次体重。如果体重都有某种程度的增加，那就表示没有问题。但如果体重几乎都没有增加，就要找医生咨询了。

6~7个月 宝宝会用自己的手拿奶瓶，想要喝奶。可以用训练杯让宝宝自己练习喝果汁。

7~8个月 宝宝可以自己用下颚把辅食压碎吃下去。这个时期可以让宝宝练习用吸管或杯子自己喝饮料。

我会自己喝

训练杯

8~9个月 每天固定吃两次辅食，也开始会用手去抓食物吃，这个时期还是很喜欢喝母乳或配方奶。大多数的宝宝都长牙齿了，有些喂母乳的妈妈乳头会被宝宝咬到很痛。

9~10个月 大多数宝宝每天固定吃3次辅食，而且越来越会用手抓食物来吃。若妈妈担心宝宝食量少或偏食，可以让宝宝喝含有加强蛋白质或铁质配方的婴儿成长奶粉。

成长奶粉

10~11个月

这个时期宝宝主要的营养来源，已经逐渐由母乳或配方奶转移到辅食了。不过，在睡前还是要喝母乳或配方奶。

11个月~1岁

辅食固定吃3次，饭后的配方奶也逐渐减少。等宝宝满周岁之后，也可以改用鲜奶代替饭后的母乳或配方奶。不过，不要给宝宝喝冰的鲜奶，要加热之后，少量喂给他喝。

重点

当宝宝吐奶的时候

从食道到胃的入口处有一种称为括约肌的肌肉。当胃想要消化的时候，括约肌就会收缩，让食物不会逆流。但因为宝宝的括约肌还很松弛，所以喝下去的东西很容易流出来。

此外，如果一次喝太多奶，多余的奶也会流出来。如果宝宝打完嗝之后，吐出来的奶像是流出来的，就不必太担心。

1岁~1岁6个月

可以结合孩子的成长情况和精神上的稳定度，让宝宝开始断奶。一般来说，通常都等到1岁半左右再给孩子断奶，这样会比较容易断。刚断奶的那段时间，大多数的宝宝都会哭闹。这对妈妈来说，也是很不好受的事，但好在一般都只有两三天的时间而已。喂母乳的妈妈，在宝宝断奶后也别忘了要做好乳房的护理。

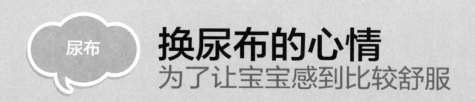

换尿布的心情
为了让宝宝感到比较舒服

尿布

勤换尿布让宝宝感觉更舒服

尿布分为纸尿裤和布尿裤。对宝宝来说，只要尿布脏了有人可以帮他换就好了。在选择时，最好看宝宝的皮肤状态或结合宝宝的生活作息来挑选。

该选纸尿裤还是布尿布

妈妈选择布尿布，主要是基于以下几个理由：

（1）据说使用布尿布，可以让宝宝比较快记住尿尿的感觉，而且要换尿布也比较快。

（2）用布尿布比较经济实惠。

不管是用纸尿裤或布尿布，其实没有太大差别，因为同样要帮宝宝换尿布。纸尿裤的好处是换的次数可能会少一点，而且处理宝宝的大便比较容易。

重点

掌握宝宝排泄的时间

随着宝宝稍微长大，应该就可以逐渐清楚他大小便的作息。比方说，宝宝在饭后或午睡后比较容易会尿尿。当宝宝满脸通红、用力在"嗯嗯"时，就知道宝宝要大便了。

包尿布的基本方式

帮宝宝包尿布时，宝宝的两脚要张开。大腿或肚子周围不要包得太紧。

结合宝宝的皮肤状态或成长情形，选择适合宝宝屁屁大小的尿布。挑选尿布的大小时，基本上以宝宝的体重为判定标准。

包上纸尿裤时，髋关节可以很自然地张开。肚子或腰不要包太紧，但包得太松，便便就可能会漏出来，所以要特别注意。

宝宝自然的姿势，是双脚像螃蟹的脚一样呈现 M 形。宝宝的髋关节处在成长的过程中，为了不妨碍它的发展，在帮宝宝包尿布时，最好是维持这样的脚形。

何时该帮宝宝换尿布呢

对宝宝来说，换尿布就像喝奶或有人抱他一样，是一件很舒服的事。

纸尿裤可以等到胯下湿答答的时候再换。

纸尿裤都会吸收尿液。因此，妈妈可以先摸宝宝的胯下，如果发现湿漉漉的，就表示尿湿了。

布尿布的话，伸手去摸摸看，一旦湿了要马上换。

使用布尿布，妈妈可以把手伸进去摸，一旦发现尿布湿了就换。如果有大便，应该闻味道就知道。

新生儿时期，喂奶的前后要先检查尿布有没有湿。

宝宝在新生儿时期，一天可能会尿湿超过 10 次以及排便好几次。所以妈妈在喂奶的前后，要先检查尿布有没有湿。

纸尿裤

优点
和
缺点

换尿布的次数较少

优点

因为纸尿裤有吸水力，所以一两次的尿量不会打湿宝宝的屁屁，从而可以减少换尿布的次数。

干爽
干爽

比较省事

优点

因为不用花工夫去清洗和晒干，尤其带宝宝外出时很方便。

纸尿裤

制造大量垃圾

缺点

因为纸尿裤使用过后就要丢掉，所以会产生大量的垃圾。有些妈妈甚至会担心，这些垃圾可能会对环境造成污染。

环境污染

垃圾袋
垃圾袋

花费很高

缺点

纸尿裤因为用完即扔，所以得持续购买。为了省钱，大多数的妈妈都会一次大量购买，或把便宜和贵的纸尿裤混合使用。

到底收到哪里才好呢?

很占空间

缺点

收纳纸尿裤是件大工程，因为它的体积很大。如果一次买很多，家里也要有空间储存。

布尿布

优点
和
缺点

优点

较容易检查排泄次数或状态

可以帮宝宝多换几次尿布，也比较方便检查宝宝大小便的次数或状态。

优点

省钱又不会制造垃圾

和用过即丢的纸尿裤不同，布尿布清洗过就可以重复使用，因此能省钱。此外，不会制造许多垃圾，心情上也会比较轻松。

重点

布尿布也有相对的花费？

一般人可能都以为用布尿布比较省钱。但使用布尿布，外面还要再包上一件尿布兜，尿布兜也必须配合宝宝的成长更换。而且有时候，如果被宝宝的大便给弄脏而洗不干净的话，还是得再换新的。

如果用洗衣机洗，还要用烘干机烘干，水费、电费的支出也很可观。

缺点

要大量清洗

虽然不会制造许多垃圾，但需要大量清洗。尤其是在梅雨季或寒冷的冬天，尿布不容易晾干，还要再烘干。因此，要花比较多的时间和力气。

可以把纸尿裤和布尿布并用

基本上是使用布尿布，但在外出或特别的情况下，像连续下雨的日子等，再使用纸尿裤。

从成本的考虑来看，这种两者兼用的方式，会比只用纸尿裤要省钱，同时也可以减轻洗尿布的负担。

此外，如果只在宝宝睡觉的时候使用纸尿裤，妈妈和宝宝都能睡得比较安心。

但如此一来，两种相关用品都要准备齐全。随着宝宝的成长也必须更换纸尿裤或布尿布兜的尺寸。可能两者都还没有用完，宝宝就长大了，这样也很浪费。因此，不妨善加利用这两种尿布的优点，分开使用吧！

 **尿布**

纸尿裤的使用方式
根据月龄和体重选择纸尿裤

纸尿裤大受欢迎的原因

现在很多宝宝都使用纸尿裤。因为跟以前相比，纸尿裤的价格似乎变得比较便宜，而且材质的吸收力也变得更好，所以才大受欢迎。

纸尿裤吸收力很好，因此不用担心会渗漏。因此，不妨配合宝宝的体重，挑选尺寸适合、密合度比较好的纸尿裤。

纸尿裤的素材和形状日新月异

纸尿裤内侧表层是采用对皮肤比较温和的不织布，外侧表层则是防止闷热的透气垫，两边有防止侧漏的褶边，正面和两边都有粘贴的胶带。胶带可以配合宝宝的体型来调整松紧度。

虽然纸尿裤材质和形状因品牌而异，但几乎没有太大的差异。因为它在设计时下了很多功夫，不但考虑到宝宝穿起来的舒适性，还有让爸妈在使用上更方便。

比如有些纸尿裤腰围皱褶的幅度比较宽，可提升它的服帖度；有的采用可以防止尿液回流的防水层；或是有的胶带可以重复解开和包上；有的是一旦出现渗漏，纸尿裤上的图形就会有显示等。

胶带已经跑到边缘了，或宝宝大腿的周边红红的，或已经渗漏，出现这三种情况之一就要帮宝宝换纸尿裤了。

最重要的是勤加更换

由于新生儿的皮肤非常敏感细嫩，有些爸妈会担心使用纸尿裤会刺激皮肤。其实纸尿裤在设计时考虑了这一点，只要做到脏了就换，是不会让宝宝的屁屁闷热和潮湿的。

如果考虑经济因素，建议白天可以勤换比较便宜的纸尿裤，等到夜晚或外出时再使用较贵、吸收力比较强的纸尿裤。

也可以在前一两个月，爸妈还不习惯育儿期间，先使用纸尿裤，等到宝宝大小便的次数已经逐渐减少之后，再使用布尿布。

婴儿体重和纸尿裤尺寸对照

新生儿用	体重	5 千克以内
S 尺寸	体重	4 ~ 8 千克
M 尺寸	体重	6 ~ 11 千克
L 尺寸	体重	9 ~ 14 千克
LL 尺寸	体重	12 千克以上

纸尿裤尺寸何时换？

纸尿裤的尺寸大多是以宝宝的体重来区分。但这毕竟也只是一个指标。比如说，同样都是 S 尺寸，但 4 千克和 8 千克的宝宝，体格就有很大的差别。此外，7 千克的宝宝究竟该选 S 还是 M 的呢？

因此，在选择纸尿裤的尺寸时，要先检查宝宝穿起来的舒适度和屁屁的情况。

毕竟每个宝宝的体型都不太一样，即使体重相同，有些肚子比较突出，有些大腿比较粗壮，有些则屁股比较大。

此外，为了预防出现渗漏，晚上睡觉时可以使用比白天大一号的纸尿裤，或是使用市售夜用型的纸尿裤。

换尿布时的必备用品

先把纸尿裤、湿纸巾、婴儿油等这些在换尿布时会用到的东西，全部集中放在家中某个固定的地方。就能不慌不忙、迅速地帮宝宝换好尿布，不必等到拆开宝宝便便的尿布之后，才发现找不到要用来擦拭屁屁的湿纸巾。

此外，市面上也有换尿布时可以固定宝宝两边腋下的尿布垫，或是冬天用来加温的加温器等，可以根据宝宝的情况，选择使用。

如果怕宝宝在换尿布时身体会乱动，可以拿他喜欢的玩具（有把手的）给他玩，转移他的注意力。

换纸尿裤的方法

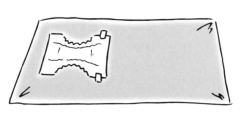

①找一个可以换尿布的空间

先铺上毛巾或用来防止渗漏的尿布垫，把新的纸尿裤摊开，别忘了要先确认纸尿裤的前面和后面，附胶带的在前面。

②换纸尿裤

把新的纸尿裤放在宝宝的屁股下面，再解开脏的纸尿裤并拿走。

当宝宝便便时，如何帮他擦屁屁

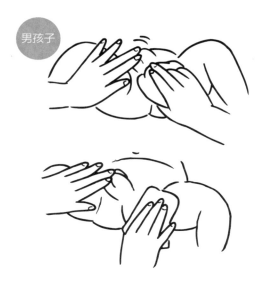

男孩子

仔细擦拭阴囊后方和阴茎

先用面纸把大便擦拭干净，再用湿纸巾擦拭肛门四周和阴茎褶皱处。无论男生还是女生，在肛门的裂缝处会有便便残留，要很仔细地擦干净。

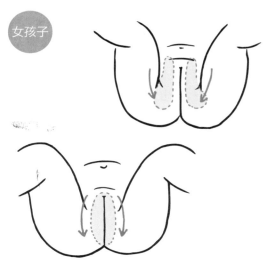

女孩子

由前往后擦拭屁屁或会阴周边

帮女宝宝擦屁屁时，一定要由前往后擦拭。如果从肛门往会阴部擦，会有把细菌带进尿道的危险，要特别注意。只要用湿纸巾或沾有婴儿油的脱脂棉，仔细地擦拭外阴部的四周即可。

迅速帮宝宝换穿拉拉裤

当宝宝开始会爬会站的时候，换拉拉裤就很方便，因为可以让宝宝站着，迅速帮他换好。

①撕开拉拉裤的侧边

②把拉拉裤拆下来

换拉拉裤时，为了不弄脏衣服，可以先用洗衣夹把上衣往上翻、夹起来。

③用湿纸巾擦拭屁屁，分别把脚穿进拉拉裤，再往上拉。

检查看看有没有完全包住肚子，并检查大腿部分的褶边有没有朝外。

包纸尿裤的方法

①把纸尿裤放在宝宝的屁股下

把脏掉的纸尿裤取走，再把宝宝的屁股放在新的纸尿裤中间偏上处，背后的地方稍微拉长一点，便便就不会从背后漏出来。

②肚脐还没有完全干燥的新生儿

纸尿裤尽量不要碰到肚脐，包到肚脐下面即可。因为如果肚脐被尿液弄湿，会有感染细菌的危险，要特别注意。

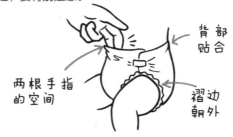

背部贴合

两根手指的空间

褶边朝外

③最后再确认

最理想的状态是背部完全密合，肚子预留可以放入大人的两根手指的空间，注意两脚的褶边要朝外（这也是便便会渗漏的原因），确认一下肚子或腿的四周会不会太紧。因为宝宝都是用腹式呼吸，如果肚子的地方包得太紧，就会呼吸困难。

尿布

使用布尿布
给重视环保而使用布尿布的妈妈

布尿布的质量大幅提升

一提到用布做的尿布，一般人可能会联想到是用旧内衣裁剪下来做成的。不过，现在市面上所贩卖的都是用棉布缝制而成的布尿布。

布尿布也有各种不同的材质或剪裁方式，虽然种类没有纸尿裤那么多，但是有可以减少尿湿时感觉不舒服的材质，也有用好几层布缝制而成的尿布。

除了得花时间清洗，其实布尿布已经有很大的改进了。

布尿布的材质和剪裁

布尿布的材质大多是吸收性比较好、百分之百纯棉的布料。选用对皮肤的触感比较干爽的平织布，一般都是圆形或筒状的，这种剪裁的优点是清洗后比较容易晒干。

同样是圆筒状的布尿布，有些是织成提花状，所以没有缝隙，是比较耐用。

还有一种是用好几层布缝制的成形尿布，吸收性比较强，包尿布的时候也比较省时，但缺点是单价比较高，还有在冬天比较不容易干。

在换尿布时，可以把会用到的一些必要用品，全部集中放在一个盒子里面。这样当宝宝便便时，就可以马上帮他换尿布。

尿布兜是必需品

在布尿布外面要再穿一件尿布兜，而且还要配合宝宝成长的情况，替换适合的尺寸。

由于宝宝成长的速度很快，所以有些妈妈想选用大一号的，但如果大腿周边太过宽松，就会渗漏出来。因此，还是要挑选合适的尺寸。

以往尿布兜多是以透气性和排水性比较好的 100% 纯羊毛制成的。但它的缺点是不容易干，所以最近都改选合成纤维制品，因为它的透气性和排水性不亚于纯羊毛。

配合宝宝的体型　尿布兜的尺寸标准	
尿布兜的尺寸标准	适合的身高和体重
50cm ·············	50cm，3kg
60cm ·············	60cm，6kg
70cm ·············	70cm，9kg
80cm ·············	80cm，11kg

准备布尿布的专用消毒桶

里面附有除臭剂的消毒桶，可以用来放脏的布尿布。内部又分为两层，尿湿用的和大便用的。如果用一般的水桶，最好要有盖子。

布尿布也可以用租的

有些妈妈会选用布尿布，主要是考虑到对环境不会造成污染，以及皮肤的触感比较好等因素，但清洗却很麻烦，这时候该怎么办呢？目前市面上也有租用布尿布的服务。

基本上要先签订合同，一天约用几片，公司会派人定期来回收这些使用过的布尿布。有这样的服务很方便，尤其是在比较不方便出门的新生儿时期。

至于费用或配送的次数等其他细节部分，因不同的公司而有所不同。因此，可以自己搜集这方面的信息。（注：此为日本当地所提供的服务）

布尿布的折法和换尿布前的准备工作

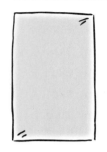 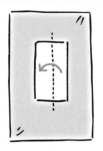 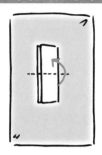 

①准备可以换尿布的空间

先铺上一条毛巾或尿布垫。

②把布尿布摊开来

摊开布尿布，新生儿用一片，大一点的婴儿可以两片重叠使用。

③先直向对折

把摊开的布尿布先直向对折。

④再横向对折一次

再横向对折一次，把整块尿布折成四折。

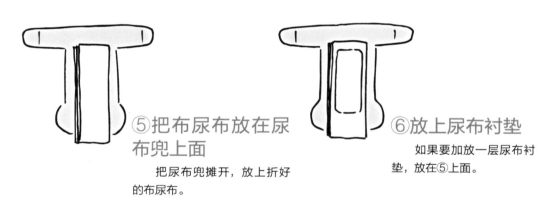

⑤把布尿布放在尿布兜上面

把尿布兜摊开，放上折好的布尿布。

⑥放上尿布衬垫

如果要加放一层尿布衬垫，放在⑤上面。

用尿布衬垫，清洗更轻松

使用布尿布时，如果再加一层富有吸水性和透气性的尿布衬垫，清洗时会更方便。只要在布尿布上面再多铺一片尿布衬垫，清理宝宝的大便或清洗尿布时就会比较轻松。

因为只有宝宝的尿液或便便的水分会透过尿布衬垫到达下层的布尿布，块状的便便只会留在尿布衬垫上。

由于水分不会逆流，所以宝宝的屁屁随时都能保持干爽。因不同品牌而有差异，可以挑选比较厚，触感比较柔软的材质。

在丢弃时，可以把块状的便便先冲入马桶，如果是比较稀的粪便再用水冲洗一下，然后把尿布衬垫包起来，当作可燃烧垃圾处理。

包布尿布的方法

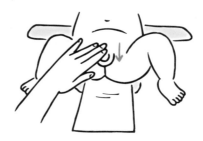

①解开布尿布，擦拭宝宝的屁股

先让宝宝躺在尿布垫上，和换纸尿裤同样的要领，先把布尿布解开，帮宝宝擦拭屁股。如果尿布兜湿掉或弄脏了的话，就连同尿布兜一起解开。

②把布尿布放在宝宝的屁股下

一边把宝宝的双腿或屁股抬起来，一边把布尿布放到宝宝的屁股下。如果是男宝宝，要把他的阴茎轻轻往下压，因为朝上的话，尿液会往上流。

③布尿布往上包住宝宝

注意尿布不要覆盖在宝宝的肚脐上。

④包上尿布兜

注意肚子的地方不要包太紧。把两边的带子扣上，左右两边要平均。

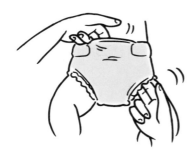

⑤检查尿布有没有露出来

检查布尿布有没有从尿布兜露出来，如果有的话，要把它放进去。还有大腿四周防止侧漏的褶边，一定要朝外露出来。

⑥完成之后再确认

背部要密合，肚子要保留两根手指可以伸进去的空间，可以用手指伸进去检查。

尿布

用过的尿布的处理办法
收拾善后和清洗尿布

尿布的清洁原则

    使用过的纸尿裤就当作垃圾处理，如果是布尿布，可以先浸泡在桶里，之后再一起清洗。

    由于使用纸尿裤会制造大量的垃圾，最好尽量把它的体积折小一点再放进垃圾袋。

    布尿布虽然要花工夫清洗，但根据一些妈妈们的经验，清洗后最好放在阳光下晾干，这样宝宝使用起来会比较舒服。

纸尿裤的丢弃方式

①把纸尿裤上的便便扔进马桶

    如果纸尿裤上面有沾到便便，在可以清理的范围内，尽量把它先倒入马桶内冲掉，千万不要直接包起来扔掉。

②把脏的那面往内卷

    把脏掉的那面往内卷，同时把褶边往内折，确认包好。

用纸尿裤上的胶带或普通胶带粘好。

③用胶带粘住

    尽量把它卷到最小，最后再用胶带粘好。如果纸尿裤上面附的胶带黏着力变差的话，就另外用胶带把它粘好。

④仔细做好垃圾分类

    先堆在一处，再依规定的垃圾分类丢弃。

※ 如果很在意用过尿布的臭味，可以先把尿布卷好放进塑料袋封起来，这样就不会散发异味。

布尿布的清洗和晾干

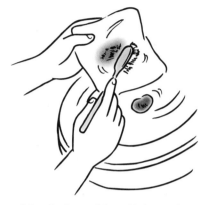

①把便便丢进马桶

如果尿布上面沾有便便，在可以清理的范围内，尽量把它倒入马桶中冲掉。

②一边冲水一边刷洗尿布

马桶边冲水，边用旧牙刷把沾黏在尿布上的便便刷下来。

③把脏尿布浸泡在有清洁剂的水桶里

在有盖子的水桶内，先放入清洁剂，再把尿布放进去泡。最好使用两个桶子，把沾尿和便便的尿布分开浸泡。可累积一天的尿布再洗，如果觉得手洗很麻烦，可以用洗衣机。清洗尿布兜时，要先把两边的胶带粘好反折后再一起清洗。

④洗完后马上晾干，最好放在阳光下让它充分晒干

洗完后最好马上晾干，尽量在阳光下让它充分晒干。在收的时候也要注意里面有没有垃圾或虫子。如果连续下雨天无法晒在户外，可以使用熨斗，熨斗不仅有烘干的作用，还有杀菌的效果。如果是在冬天，可以用烘干机来烘干。

换尿布的困扰
预防和治疗尿布疹的方法

一发现有尿布疹要马上处理

由于宝宝臀部的皮肤非常敏感细嫩，所以一不小心的话，就很容易出现红肿溃烂的情形。

宝宝包尿布的地方，如果出现红色颗粒状的疹子，就是所谓的"尿布疹"。一旦发现宝宝长尿布疹，就得及时处理。

何谓尿布疹？

尿布疹是宝宝皮肤接触尿布的地方，因为排尿或排便时潮湿闷热，或被尿布摩擦所产生的小伤口，受到细菌的感染或一些化学物质的侵入而引起。

宝宝臀部的皮肤很敏感细嫩。因此，一定要帮宝宝勤换尿布，同时要让宝宝的屁屁随时保持干爽。

预防尿布疹的方法

●最重要的是不让屁屁残留脏污。要用湿纸巾仔细地把便便擦拭干净。如果宝宝的皮肤比较容易干燥的话，就不要用湿纸巾，改用脱脂棉或纱布先浸泡温水拧干后再擦拭。

●不只在大便的时候，要用温水帮宝宝清洗屁股。在尿湿的时候也一样，把宝宝放在洗脸盆内清洗，这样可以预防尿布疹。洗完之后，一定要用毛巾按压的方式把水擦干。

●擦干之后，可以让宝宝躺在大浴巾上，让屁屁暂时透透气。如果天气好，在换尿布的同时也可以让宝宝的屁屁稍微透一下气。

哪种尿布不易引起尿布疹

用纸尿裤或布尿布的宝宝都可能得尿布疹。使用布尿布，只要尿布一湿就很容易闷湿，但只要勤换尿布就可以解决。若使用纸尿裤，即使尿湿了，宝宝也不会不舒服，所以很容易长时间包着。或许因为这样，就比较容易长尿布疹。因此，最重要的是要常常检查尿布里面的情况，让它经常保持清洁和干爽。

爸爸帮宝宝换尿布时，动作要温柔细心

有些在换尿布时会大吵大闹的宝宝，当改由爸爸帮他换尿布的时候，反而变得很乖巧。主要是因为爸爸的力气比妈妈还要大，让宝宝感到比较安心。

但也因为爸爸的力道比较大，所以要特别小心，一定要随时温柔细心地对待宝宝的身体。

一旦出现尿布疹

勤换尿布

每次换尿布时，顺便用温水帮宝宝清洗屁屁。如果有轻微的尿布疹，只要用这种方式几乎都可以治好。

不要用拧干的热毛巾擦拭

有些妈妈可能觉得每次换尿布都要清洗很麻烦，所以用浸泡热水的毛巾拧干后擦拭，但这样不太好。因为用热毛巾擦拭会刺激皮脂脱落，反而会让尿布疹的情况更加恶化。因此，如果外出时无法帮宝宝清洗，可以用脱脂棉沾少许橄榄油来擦拭。

洗完屁屁之后，用柔软的毛巾擦拭

洗完后，再用柔软的毛巾，以按压的方式擦拭，要让屁屁完全保持干爽。

若情况严重，要咨询儿科或皮肤科医生

如果觉得尿布疹情况一直没有改善，一定要带宝宝去看医生。因为念珠菌皮肤炎的症状和尿布疹有点类似。如果自行判断去药局买药膏来擦，可能会让症状更加恶化。

外出时换尿布
提前了解可以换尿布的空间

宝宝使用尿布的时候，外出行李一大堆

即使全家出外游玩或购物时，宝宝在外面还是会大小便。因此，最好在出门前先打听一下百货商场或餐厅、搭乘的交通工具等的厕所信息。同时也要把换尿布会用到的必备用品准备齐全。

此外，如果宝宝喝配方奶，也要准备相关的整套用品。这么一来，在外出时就要准备大包小包的行李。因此，爸爸和妈妈自己就最好只带真正必要的东西，尽量简化行李。

分类并分成小包装

尿布、湿纸巾、装用过尿布的塑料袋、毛巾等，换尿布的整套用品往往体积都很大，很占空间。

而且要在狭小的空间勉强换尿布的话，很难当场把所有的用品全部摊开来。

最好先把这些用品分类，装在小袋子或小包包里，比较方便携带，要用时可以马上拿出来。

此外，换尿布的场所不一定都会有干净的尿布台，所以包包里面一定要放一条浴巾，让宝宝可以躺在上面。

现在的厕所对宝宝很贴心

现在百货公司、车站或机场等公共厕所的设施都越来越先进，而且大多也都设有可供换尿布的空间，这对带着宝宝出门的家长来说实在非常方便。有些地方如男厕，甚至也附设换尿布的空间。因此，在现在这个时代，即便出门在外，妈妈也可以轻松地叫爸爸去帮宝宝换尿布。

有些地方设有哺乳室，里面也有换尿布用的床垫。因此，外出时可以多利用这些空间。

在移动的交通工具上换尿布

如果开车出门要换尿布时，一定要先把车子停妥之后再换。否则可能会发生意想不到的危险。尤其是高速公路上都设有服务区，不妨多加利用。

如果是乘坐火车，动车或高铁的车厢上面一般都有一定比例的婴儿尿布台，在乘坐之前先确认一下。如果没有，只要向站务员提出要求，应该可以找到合适的地方换。

如果乘坐飞机，无论是国内航班或国际航班，几乎都有提供可以换尿布的场所。

103

换尿布时的健康检查
观察宝宝的尿液和粪便

由粪便检查宝宝的健康

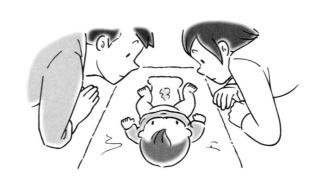

宝宝的粪便是用来衡量宝宝健康状况很重要的指标。由于宝宝主要的营养来源是母乳或奶粉，所以宝宝的粪便通常都是稀稀、水水的。

虽然母乳或奶粉很好消化，营养可以让身体充分地吸收。但摄取过多的水分，就会随着粪便一起排出来。因此，这个时期宝宝的粪便通常都很柔软。

一旦开始吃辅食，宝宝的粪便就会逐渐变得跟成人一样。

刚出生不久的宝宝，排便次数一天以 6～7 次为标准，有些宝宝可能会超过 10 次甚至 20 次。

排便的次数跟喝母乳的次数成正比。只要宝宝一喝母乳，肠胃会开始蠕动，就会排便。这也就是为什么常喝母乳的宝宝会常常排便的原因。

之后，如果变成一次喝很多奶或哺乳的次数减少，宝宝排便的次数自然就会减少了。只要满 1 个月后，排便的次数就变成 1 天 2～3 次。

此外，只喝母乳或配方奶的宝宝，粪便之所以呈黄色，主要是受到胆汁中的胆红素的影响。而呈绿色的粪便，是因为在喝配方奶时被一起吸进去的空气和胆汁色素混合，氧化后变色的缘故。

宝宝的尿液

宝宝的尿液基本上是黄色的，不过会因为喝水多寡或流汗的情况，颜色会稍浓或淡。

有时候尿液颜色很深，看起来像橘红色，是因为水分摄取很少，不必太担心。如果是砖红色，很容易跟血尿混淆，可能是受到尿酸盐的影响。

不过，如果无论给宝宝喝多少水，尿液颜色都没有变淡，就最好找儿科医生咨询。

104

依母乳、配方奶、混合营养的差异

宝宝的粪便也不同

母乳宝宝的粪便

　　跟喝配方奶的宝宝相比，喝母乳宝宝的粪便感觉会稍微水水的，比较柔软。甚至有些宝宝的便便几乎都是水状的。

　　这是母乳中所含的乳糖所导致。因为乳糖有抑制大肠吸收水分的作用，而母乳中所含的乳糖又比配方奶还要多。因此，宝宝的粪便才会呈现水水的状态。

　　宝宝的粪便有时还会带有酸味，这也是乳糖造成的。宝宝肠内的比菲德氏菌会利用乳糖来繁殖制造乳酸，所以会让粪便变成酸性，粪便的颜色则是淡黄色。

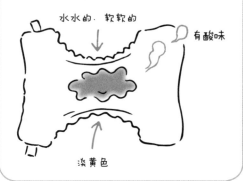

配方奶宝宝的粪便

　　由于目前配方奶的成分非常接近母乳，所以母乳和配方奶宝宝的粪便几乎没有太大差异。只是跟母乳宝宝相比，配方奶宝宝的粪便稍微硬一点，次数也稍微少一点。粪便的味道也比母乳宝宝稍微淡一点。因为配方奶中所含的乳糖和母乳一样，有时候会带有一点点的酸味。

　　粪便的颜色带有绿色，这是因为配方奶中的成分在粪便中会产生变化。

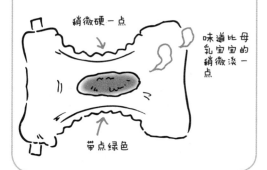

混合喂养的宝宝的粪便

　　同时喝母乳和配方奶的宝宝，则介于中间的状态。粪便的软硬度、颜色、味道也会因喝母乳和配方奶的比例不同而有差异。

因为喝母乳和配方奶的比例不同而有所差异

令人担心的
便便

婴儿的粪便基本上是呈黄色、黏糊状，有时候会带一点绿色，或是像鼻涕般的黏液，甚至会混合着白色的颗粒。

有些妈妈可能会担心，都喝一样的奶，为什么今天便便的颜色会不一样？若宝宝的情绪和食欲都很好，也没有发热，就不必太担心。

但是，如果粪便是红色、白色、黑色，有可能是疾病引起的。这时最好连沾着粪便的尿布一起带去给小儿科医生检查会比较安心。

白色粪便

若宝宝的粪便是水溶性的，颜色像洗米水一样白白的，出现咳嗽、流鼻涕、发热等类似感冒症状及有严重的呕吐，就要怀疑可能是感染轮状病毒所引起的肠胃炎。同样是白色粪便，如果稍微带点奶油色，像黏土般硬硬的，皮肤或眼睛有黄疸，则有可能罹患胆道闭锁症。

■感染轮状病毒肠胃炎　　　■胆道闭锁症

粪便的颜色像淘水米

粪便的颜色像奶油色，如黏土般结块

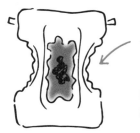

■肠套迭

粪便的颜色像草莓果酱

红色粪便

如果吃太多红色的食物，像西红柿或草莓等，可能就会直接排出来。但如果是像草莓果酱般的血便，同时宝宝还哭得很厉害或有呕吐，要怀疑可能是肠套叠，要赶快就医。

粪便的颜色是黑色或有出血

黑色粪便

如果粪便中混着血液，或出现黑色粪便，就要怀疑可能是胃溃疡或十二指肠溃疡。

■胃溃疡
■十二指肠溃疡

宝宝腹泻

补充水分

宝宝一旦腹泻，最担心的就是可能会引起脱水。可以给宝宝多喝母乳或配方奶，来补充腹泻所流失的水分。如果宝宝不想喝母乳，可给他喝温开水。

暂时不要吃辅食

已经开始吃辅食的宝宝先暂时不要给他吃，等到腹泻完全康复为止。

宝宝屁股的护理

由于宝宝拉肚子的时候，屁股很容易红肿，换尿布的次数要比平常多。每次排便后，一定要帮宝宝清洗屁股。

宝宝便秘

多吃富含膳食纤维的食物

如果宝宝开始吃辅食，可以多给他吃一些富含膳食纤维的食物。

按摩

宝宝刚洗完澡之后，在肚脐周边轻轻按摩，然后把脚抬起来做屈伸运动，也很有效。

用棉花棒帮他浣肠

也可以用棉花棒沾婴儿油，试着帮宝宝做"棉花棒浣肠"，但在浣肠时宝宝的便便可能会突然排出来，因此下面最好先铺一张护理垫。

补充水分

要给宝宝补充足够水分。或喝白开水、大麦茶、果汁，稍微淡一点的糖水也可以。

不同月龄 粪便、尿布行事历

　　刚出生不久的小婴儿，尿液通常是砖红色的。这是因为尿液中含尿酸盐，不必太担心。通常在 24 小时以内就会排出。刚出生的宝宝头一次所排出来的粪便，又称胎便。通常是黑色或墨绿色，呈黏稠状。这是因为待在妈妈的体内时喝到的羊水的内容物或肠黏膜等，经过胆汁等消化液的作用所产生的结果，也会在出生后 24 小时排出。之后，无论是大便或尿液都会变成平常的颜色，慢慢产生微妙的变化。

月龄	排便次数	粪便状态	纸尿裤尺寸	尿布兜尺寸
0~1个月	一天 1 ～ 3 次，刚出生的时候只有少量，但也有一天 10 次。等快要满 1 个月时，和新生儿时期相比，排便次数会慢慢减少	呈黄色，水水的，有时会混有白色的颗粒	新生儿专用	50cm
2~3个月	一天 0 ～ 2 次，排便次数逐渐减少。有些宝宝甚至有便秘的倾向，隔 4 ～ 5 天才终于排便	大致上水水的状态已减少，逐渐变成比较硬的粪便，量也比先前要少一点	S	60cm

4~5个月	一天 0~3 次，排便次数减少，好像有点便秘倾向。一旦开始吃辅食，排便次数就会变得比较频繁	开始吃辅食后，所吃的食物颜色会直接出现在粪便上。在开始吃辅食后的 2~3 天，有时会排出类似拉肚子的稀便	M	60cm、70cm
6~10个月	一天 1~2 次，由于肠胃的功能逐渐发展，越来越接近成人，所以排便也会变得比较顺畅	如果一天吃 2 次辅食，粪便就是固体的褐色。味道也跟成人的很像、会很臭。有些宝宝还会一边张开双脚一边排便	M、L	70cm
11个月~ 1岁6个月	一天 1~3 次	这个时期会出现个体差异，但大部分的宝宝会排出硬的粪便。有时候如果吃到比较不容易消化的食物，就会直接被排出来	L	70cm
1岁7个月~ 2岁	一天 0~1 次	已经习惯一天吃 3 餐的宝宝，粪便跟成人没两样。如果改吃幼儿食物，便便的味道也跟大人一样臭	L	80cm

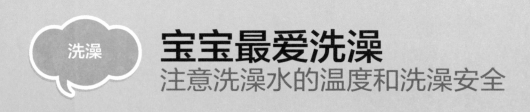

宝宝最爱洗澡
注意洗澡水的温度和洗澡安全

让宝宝有最舒服的洗澡时间

只要帮宝宝洗澡，大部分的宝宝都会觉得很舒服，因为宝宝的新陈代谢比较旺盛，容易流汗。因此，要让宝宝有个很舒服的洗澡时间。

对新手父母来说，可能会担心"不小心让宝宝掉进澡盆怎么办"，其实不必担心。只要多洗几次就能稳稳地用手支撑住宝宝的头或颈部，会越洗越顺手。

帮宝宝洗澡的目的

洗澡最主要目的，是要洗掉汗水或皮脂，让皮肤变干净。因为出生不久的小婴儿的皮肤大多比较油腻，可能会长小疙瘩或太干燥，必须要轻轻地搓洗。

尤其是在宝宝不太活动的时期，洗澡时间对他们来说也算是一种运动。为了让宝宝能够多喝母乳和睡觉，每天要趁宝宝很有精神的时候帮他洗澡。

用温水帮宝宝洗澡

由于婴儿的身体很小，如果洗澡水的温度太高，会让他的体温马上升高。因此，洗澡水的水温只要比婴儿本身的体温稍微高一点即可，一般在 38 ~ 40℃。

如果洗澡水太热，宝宝身体的温度会比原来的体温还要高，一旦超过生理体温，可能对宝宝身体造成太大的负担。

大人可以先把手放进洗澡水里试水温，用自己的皮肤掌握最舒适的温度。如果真的不放心，第一次洗时也可以先用温度计来测量水温。

如果要把宝宝从婴儿澡盆换到浴室洗澡，必须要注意室温的变化。如果在冬天，最好先放洗澡水，等浴室的温度上升后，再抱宝宝进去洗。

第一次帮宝宝洗澡，建议使用婴儿澡盆

小婴儿刚从医院抱回来的时候，可以暂时先用婴儿澡盆帮他洗澡，这样对头一次帮宝宝洗澡的新手父母来说也会比较放心。

原本使用婴儿专用澡盆的用意，是要避免宝宝遭到感染。此外，潮湿的浴室对宝宝来说，可以说是相当危险的场所。

新手父母抱着身体光溜溜的小婴儿洗澡，很容易因为一时的手滑或脚滑，让小婴儿有摔伤的危险。

因此，无论是从卫生或安全方面来考虑，刚出生 1 个月的小婴儿，最好还是使用婴儿澡盆来帮他洗澡，同时也可以让宝宝慢慢适应洗澡。

为了避免父母在帮宝宝洗澡时伤到腰部，建议可以把婴儿的澡盆固定摆在桌上或洗碗槽内。

使用嵌在洗碗槽内的婴儿澡盆。

把婴儿澡盆放在桌上，不用弯腰就能洗到，这样帮宝宝洗澡会比较轻松。

什么时候才可以带宝宝去澡堂？

如果家中没有浴室，必须去澡堂洗澡，要等宝宝满 3 个月，才可以带他一起去。宝宝在澡堂内可能会大小便，所以要特别注意。最好是在不用担心会发生这种情况的时候再带他去。

洗澡的准备

刚出生~出生后1个月

纱布手帕2~3条

用来帮宝宝洗脸或洗身体。

婴儿澡盆

市面上有各式各样的婴儿澡盆,像是可以靠背的,或有吊网的,也有可以整个放在梳洗台上的等,请挑选使用比较方便的款式。

香皂

市面上有婴儿皂或沐浴乳,只要是未添加香料、比较不刺激的就可以使用。

大浴巾

选择一条干净、触感比较好的浴巾。

洗澡毛巾

当宝宝泡在澡盆里时,可以用来盖住他的身体,只要宝宝的手或肩膀被覆盖住,他就会感到比较安心。

小脸盆

用来舀水或加水。

浴垫

用来铺在澡盆下面,不是婴儿专用的也无所谓,用一般野餐用的塑料布即可。

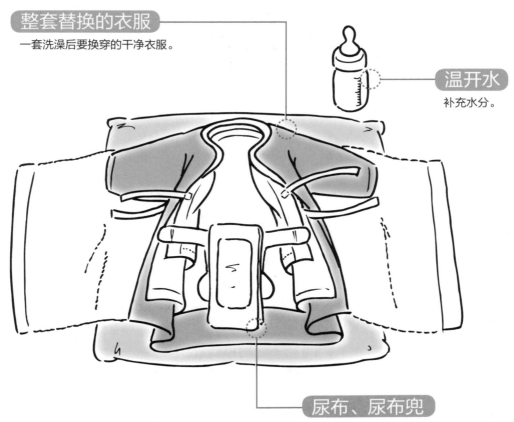

整套替换的衣服
一套洗澡后要换穿的干净衣服。

温开水
补充水分。

尿布、尿布兜
如果是纸尿裤，就用一片新的；如果是布尿布的话，要准备洗干净的尿布兜和布尿布。

浴液
最好选择未添加人工香料、色素和防腐剂的沐浴乳，这样比较安心。如果可以直接倒入澡盆，不必再用清水冲洗，用起来就会比较方便。如果没有的话，用婴儿皂就够了。

其他的准备用品
也可以用婴儿皂，先让它起泡泡之后，再用来帮宝宝洗头。

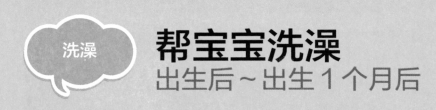

帮宝宝洗澡
出生后~出生1个月后

每天帮宝宝洗澡

由于宝宝的新陈代谢很旺盛，所以爱流汗。因此，最好每天帮宝宝洗澡，让他的身体保持干净。

在出生后未满1个月大的新生儿期间，最好使用婴儿澡盆来帮宝宝洗澡。

如果是冬天，室内的温度最好要保持在20℃左右。

帮宝宝洗澡，或许会让新手父母非常紧张，但要尽快完成，最理想的时间是在10分钟之内洗完。

【1】擦拭头部、眼角、额头、下巴

先用一手支撑宝宝的后脑，另一手用干净的纱布沾热水，然后依序擦拭宝宝的头部、眼角、额头、下巴。

【2】准备帮宝宝洗头

为了避免宝宝的身体乱动，先让宝宝穿着衣服并用浴巾包裹住，再帮他洗头，这样会比较轻松。为了防止浴巾掉下来，正面要交叉重叠包裹好。

【3】洗头

用水沾湿宝宝的头发，手心先抹点香皂让它起泡泡，再搓洗宝宝的头发和头皮。洗完后，再用清水冲洗干净。也可以用婴儿专用的洗发精帮宝宝洗头。

【4】脱衣服

把宝宝的手臂抬起来，让手穿过衣袖再脱下衣服。洗澡后要穿的衣服和尿布可以事先准备好。

【5】用洗澡毛巾包住，泡在洗澡水里面

用洗澡毛巾包住宝宝的身体，小心不要让宝宝的耳朵浸到水，妈妈用手心托住宝宝的后脑，一边用拇指或中指塞住宝宝的耳朵，一边紧紧地抱住。然后用另一只手支撑宝宝的大腿到臀部的地方，从脚尖开始，慢慢地把宝宝放入洗澡水里面。如果没有用毛巾包住身体，宝宝的手脚可能会乱动，所以要特别注意。

【6】清洗身体

等宝宝的身体暖和之后，再用手抹点香皂让它起泡泡，依序清洗宝宝的头、腋下、手臂、手、肚子、背部、脚、屁股、大腿。因为宝宝爱流汗，所以身体褶皱的地方也要仔细地清洗干净。洗完之后，再让宝宝在水里浸泡 2～3 分钟，洗净身上的香皂。

【7】擦干身体

把宝宝从澡盆里抱起来，用浴巾包裹住身体，以按压的方式把宝宝身上的水擦干，下巴下方、腋下、胯下等地方也要仔细地擦干。

顺利度过洗澡时间
试着跟宝宝一起洗澡吧

如果和宝宝一起泡澡

如果宝宝在出生后 3 个月左右，脖子已经可以挺起来，就可以跟大人一起用同样的浴缸洗澡。跟宝宝一起洗澡，还可以培养亲肤关系。

如果是自己一个人看着宝宝泡澡的话，就要特别注意。尤其是当宝宝已经会爬或会翻身之后，就算宝宝平常很乖巧，也千万不能让他离开视线范围。

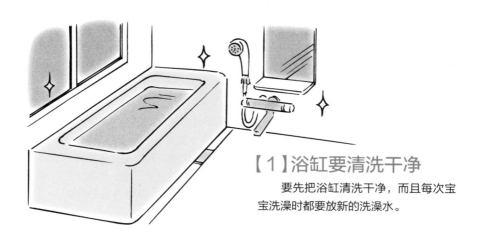

【1】浴缸要清洗干净

要先把浴缸清洗干净，而且每次宝宝洗澡时都要放新的洗澡水。

【2】准备一个让宝宝可以躺下的地方

把宝宝身上的衣服全部脱掉，用浴巾包裹住。让他躺在脱衣服的地方。

【3】大人先洗自己的身体

趁宝宝在一旁等的时候，妈妈迅速把自己的身体洗干净。最好把浴室的门打开，让宝宝可以看到自己的脸。

【4】先洗宝宝的屁股

把宝宝身上包裹的浴巾脱掉，抱进浴室内，虽然帮宝宝洗澡的方式和前面一样，但如果要泡澡，就要先清洗宝宝的屁股。

【5】洗头和身体

和宝宝一起进入浴缸泡澡。用纱布手帕沾水拧干之后，帮宝宝擦脸。等身体稍微暖和之后，再把宝宝抱出浴缸，用香皂帮宝宝洗头和身体。动作要迅速，因为如果洗太慢，宝宝很容易感到疲累。

【6】暖和身体

帮宝宝洗完头和身体之后，再一起进入浴缸内泡澡。如果妈妈很紧张，宝宝也会不安。因此，要充满自信，不要让宝宝看到自己担心的样子。此外，也可以使用洗澡毛巾盖住宝宝的身体，这样会让宝宝感觉比较安心。

洗澡

如何把宝宝的身体洗干净
尤其是有褶皱的地方要仔细清洗

一定要仔细洗干净

父母帮新生儿洗澡都会小心翼翼，但随着宝宝长大，头可以抬起来，父母帮宝宝洗澡的方式也会变得越来越大胆。

婴儿的新陈代谢很旺盛，爱流汗。如果汗水或污垢没有洗干净，可能会引发湿疹或尿布疹。因此，最好每天都要帮宝宝洗澡，尤其是身上有褶皱的部位及耳朵的后面等地方，更要仔细地洗干净。

【1】清洗有褶皱处

婴儿的脖子或腋下、脚后跟等有褶皱的地方，很容易残留污垢。因此，要仔细地清洗干净。

【2】别忘了洗耳朵后面、肚脐、胯下

同时也别忘了要洗耳朵后面、肚脐、胯下等部位。

【3】注意香皂的种类

除了选用婴儿皂，只要保证低刺激、没有添加香料，就可以跟大人用同样的香皂。可能有少数婴儿是敏感性皮肤，需要使用没有刺激性及具有保湿效果的香皂。

爸爸和宝宝一起洗澡

【1】从妈妈手中把宝宝接过来

爸爸自己先把身体洗干净，进入浴缸泡澡之前，要先帮宝宝清洗屁股。

【2】泡在浴缸里清洗身体

跟宝宝一起泡在浴缸里面，拿纱布手帕沾温水拧干之后，帮宝宝擦脸。等身体稍微暖和之后，再把宝宝抱出浴缸，用香皂清洗宝宝的头和身体，然后用清水冲洗干净。

【3】把宝宝抱出来

身体洗干净后，再次放入浴缸内泡澡，让身体暖和后，把宝宝抱出来交给妈妈。

【4】用手沾湿香皂再洗

用手沾湿香皂清洗，不必使用海绵或纱布来擦洗宝宝。

【5】用清水仔细冲洗干净

先用香皂清洗，再用温水把身体冲洗干净，尤其是身上有褶皱的地方更要冲洗干净。

【6】轻轻擦拭

洗完澡，用浴巾轻轻擦拭宝宝的身体，身上有褶皱的地方也要仔细擦干，千万不要残留水分。

不让宝宝讨厌洗澡
找出原因，使宝宝喜欢洗澡

洗澡

宝宝"害怕洗澡"或许是有原因的

有些妈妈可能会担心帮宝宝洗澡的时候，洗澡水会跑进宝宝的耳朵里面。其实耳朵有耳膜在，所以不必担心水会跑进去。

在帮宝宝洗澡时要注意，不要让喷溅的水花接触到宝宝的眼睛或耳朵，或是让宝宝掉进水里，或太用力抓宝宝的身体。

因为对宝宝来说，只要被惊吓过一次，就有可能变得讨厌洗澡。

宝宝是非常敏感的。所以爸爸或妈妈在帮宝宝洗澡时动作要轻柔，要让宝宝爱上洗澡。

在宝宝心情好的时候帮他洗澡

虽然有些宝宝在洗澡的时候会哭闹，但是千万不要因为这样就认为宝宝不喜欢洗澡。

或许只是宝宝当时的心情不好才不想洗澡。比如说，当宝宝很想睡觉的时候被吵醒，他当然会不高兴。

因此，最好是挑选宝宝比较开心、想要洗澡的时候让他洗澡。只要宝宝的生活作息越来越规律，就能享受快乐的洗澡时间。

开心地微笑
（即使宝宝哭闹也不生气）

38℃左右

适合的水温

让宝宝爱上洗澡的诀窍

轻轻搓洗

动作迅速

宝宝洗澡的皮肤保养
预防身体着凉，同时呵护皮肤

洗澡后的皮肤保养

　　帮宝宝洗完澡后要顺便保养皮肤。因为泡过热水，所以宝宝的皮肤或头发、指甲等都得到适度的滋润，比较容易保养。尤其是要仔细查看宝宝的身上有没有痱子、皮肤炎或眼屎等，还有鼻子、耳朵、肚脐、指甲等细微的地方也要仔细保养。

　　洗完澡后要注意，不要让宝宝着凉。以皮肤表面积和体重的比例来看，跟成人相比，宝宝皮肤的表面积较大，比较容易流失体温。一旦体温下降，有时候在很短的时间内身体就容易着凉，因而感冒。

宝宝洗完澡时非常关键

- 要用浴巾仔细擦干宝宝的身体。
- 检查看看宝宝的身上有没有长痱子或尿布疹。
- 刚洗完澡会口渴，要给宝宝补充水分（喝母乳或配方奶也可以）。
- 冬天要注意不要着凉，房间里的温度也要注意。

宝宝爱流汗，容易长痱子

　　成人皮肤的毛细孔会收缩，体温比较不容易流失。但婴幼儿体温的调节功能还不是很成熟，只要一流汗，就会变成流个不停的状态。

　　因此，帮宝宝洗完澡之后，不但要把身体擦干，也不要让宝宝太热，否则只要宝宝一流汗就会流个不停。汗水蒸发的时候，体温会跟着下降，就很容易着凉。此外，如果不小心让宝宝一直流汗而不处理，即使在冬天也可能会长痱子。

用浴巾包裹身体，防止着凉

　　刚洗完澡，身体还在冒着热气，可能会流很多汗时，先不要急着帮宝宝穿上衣服，只要先用一条浴巾包住宝宝的身体，把汗水充分擦干后再穿衣服。

　　要注意洗澡水不要太冷，同时还要注意，当浴室还冒着热腾腾的蒸汽时，不要抱着宝宝进去。

　　用浴巾帮宝宝擦拭身体时，要用轻轻按压的方式，把水分吸干，而不要用力地擦。

洗澡时便利的用品

洗发帽
可以防止在洗头发时水跑进眼睛里面。

披巾
洗完澡后可披在身上，预防着凉。

防滑垫
可贴在浴缸底部防滑。

可调节的沐浴椅
（3个月～2岁）
可以让宝宝躺着洗头或洗身体，一个人帮宝宝洗澡时也很方便。

沐浴网
让妈妈可以独自轻松地帮宝宝洗澡。安装在婴儿澡盆上面的吊网，可以让宝宝躺着洗澡。

洗澡后脸部和身体保养

补充水分

给宝宝喝温开水

洗完澡之后，先用浴巾裹住宝宝身体。因为刚洗完澡之后都会很渴，要用奶瓶装温开水喂宝宝喝。让他喝到不想喝为止，一般 10 ~ 15 毫升就够了。如果刚好是哺乳时间，也可以喂他喝母乳或配方奶。

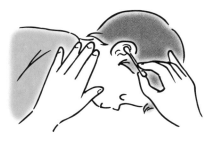

耳朵的保养

用棉花棒在耳洞的四周轻轻地擦拭一圈。注意不要硬挖耳屎，以免伤到宝宝的耳膜。外侧褶皱的地方也要用棉花棒轻轻擦拭。棉花棒可以沾点婴儿油，这样更有利于保养。

干净的
脱脂棉球
或纱布

眼睛的保养

用干净的脱脂棉或拧干的纱布，从眼头朝着眼尾轻轻擦拭。

清除鼻屎

用棉花棒帮宝宝清除鼻屎，注意不要挖得太深，只要在鼻孔附近迅速擦拭一下就可以了。如果怕宝宝会乱动，可以先轻轻地压住他的下巴。

肚脐的保养

婴儿的肚脐，刚开始的时候是湿漉漉的，可以用棉花棒沾点消毒用酒精来擦拭，上面再覆盖一块纱布，贴上胶带。等到肚脐完全干了之后，不做任何护理也没有关系。

洗澡时可以派上用场的护理用品

婴儿油、婴儿乳液

婴儿油或婴儿乳液可清除污垢，同时给皮肤干燥的地方保湿。

棉花棒

为配合宝宝的耳朵大小，有婴儿专用的棉签。

梳子

也有婴儿专用的梳子，其实用一般的就可以了。但注意不要用太硬的梳子。

指甲刀、剪指甲用的剪刀

因为婴儿的指甲又小又薄很难剪，所以最好使用婴儿专用的指甲刀。

梳理头发

用婴儿用的梳子或小梳子，帮宝宝梳理头发。注意梳子要保持干净。

擦身体乳

帮宝宝擦身体乳的时候，可以先把身体乳倒在妈妈的手心，然后再薄薄地涂在宝宝的身上。

保养指甲

宝宝的指甲如果太长可能会抓伤脸部。由于宝宝的指甲长得快，所以每隔 4～5 天，可以用婴儿专用的指甲刀，仔细地帮宝宝剪指甲。宝宝的指甲很小，很难剪，但只要压住关节让它不要弯曲，就可以顺利地剪完。不要剪太深，每次只要稍微修剪一下即可。

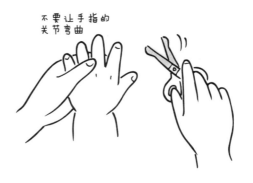

不要让手指的关节弯曲

宝宝不舒服时的护理方法
不要勉强、让宝宝放松心情

宝宝身体不舒服的时候

由于小婴儿的新陈代谢非常旺盛，最好每天帮宝宝洗澡。但是，当宝宝身体不舒服的时候该怎么办呢？况且有时候父母也不知道该如何判断。

要判断是否该帮宝宝洗澡，就要看宝宝的体温。如果发热超过 38℃，就先不要帮他洗澡。如果宝宝发热没有超过 38℃，而且还很有精神，喝很多母乳或配方奶，也没有严重的呕吐或腹泻，就可以帮他洗澡。

宝宝轻微发热时的洗澡方式

宝宝身体不舒服的时候会流汗或吐奶，所以皮肤很容易弄脏。因此，如果宝宝只有轻微的发烧，但还很有精神的话，那就可以很小心地帮宝宝洗澡。

首先让浴室充分地暖和，大概和房间的温度差不多，要让宝宝进浴室时不会感觉很冷。洗澡水的温度也要尽量接近宝宝的体温，这样对宝宝的身体不会造成负担。

如果宝宝在发热，就先不要让他泡澡。要改用冲澡，迅速地帮宝宝洗完澡，并随即擦干，这样宝宝就不会很累。

让浴室暖和
迅速帮宝宝洗澡

宝宝发高热时改用擦澡

如果宝宝发高热超过 38℃ 以上，同时还有严重的呕吐或腹泻，在体力耗损的情况下，先不要帮宝宝洗澡。有些宝宝会因为发热而引起痉挛，这样也先不要帮他洗澡。

可改用擦澡，用拧干的毛巾或湿纸巾帮宝宝擦拭全身。尤其是屁股，要仔细地擦拭干净。

【1】擦拭身体

用浸泡热水的毛巾，拧干后擦拭宝宝的全身。尤其是头部或脖子周围，以及手、腋下等比较容易流汗的地方，比较容易有污垢，要擦干净，力度要轻柔。

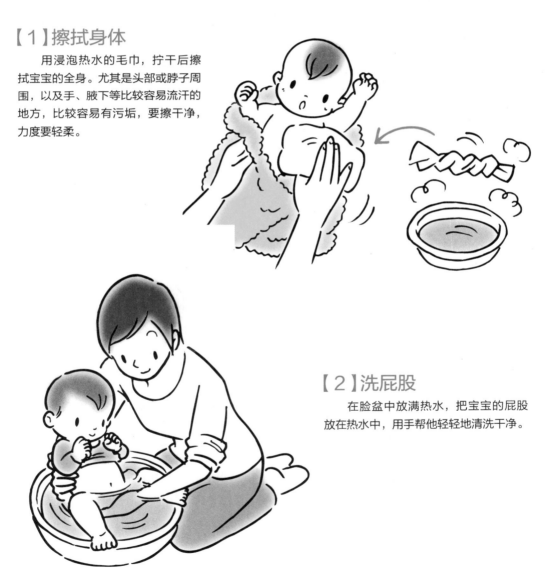

【2】洗屁股

在脸盆中放满热水，把宝宝的屁股放在热水中，用手帮他轻轻地清洗干净。

这种情况下，该如何帮宝宝洗澡呢?

除了发热，宝宝的身体可能容易出现一些小毛病。在这种情况下，该如何帮宝宝洗澡呢? 以下根据不同的症状，提供参考的做法。

痱子

婴儿流汗多，夏天当然很容易长痱子。但洗澡水太热的话也会长痱子。

总之，只要宝宝流汗就要帮他冲澡，再用柔软的毛巾把身体擦干。最好不要帮宝宝擦痱子粉，因为这样做反而会堵住排汗口。

尿布疹

无论是预防或治疗尿布疹，最重要的是保持清洁和干燥。一旦宝宝罹患尿布疹，可在脸盆内放入温水，让宝宝的屁股浸泡在里面，以低刺激性的香皂帮他清洗。再用事先准备好的柔软毛巾，用轻轻按压的方式擦干，千万不要来回擦干。

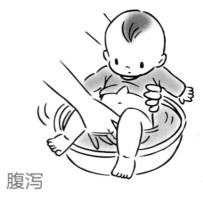

腹泻

当宝宝出现腹泻的情况时，屁股就很容易红肿溃烂。这时如果帮他擦拭干净，反而会伤到皮肤，因而引发尿布疹。

最好在宝宝每次排便后，就用脸盆放满温水帮他清洗屁股。如果宝宝已经会站，可以让他用手扶着站在浴缸里，再用香皂帮他洗屁股，或以淋浴的方式帮他冲洗。

低刺激性的香皂

受伤

如果宝宝有打石膏或包绷带而无法洗澡，可以用温水拧干的毛巾或纱布毛巾，一天一次，帮宝宝擦拭全身。

在这种情况下，小心不要让宝宝的身体着凉。除了正在擦拭的部位，身体的其他地方可以先用浴巾包裹住。

脓痂疹

在宝宝身上的水泡还没有完全干之前，暂时不要让他泡澡。可以采用淋浴的方式，取下治疗用的纱布后，先用婴儿油擦拭，再抹香皂来清洗。

毛巾也最好用宝宝个人专用的，要清洗干净再使用。

脱脂棉

专用毛巾

洗完澡之后，仔细检查宝宝的身体

婴幼儿的皮肤非常敏感，很容易长湿疹。在帮宝宝洗澡的时候，可以说是仔细观察宝宝身体情况的最好机会。

洗完澡后，让宝宝躺在浴巾上面，帮宝宝检查全身。尤其是颈部或腋下这些比较容易流汗的地方，请仔细地检查有没有长痱子，或是宝宝双脚张开的情形如何，或是身上有无瘀青或湿疹等。

特异性皮肤炎

请每天帮宝宝洗澡，把汗水和污垢洗净，让皮肤常保清洁。

用不太热的温水，让香皂在手中完全起泡之后，再以抚摸般轻柔的方式帮宝宝清洗。

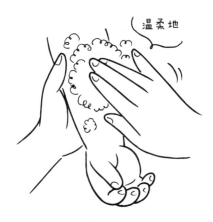

温柔地

抱法

抱宝宝的最佳方式
亲肤关系可以让宝宝茁壮成长

正确的抱法，会让宝宝觉得很舒服

要正确地抱住宝宝，的确不是一件容易的事。如果抱的方式不对，宝宝立刻就会哭闹，让还不习惯的妈妈感到不安。

其实抱宝宝是有诀窍的。妈妈要学会正确的抱法，让宝宝感觉起来很舒服，这点很重要。

在此要介绍几种抱宝宝的基本方式。当然也可以自行研发独特的抱法，不必受限于以下介绍的方式。

抱宝宝的基本方式

● 先把头抱起来

● 不妨碍宝宝的脚活动的情况下把宝宝抱起来

【1】用双手轻轻地从宝宝颈部背后托起，另一手放在宝宝的脑后。

【2】手放在宝宝的脑后，用手支撑宝宝的脖子，用另一手伸进宝宝的胯下之间，用手心支撑宝宝的屁股。

【3】支撑宝宝脖子的那只手不要太用力，慢慢地把宝宝抱起来。另一手的手心包裹住宝宝的屁股，两边保持平衡。

抱起宝宝的方法

可以用浴巾或包巾先把宝宝包裹住再抱起来，这样脖子就不会乱晃动。

当宝宝的头还无法抬起来的时候，妈妈可以用一手支撑宝宝的头和脖子，再用另一手托住宝宝的屁股，轻轻地把他抱起来。

各种不同的抱法

宝宝清醒的时候可以采用直抱的方式，和宝宝四目相接，用一只手支撑宝宝的脖子。

当宝宝睡着时，可用侧抱的方式，把手放在宝宝脖子下面。

会不会让宝宝养成老要抱的习惯呢？

　　对宝宝来说，被抱是一件很舒服的事，同时也是很重要的亲肤关系。

　　不过，在妈妈产后身体还没有完全恢复的这段时间，没有必要勉强抱孩子，只要今后多抱抱他就行了。如果正忙着做家事没时间抱他的话，可以先跟宝宝说"等一下再抱你"。给人抱着感觉很舒服的宝宝，只要被放下来就会开始哭闹，乍看之下好像已经养成爱被人抱抱的坏习惯，但过不久他又会自己翻身、改变姿势，一下子又张大眼睛东张西望，或去摸身边各种不一样的东西，甚至还拿起来舔。除了被抱之外，宝宝似乎已经渐渐可以体会其他的乐趣。

背宝宝的方式
视情况而定，分为前背和后背

只要宝宝的头能抬起来就可以背

宝宝满四五个月，头已经可以抬起来的时候，就可以采用背的方式。"头可以抬起来"意味着宝宝已经逐渐可以控制自己的脖子了。

宝宝的头可以抬起来的话，即使采用直抱的方式也不会摇摇晃晃的，这样妈妈在带孩子的时候会轻松很多。

前背和后背的注意事项

背宝宝时要特别注意，突然起身时不要撞到宝宝的头。在背起和放下宝宝时，也要注意一下后面。

如果采用前背的方式，可能较不容易看到脚下，所以上下楼梯时，一定要用手扶着栏杆，这样比较安全。

外出时，可以把东西放在后背包或腰包里，万一遇到紧急状况，就能张开双手，立即做出反应。

如果不清楚宝宝的头能否抬起来，可以这样检测

一手放在宝宝的腋下，另一手托着宝宝的屁股，采用直抱的方式，宝宝的头也不会突然往后倒。

让宝宝仰卧，抓住他的双手让他站起来，他的头可和身体一起抬起来。

宝宝在地上爬的时候，他的脖子会一下左右扭动，一下又抬起来。

让宝宝坐在膝盖上，支撑他的肩膀或腋下，轻轻地摇一两下，他的头不会左摇右晃。

各种不同的婴儿背带

婴儿背带有各种不同的款式，有侧背和前背的，也有两用的，即既可以用来背，也可以用来抱。宝宝的头还无法抬起来时，选择有长靠背的婴儿背带会比较好。

不管选用何种款式的背带，都要详细地阅读说明书，并遵守说明书上标示的使用方法和使用时间。也要常常调整肩带或腰带的长度，注意不要让宝宝呼吸困难或受伤。

后背带

有两条带子在前面交叉，让妈妈可以一边背着孩子，一边做家务。宝宝也可以跟妈妈看到同样的景色，所以感觉比较舒服。但要注意不要连续长时间使用，因为这样对妈妈或宝宝来说都会造成负担。

前抱型背带

在宝宝的头还无法抬起来的时候，最好选用有长靠背的款式。

侧抱型背带

在新生儿时期可以选用这种款式的。

斜抱型背带

这种款式的背带，让婴儿的重量落在腰际，可以减轻肩膀的负担。

两者兼用的款式，既可以背又可以抱。

衣服

睡眠时的婴儿服
选择合适的材质和穿着方式

婴儿服要能调节体温

刚出生不久的婴儿，由于身体自我调节体温的功能还不够成熟，所以往往很难跟得上气温的变化。因此，在选择婴儿服时，最好要有调节体温的功能。

婴儿服的基本组合

让婴儿穿短袖或长袖的内衣，外面再穿上一件连身服，可以随着季节的不同来做调整。

基本上，与其说是以大人的感觉舒适为主，倒不如说夏天可以再稍微清凉一点；冬天就可以穿得稍微暖和一点。

等到宝宝满两个月之后，就很容易流汗。因此，最好给宝宝穿富有吸湿、排汗、透气和保湿性的衣服。在材质方面，最好选择富有透气性或伸缩性，同时触感比较好的棉质衣料。

适合婴儿皮肤的衣服材质

纱布	柔软、平织的材质，透气性和吸汗性都很好，建议可以在梅雨季或夏天等比较容易流汗的季节穿。
绒布	质地较厚，又有一层羽毛状或环状可以阻隔表面，所以保湿性比较高。
罗纹布	透气性和伸缩性都很好，是贴身衣服最常使用的材质，触感又轻薄又柔软。
棉毛布	保湿性比较好的材质，无论是表层或内层的触感都很柔顺，大多比较厚一点。
棉布	是透气性较高、较薄的材质，常被用来做成 T 恤。

短袖内衣

　　穿在最里面的短袖内衣，一定要选能吸汗，百分之百纯棉的材质。

　　开襟式绑带肚衣，穿脱也比较方便。

　　现在尺寸的选择比以前多，因此，可以配合宝宝的体型，选择大小合适的内衣。

　　只要宝宝有出汗，就要记得帮他勤换内衣，因为如果让他一直出汗而不理会，可能会长痱子。

长袖内衣

　　长度一直到脚边，可把脚完全盖住，让下半身不会着凉。有两种款式，一种是绑带蝴蝶装，另一种是有暗扣的连身衣。把暗扣打开的话就像连身衣，扣上暗扣，双脚的地方是分开的。

婴儿服

　　新生儿一天中，有大半天的时间几乎都在睡觉，因为身体很少活动，这个时期最好选择连身、下摆没有分开的婴儿服。要换尿布的时候只要把下摆翻起来即可，非常方便。

　　也有两者兼用的款式，既可以当连身衣，下摆也可以分开变成裤子。总之尽量选择设计比较简单、容易穿脱的款式。

穿婴儿服的方法

无论是帮小婴儿穿衣服或脱衣服，动作一定要很轻柔、不要慌张，更不要用力拉扯小婴儿的手脚。最好选择前开襟式的款式，把衣服全部都叠好，再一起穿上或脱下来即可。

1

把连身衣、长袖内衣、短袖内衣，依序叠在一起，并事先把全部的袖子都穿好，如果有绑带或暗扣也全都打开。

2

把宝宝放在摊开的衣服上面，这时候如果有流汗，要先轻轻地帮他完全擦干。

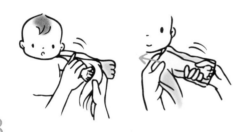

3

用一手支撑着宝宝的手肘或手腕的关节，让宝宝的手臂穿过衣袖。此外，也可以从袖口把手伸进去，握住宝宝的手腕，一边轻轻地拉袖子，一边让宝宝的手臂通过。如果袖子太长，就把袖口反折，让宝宝的手露出来。

4

双手穿过袖子之后，再绑上前面的带子，要稍微留点空间。绑短袖内衣带子的位置，大概在宝宝的腋下，要让宝宝身体很服帖之后，再绑好蝴蝶结。

5

再绑长袖内衣的带子，同样绑好蝴蝶结。绑好后，一手把宝宝的屁股抬高，用另一手把衣服的下摆褶皱拉平。

6

把连身衣上面的带子绑好或扣子扣好，再把下摆拉平，就完成了。

脱婴儿服的方法

1

把衣服上面的带子或扣子全部打开，全部重叠在一起，把前面交叉的部分打开。

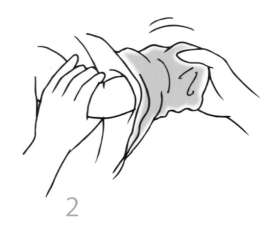

2

一手轻轻地支撑着宝宝的手肘，另一手把两件内衣和连身服的衣袖一起拉出来。

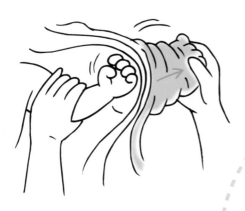

3

一边拉着衣服的袖口，一边轻轻地拉出宝宝的手臂。只要移动衣服，而不要去移动宝宝的手臂，这样就不会对宝宝的身体造成负担。

※ 还不会翻身的宝宝，夏天会因为出汗而导致背部湿黏，因此要常常去摸宝宝的背部，只要一发现有出汗，就要帮他换衣服。虽然出汗的程度因人而异，但夏天 1 天至少要帮宝宝换 3 次衣服。在换衣服时，除了擦拭背部，脖子四周也要擦。

衣服

过了睡眠时期的婴儿服
穿少一点来培养身体的调节能力

视情况减少宝宝的衣服

宝宝满三四个月后，身体已经可以逐渐适应周围的环境，也渐渐可以自行调节体温。这个时期还是要非常小心，不要让宝宝感冒。

等到宝宝满五六个月之后，在帮宝宝穿衣服时，就像1岁大的宝宝一样，可以比大人少穿一件。为了让宝宝培养对气候或环境变化的适应能力，最好让宝宝的衣服穿少一点。

不过，如果穿得太少反而会有反作用。因为一旦身体冷却，新陈代谢就会变得缓慢，使免疫力跟着下降，黏膜组织也会变得比较脆弱，这时候就很容易感染细菌或病毒。

在宝宝还无法自己穿脱衣服之前，大人应该勤加检查宝宝是否有出汗。如果宝宝出汗而没有帮他换衣服，就很容易因为着凉而感冒。

● 基本上要比妈妈少穿一件

● 在玩游戏或睡完午觉后，如果发现宝宝背部出汗，要立刻帮他换衣服。

● 在家不用穿袜子。即使手脚冰冷，但只要脸或身体是热热的，就不必担心。

宝宝的头可以抬起来、会自己翻身时

过去只会安安静静睡觉的小婴儿，身体的活动力逐渐变得旺盛。虽然月龄还不到会四处乱爬的阶段，但会一下子伸展或收缩手或脚、一下子翻身，频繁地做出一些小动作，因此常常会让穿在连身服里面的内衣往上翻。

这个时期差不多可以不用再穿最里面的短袖内衣了。在屋内可以让宝宝穿绑带蝴蝶装或是连身衣。外出时，里面再多穿一件包屁衣。天气冷的时候，再多加一件背心就行了。

绑带蝴蝶装

在新生儿时期，可以把下面的暗扣解开，当作连身衣使用。等宝宝比较好动之后，再当作长袖内衣来穿。因为脚下是敞开的，所以就算宝宝的脚乱踢也没关系。挑选的重点是材质要好、比较耐穿。

连身衣（妙妙装）

和绑带蝴蝶装一样，下摆的暗扣可以打开或扣起来。因此，从新生儿时期就可以开始给宝宝穿，到这个时期，一定要把脚边的扣子给扣好。

包屁衣

夏天可以选短袖的。分为像 T 恤一样套头式的和开前襟式两种。即便是像 T 恤款式的包屁衣，肩膀的开口也很宽，很容易穿脱。

T 恤

如果上面穿 T 恤，下面可以搭配长裤或短裤。上下分开来的话，万一弄脏只要换掉脏的那件就行了。

宝宝会坐、会爬后

这时宝宝的活动力变得更加旺盛，就连要帮他换衣服都无法安静下来。所以妈妈帮宝宝穿衣服的动作要迅速。由于宝宝已经慢慢可以自己调节体温，所以基本上里面只要穿一件短袖的内衣就行了。从这个时期开始，可以比大人少穿一件衣服。

基本

让宝宝穿两件式的组合，上衣和裤子分开，活动起来会比较方便。

夏天

仲夏天气很炎热的时候，可以只穿一件背心。

冬天

冬天穿长 T 恤。

基本

内衣外面再穿一件长袖的衬衫或 T 恤，最好穿盖住膝盖的七分裤，这样爬行时可以保护宝宝的膝盖。最好挑选伸缩性好的材质，或者连身吊带裤也可以。

配合天气的冷热

天冷的时候，可以再外加一件羊毛衫，天气热的时候可以不用穿内衣。

吃饭的时候

等到宝宝可以自己吃辅食的时候，就要帮他穿上围兜。

宝宝会扶着东西站起来后

不但行动的范围变大，同时也变得更好动，可以给宝宝穿套头的款式。这个时期宝宝的衣服最容易弄脏，所以一天可能要换好几次衣服。

太小了！

上下分开的款式

挑选上下分开、两件式的衣服，帮宝宝换衣服或换尿布都很方便。而且在夏天时只穿外面那件也无所谓，因为这种衣服的设计都很鲜艳。

尺寸要适合

在内衣外面可以再多穿一件 T 恤或衬衫，但尺寸要合适，不要太紧，让宝宝活动起来比较方便。

宝宝会走路后

这时挑选衣服，第一要考虑方便宝宝活动。如果衣服穿太厚，会很难活动，所以要注意让宝宝穿少一点，也要选择容易清洗的布料，所以最好选择比较耐用的纯棉材质。

挑选穿脱方便的款式

无论是内衣或上衣，最好挑选套头式的，比较容易穿脱。因为宝宝的头通常比身体大，可选肩膀有扣子的，或前面有一颗扣子的衬衫。

穿裙子的时候

如果是女生的话，偶尔会想给她穿裙子，打扮得比较漂亮，如果是这样的话，就要在尿布外面再穿一条内裤。

别忘了要戴帽子

随着外出的机会增加，外出时也别忘了要帮宝宝戴帽子。

多准备一件外套

一定要多准备一件外套或大衣，在天冷或冷气房里的时候，可以立刻帮宝宝穿上。

长裤比较安心

宝宝在练习走路的时候很容易跌倒。因此，无论是男孩还是女孩，穿长裤都可以保护膝盖不容易受伤。

婴儿的衣服要保持干净
用搓洗或浸泡的方式去除污垢

衣服

弄脏要马上清理

宝宝的衣服上常常会有很多污垢，除了汗垢，还有吐奶或流口水时留下的污渍或吃东西时弄脏的污渍等。

这些污垢若放置不管，就会变成难以清除的斑点。因此，最好及早处理。

只要用 40℃的温水来清洗，就可以去除大部分的污垢。因此，如果无法马上清洗，可以先泡在温水里。外出时，用温水先冲洗一下，再放进塑料袋，就不会变成斑点了。

便便或尿尿的脏污

脏污的地方要立刻泡温水，先用手搓洗，泡在清洁剂中一段时间再彻底清洗。

鼻血或母乳的脏污

如果沾到鼻血或母乳等蛋白质的污垢，最重要的是趁污渍还没有干前赶快处理。可以先用肥皂搓洗，再放进洗衣机，加入可以分解蛋白质的酵素清洁剂，稍微浸泡一下再洗，效果会更好。

食物的污垢

　　食物的污垢尤其果汁之类的脏污，只要一沾上就会变得很难清洗。以为已经洗干净了，之后却发现变成了斑点。

　　婴儿服上如果发现有斑点，可把有斑点的地方直接浸泡在花色衣服专用的酵素漂白剂里面，再放入洗衣机去洗，就可以大致清洗干净。

柠檬酸有让衣服软化的效果

　　虽然用肥皂或漂白剂可以把污垢去除干净，但衣服却会变得硬硬的。用洗衣机洗完第一次以后，在第二次加水冲洗时加入柠檬酸，可以让衣服变得比较柔软。

柠檬酸

第二次加水

泥巴的污垢

　　最难清洗的是泥巴的污垢。要趁泥巴还没干掉前先清洗，才能洗干净。

　　出外游玩的机会一多，宝宝身上的衣服难免会沾到一些污垢，大部分都是在没有注意到的情况下，就累积了许多污垢。

　　这种情况下，可以先把衣服浸泡在加入洗衣液的水里面，要是污垢还是清洗不掉，可以用肥皂直接抹在衣服的污垢上面，再用手搓洗或用刷子刷，就可以洗得很干净。

如果无法马上清洗

　　不光是泥巴，只要含有水分的污垢，一旦干掉的话，水分和污垢的黏着力变得很强，会更难清洗。

　　因此，如果沾到污垢无法立刻清洗的话，可以先把衣物浸泡在用 40℃温水溶化的洗衣粉水里面，这样会比较好洗。

先浸泡在加入洗衣液的水里

洗衣粉

40℃

衣服

帮学走路的宝宝挑选鞋子
尺寸大小要合适，要重视功能性

值得纪念的第一步

大部分的宝宝在满周岁时，已经开始会走路了。刚开始容易跌倒的宝宝，已经逐渐可以踩着蹒跚的步伐在屋内四处走动，不久后就可以自己散步了。

因此，最好挑选宝宝穿起来合脚的鞋子，让他可以既轻松又安全地练习走路。

宝宝摇摇晃晃地走路

宝宝一旦学会走路，就会有强烈的欲望想要走路，但是身体却无法随心所欲地配合。因此，宝宝走起路来，脚的形状会有点像"O"型腿或"外八"，他会一边摇摇晃晃地走着，一边弯曲膝盖来保持平衡。

因为宝宝的头比身体要重，所以有时身体会往前倾而跌倒，或撞到东西而号啕大哭。爸爸或妈妈可能会觉得很危险，但最好不要干涉太多，同时不要太担心，应该要让宝宝有机会多多练习。

挑选鞋子
的重点

1 尺寸要合脚

在帮宝宝挑选鞋子时，父母可能会很犹豫，因为如果挑选尺寸刚刚好的鞋子，宝宝可能很快就不能穿了。因此，是否应该挑选比较大一点的鞋子呢？

想必有很多父母都会有这种想法，其实这是错误的观念。鞋子所扮演的角色非常重要，它主要的功能是用来支撑脚的骨骼。尤其是宝宝的脚的骨骼尚未发育完全，因此鞋子的尺寸、形状、做工不同，适合行走的程度也会有很大的差异。

此外，婴儿鞋的鞋底很容易会有破洞或是磨损。如果买大一点的鞋子，可能在宝宝刚好合脚的时候，鞋底就已经磨损了。因此，最好还是挑选符合宝宝脚的大小的鞋子。

一定要先用脚型测量尺来测量宝宝脚的大小，来作为决定鞋子大小的标准。

天气好时，带宝宝到户外练习走路

等宝宝在屋内已经习惯走路之后，再带宝宝出去户外练习走路。带宝宝出去散散步，让宝宝一边学走路，一边享受着温暖的阳光，相信宝宝一定可以进步得很快。

刚开始学走路的时候，宝宝刚开始穿的第一双鞋子，又称"first shoes"。即使踩在坚硬的柏油路面或泥土上也没问题。因此，要先帮宝宝测量足型，替他选择一双合脚又可以支撑他全身重量的鞋子。

由于宝宝的脚还在发育，所以无论是脚型还是走路的方式都跟成人不太一样。

为了让宝宝能够舒适地走路，挑选鞋子的重点要考虑以下几个方面：

在家里测量看看吧

15 cm

14

13

12

11

脚跟放在这里测量

如何使用脚型测量尺

配合脚跟的位置，先把脚摆放在脚型测量尺上面。找到适合的尺寸之后，选择大概比这个长度大 7 毫米左右的尺寸。举例来说，如果测量后脚的尺寸是 11 厘米，挑选鞋子的尺寸时，可以选 12 厘米左右的鞋子。

2 形状要合脚

一旦鞋子的尺寸决定
好，就要试穿看看。确认
是否符合脚型。即使尺寸
吻合，但如果鞋子的形状
不合脚，也很难走路。

要仔细地检查：脚
趾甲是否有牢牢地固定
住，脚拇指或小指有没有
顶到前面，脚踝有没有被
完全包覆，脚后跟会不会
很松等。

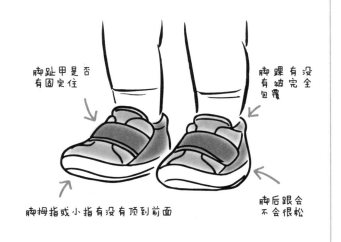

脚趾甲是否
有固定住

脚踝有没
有被完全
包覆

脚拇指或小指有没有顶到前面

脚后跟会
不会很松

3 做工良好

材质方面，建议挑选
既轻又软的布鞋或皮鞋。
毛毡制的鞋子太软，反而
不好走路，所以最好不要
选择这种材质的。此外，
最重要的是要挑选做工良
好的鞋子。

尤其是鞋底，要坚固
耐用又有弹性。同时也要
检查有没有止滑垫。此外，
脚跟要很稳固，用手指压
也不会倒，因为这里是支
撑脚最重要的地方。

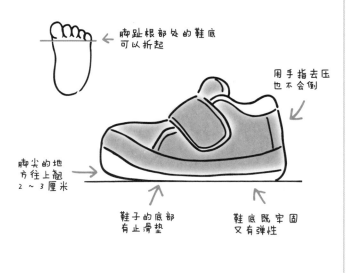

脚趾根部处的鞋底
可以折起

用手指去压
也不会倒

脚尖的地
方往上翘
2～3厘米

鞋子的底部
有止滑垫

鞋底既牢固
又有弹性

带宝宝外出时的必备用品

很多婴儿日用品很难找到替代品。因此，带宝宝外出时，行李会一下子变得很多。在准备外出用品时，除了考虑自家的生活状态，也别忘了一些必备的物品。

换尿布会用到的整组物品

除了尿布或湿纸巾，还有塑料垫、浴巾，也别忘了用来装脏尿布的塑料袋。

整套喂奶用具

热开水是必要的，在紧急的情况下，也可以到便利店要热开水。

迷你水壶用来装无糖大麦茶或白开水

因为宝宝会很容易口渴。

纱布手帕或湿纸巾等

宝宝在吃东西或喝饮料时很容易弄脏手，所以一定要带可以擦拭的东西或围兜。同时也别忘了带个小塑料袋，可以用来装脏掉的湿纸巾或面纸。

宝宝喜欢的玩具

可以带体积比较小又轻巧的玩具，方便携带。如果是其他的宝宝真的很喜欢的玩具，也可以带一个。

重点

外宿或去朋友家的时候

去餐厅或朋友家吃饭的时候，一定要准备围兜以及换尿布用的塑料垫。在外面住宿的时候，也别忘了要带宝宝睡觉时常会用到的毛巾或睡衣。

外出

坐车时要使用安全座椅
配合月龄正确安装

以安全性为第一原则

带宝宝或幼儿外出时，自己开车当然比较方便。不过，千万不要把宝宝放在婴儿篮上面或让大人抱着。

一定要结合孩子的月龄或年龄，选择安全性能比较高的婴幼儿汽车安全座椅，同时要正确安装，才能确保行车时的安全。

如果开车带孩子出门的机会比较少，可选择多功能的款式，不搭车时还可以当作摇摇椅来使用。

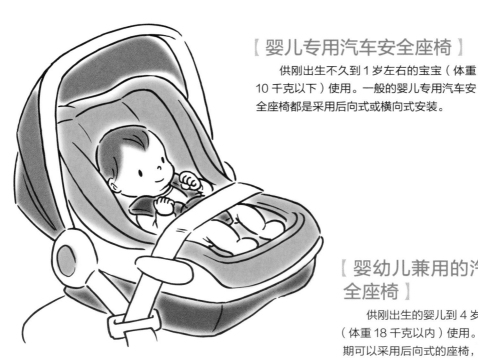

【婴儿专用汽车安全座椅】

供刚出生不久到1岁左右的宝宝（体重10千克以下）使用。一般的婴儿专用汽车安全座椅都是采用后向式或横向式安装。

【婴幼儿兼用的汽车安全座椅】

供刚出生的婴儿到4岁大的幼儿（体重18千克以内）使用。在婴儿时期可以采用后向式的座椅，等到幼儿时期就可以把座椅倒转过来，变成前向式的座椅。

【幼儿汽车安全座椅】

供 1 ~ 4 岁的幼儿（体重 18 千克以内）使用。

在车上要喂奶或换尿布时该怎么办呢？

如果在车上必须要喂奶或帮宝宝换尿布，可以先把宝宝从汽车安全座椅上抱下来。但是，为了宝宝和妈妈的安全起见，最好还是先找个地方把车子停妥之后，再喂奶或换尿布。

【儿童汽车安全座椅】

供 4 ~ 10 岁的儿童（体重 30 千克以内）使用。把臀部的位置垫高，好让成人用的安全带可以系在正确的位置上。

正确安装汽车安全座椅的重点

●推荐的婴幼儿汽车安全座椅安装位置

汽车安全座椅可以安装在后座的正中间，但以驾驶座后方为最安全的位置。但如果是有附安全气囊、深度比较窄的座椅或有附 ELR 式安全带，可能就无法安装在这个位置。因不同的汽车厂牌或款式，安装的条件也会不太一样，这点要特别注意。

●检查椅面和汽车安全座椅的底面形状是否一致

在挑选时要注意车椅的形状或安全带的位置，以及是否能够牢牢地固定住婴儿汽车安全座椅。婴儿汽车安全座椅的底面和座椅面形状如果不一致，可能会造成摇晃，有时也会因为汽车安全带的位置，导致婴儿汽车安全座椅无法牢牢固定。

●在座椅上用力压压看

安装时可以把整个人的重量压在座椅上面，让它固定住。一定要依照说明书上面的指示安装，安装完毕之后，再前后左右摇摇看，确认不会晃动。

● 如果宝宝自己还不会坐，就反向安装

如果宝宝自己还不会坐，在安装时就要跟行车的方向相反。有些汽车安全座椅，无法在后座反向安装。因此，在购买时要先确认一下。

＊ 1 岁以下或体重未达 10 千克者应安置于车辆后座的婴儿用卧床或后向幼童用座椅，并予以束缚或定位。

● 开车外出时，要让孩子养成坐汽车安全座椅的习惯

即使车上有安装婴幼儿汽车安全座椅，但如果因为宝宝不肯坐就作罢的话，那等于是白装了。此外，如果婴幼儿没有系好安全带，不仅发生追撞事故时很危险，要是突然紧急刹车或急转方向盘也会很危险。

幼儿不喜欢受到束缚，因此应该要及早让孩子养成习惯。如果孩子没有好好地坐在汽车安全座椅上，就千万不要开车，一定要让孩子养成习惯。

外出 婴儿车的挑选和使用方法
要考虑宝宝的舒适度和使用的便利性

去公园散步或购物时的好帮手

在天气暖和的时候，让宝宝坐在婴儿车上，推他去公园散步或买东西会很开心。至于该挑选哪一种款式的婴儿车，可以视不同的生活环境或考虑而定。

A款式的婴儿车比较大，所以宝宝坐起来感觉比较舒适。但如果家附近有很多阶梯或坡道，或常会坐公共交通工具的人，或许会觉得不太好用。

婴儿车的种类

A款式是出生后1个月大的宝宝就可以使用，B款式则适合7个月以上、已经会坐的宝宝使用。无论哪一种都可以用到宝宝满2岁为止。是用A款式的婴儿车，还是等到宝宝7个月大时再用B款式的婴儿车，可以视自家的生活形态来决定。

	A款式	B款式
时期	出生后1个月左右即可使用	宝宝7个月左右，会坐时即可使用
特征	附有可以调节背椅角度的功能，让头还不会抬起来的宝宝在平躺的状态下也可以使用。因为车轮比较大，所以感觉比较稳定。缺点是与B款式的婴儿车相比，折叠起来后会比较重。A款式可以使用到宝宝48个月大为止，最理想的连续使用时间是2小时。但如果是7个月以上，使用坐姿的宝宝，理想的使用时间则在1小时以内。	和A款式相比，它折叠起来比较轻巧，让妈妈可以单手抱着宝宝，用另一手轻松地拿着车子。轻量型的款式是它的主流。此外，很容易转换方向等也是它的特征之一。可以使用到宝宝48个月大为止。最理想的连续使用时间是1小时以内。
建议	在外出时经常会使用到婴儿车的爸爸或妈妈，如果家里的收纳空间很小，建议只买B款式，A款式可以用租的。因为出租的款式很多，也可以完全不买，全部用租的。	

使用婴儿车时的注意事项

使用婴儿车时，一定要仔细阅读说明书，正确地操作才行。

安全带如果没有系好，宝宝可能会滑落或起身，出现车子翻倒的情形。

在折叠的时候要注意不要夹到宝宝的手。

不要只顾着买东西，而把孩子留在一旁的婴儿车上，这样很危险。最好不要让宝宝离开自己的视线范围。

夏天因为柏油路面的阳光反射，会让坐在婴儿车里面的宝宝觉得很热。因此，最好尽量避免天气很热的时候外出。

推婴儿车时不要正对汽车排气管，并避开边走路边抽烟的人，因为香烟的火源很危险。最好尽量避开交通流量多、人潮拥挤处。

A 款式

可以调节背椅角度超过 130 度。可以操作把手，前后两个方向都可以使用。还附有单手折叠的功能。

B 款式

轻巧的折叠式婴儿车。可以调节背椅角度为 110 ~ 140 度，还附有肩带，折叠起来时可以背着。

用自行车载宝宝的规则

要戴安全帽系紧安全带，防止意外事故发生

虽然很方便但也很危险

每天骑自行车在路上穿梭，到附近的超市买东西，或去托儿所接送小孩，相当方便。

不过，骑自行车载宝宝也常会发生意外事故，因此，在使用自行车搭载幼儿时，一定要了解一些规则，才能确保孩子的安全。

何时才能用自行车载宝宝

有些自行车前面安装有婴幼儿专用座椅，可以用来载宝宝，但使用时一定要让宝宝的脖子和腰挺直，同时戴安全帽。宝宝满周岁后就可以载。

另一种是把婴幼儿座椅安装在自行车后座，但坐在后座一定要系安全带，宝宝3岁左右就可以载。

注意服装及出声提醒

用自行车搭载婴幼儿最常发生的意外事故，就是因为妈妈穿着高跟鞋、凉鞋或长裙，下车时摇摇晃晃，结果让坐在车上的宝宝摔下来。此外，幼儿的脚被车轮给卷进去而受伤的情况也时有发生。因此，坐自行车时最好让孩子穿上鞋子和袜子。

因为婴幼儿还不太懂得注意自身的安全。因此，一定要不断地出声提醒孩子"要小心，要抓紧扶手，身体不要乱动""要出发了喔"等。

重点

家长不要单独留婴幼儿在自行车上

两轮支撑的自行车，会在大人没有注意到的情况下，因为宝宝乱动失去平衡而翻倒，也有可能会被旁人不小心撞到而翻倒。因此，大人离开自行车时，一定要把宝宝抱下来，不要让他单独留在自行车上。

遵守交通规则、享受骑自行车散步的乐趣

道路交通法有规定，哪一种款式的自行车可以搭载婴幼儿及搭载人数的上限，请务必遵守。

【一般的自行车】

在自行车后座安装幼儿座椅，可以搭载一名幼童。此外，爸爸或妈妈骑车时，还可以用背带背着另一名宝宝。

【可以搭载两名幼儿的自行车】

有附头部防护的座椅，让幼儿的头不会摇晃，比较安心。

要系上安全带，防止幼儿在车子行进中突然站起来。

要挑选有车轮防护的自行车，避免孩子的脚被轮子卷到。

可以调整座椅的高度，让妈妈的双脚可以确实着地。

要让婴幼儿戴上适合的安全帽，同时把带子扣紧。

出声提醒"要抓好喔"。

妈妈骑车时穿没有跟的平底鞋会比较安全。

■ 可以搭载的体重
前面座位→ 15 千克以内
后面座位→ 22 千克以内

155

不同月龄宝宝的兴趣

培养宝宝的好奇心

2~4 个月　开始对喀啦喀啦的声音或会转动的东西出现反应

● 对明亮的光或声音的反应很快。

(身体的发展和特征)

● 会吮吮手指。

● 有人逗弄就会笑。

● 头渐渐可以抬起来了。

(感兴趣的东西)

可给宝宝玩会慢慢转动的
玩具或音乐铃，或摇一摇会发
出声音的玩具，或是拿在手上
吮吮也没关系的安全玩具。

选择价格不贵又安全耐用的玩具

宝宝一出生，会收到很多亲朋好友赠送的玩具。但是其实对宝宝来说，只要是身边的东西都能当作玩具。

不必勉强买玩具给宝宝

并不是说不给玩具，就会影响宝宝的智力发育。所以父母也没有必要勉强去买益智类的玩具给宝宝。

就算家中没有玩具，但如果有孩子喜欢的日常生活用品，只要清洗干净又安全耐用的话，就可以放在孩子身旁当作他的玩具。

再来就是爸爸或妈妈也要花时间多陪着孩子一起玩，尽量主动让自己变成孩子的大玩具。

此外，随着孩子的逐渐成长，他的兴趣也会慢慢地产生变化。

如果要买玩具给孩子，要挑选安全耐用又干净的物品，可以结合孩子的成长轨迹去挑选，最重要的是要选对时机。

Q&A

怎样才算是安全的玩具？

首先玩具上面要有安全标志，这样才会比较让人放心。所谓的安全标志是符合玩具协会制定的标准，经过各种仪器的检验，没有尖端、锐边、毒性、可塑剂及易燃等各方面的危险性等才会核发。

选择附有安全标志的玩具，比较有保障，如果是因为玩具所导致的意外事故，受害人能获得理赔。

4~6个月　会把自己的手指或脚趾当成玩具

身体的发展和特征

● 会自己翻身。

● 会伸手想要去拿眼前或身边附近的东西。

● 常把东西拿来舔舔看。

感兴趣的东西

这个时期的宝宝已经可以自己用手握着玩具玩。因此，可以给他一些握在手上会发出声音的婴儿玩具或床头音乐铃、不倒翁等玩具。

会玩自己的手指或脚趾，但自己一个人顶多可以玩10分钟左右。如果宝宝撒娇，妈妈最好跟他说说话，他看到妈妈的脸就会比较安心。

6~8个月　不要让电视当孩子的保姆

身体的发展和特征

● 已经会爬了，同时也喜欢把东西弄乱。

● 会去探索在他伸手可及范围内的东西，会一下注视着它们，一下拿来舔舔看。

感兴趣的东西

这个时期的宝宝对会发出声音的玩具或车子玩具感兴趣，会拿在手上把玩或舔。因此，可准备一些会发出声音和洗澡时的玩具，陪宝宝一起玩。

镜子对宝宝来说也是玩具。可抱着宝宝让他看镜子，看宝宝会有什么反应。

此时期宝宝误食的意外事件会增加。像纽扣、回形针、香烟、文具、药品等，最好放在宝宝拿不到的地方。同时注意热水壶的摆放位置，不要让宝宝烫伤。

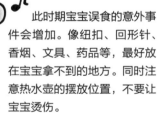

宝宝会把面纸盒中的面纸全抽出来，让妈妈大伤脑筋。甚至会撕破报纸或杂志，还有电话或厨房用具都变成他的玩具。因此，如果发现宝宝对这些东西感兴趣，可以拿比较安全的东西给他玩。

宝宝喜欢会发出声音的东西，所以他会对电视的幼儿节目或广告很感兴趣。不过，2 岁多前几乎无法从电视上学到任何东西。所以可以偶尔让孩子看一下电视，但千万不要让电视变成孩子的保姆。

8~10 个月 可以自由地移动，开始在家里到处捣蛋

身体的发展和特征

● 坐姿逐渐趋于稳定，已经可以长时间地坐着，所以会抓身边的东西来玩。

● 可以自由地爬行，因为充满好奇心，所以会在家里四处移动。

● 这个时期要特别注意，因为宝宝在爬行时会把他看到或摸到的东西，全都拿起来玩弄或放进嘴里舔。因此，如果家中有危险的物品一定要收好。

感兴趣的东西

宝宝会自己爬到电视机旁边，去打开或关掉电视，也会转动收音机的频道钮来玩。

这个时期的宝宝最喜欢玩大颗的球，或是用手一压就会动的玩具。

甚至有些宝宝居然会很喜欢玩家中一些很平常的东西，像拖鞋或饭勺之类。

Q&A 宝宝对绘本不感兴趣怎么办？

绘本也算是玩具的一种。所以宝宝会拿来舔或啃，甚至拿来玩，一下把书翻开一下合上。因此，妈妈只要陪着宝宝一起玩耍就行了，不一定非要好好地念故事书的内容给他听。

这个时期的宝宝会开始对绘本产生兴趣，所以一开始可以念一些以图画为主，内容比较简单的绘本给宝宝听。家长可以挑选一些内容不错的绘本给宝宝看。不妨把宝宝喜欢的玩具或绘本放在他随手可以拿到的地方。

10~12 个月　喜欢自己会动的玩具

身体的发展和特征

● 宝宝自己会爬或扶着东西走路的速度变快时，就可以自由地移动到任何地方。因此，随之而来的意外事故也会增多，所以要特别注意。

● 通常宝宝在满 11 个月大就会自己站起来，身形比较轻巧的宝宝，甚至还会走个两三步。不过，有些宝宝可能还不太会走路，妈妈也不必太担心。只要在 1 岁 6 个月以前学会走路就可以了。

感兴趣的东西

这个时期的宝宝会自己翻开绘本来看，也会拿着蜡笔四处涂鸦。因此，可以给宝宝书皮比较硬、比较坚固耐用的书本，或是用布做的绘本。要是妈妈担心宝宝会把蜡笔放进嘴巴里面舔，可以买即使放进嘴里也无妨的安全蜡笔给他玩。

Q&A　家中玩具太多的困扰

除了把宝宝最喜欢玩的 5 ~ 6 个玩具拿出来，其他的玩具可以先收进抽屉或整理盒。等到宝宝都玩腻了之后，再慢慢换其他的玩具。

这个时期的宝宝很喜欢跟人玩丢球游戏，也很喜欢那种只要用手一拉就会发出声音的玩具。因此，妈妈可以给他们玩汽车玩具或电话、积木等。

动动身体陪宝宝玩游戏

等到宝宝满 7 ~ 8 个月之后就终于可以开始自己活动了。不但会爬会坐，同时也会对自身以外的东西开始产生兴趣。

很会爬行的宝宝，甚至还会自行爬到正在睡觉的爸爸或妈妈身上。如果这样的话，不妨动动身体来陪孩子玩游戏。

像以下这种游戏对训练宝宝的平衡感会很有帮助。玩的时候请慢慢来，别太勉强，先铺个坐垫或软垫会比较安全。

【太空漫步】

①用双手捧住宝宝的大腿，像是让他坐着一样，同时用左右两手支撑宝宝的身体。

②配合节奏让宝宝轻轻地朝着前后摆动。注意不要把宝宝晃动得太厉害以免伤到腰。

【坐飞机】

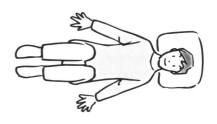

①保持仰卧，同时弯曲膝盖。

②让宝宝以俯卧的姿势趴在爸爸的小腿上面。

③慢慢地保持平衡，一边支撑宝宝的身体，一边轻轻地摇摆。

第 3 章

如何喂辅食和制
作简易辅食

如何轻松喂宝宝吃辅食
从喝母乳转变成吃饭的练习期

用心培养宝宝的饮食习惯

空气、水、食物，这三样是人类生存必要的东西。而对宝宝来说，他的食物就是母乳或配方奶。所以小婴儿一出生，没人教他，他自己就会呼吸空气，会很自然地吸吮母乳。

而随着身体逐渐成长之后，光喝母乳或配方奶，营养是不够的，宝宝需要更多的营养来源。

从喝母乳到改吃一般的食物，这个过程需要经过练习。

因为人类是杂食性生物，所以要摄取各种不同的食物，才能达到营养均衡，维持身体健康。

为了让宝宝学会可以守护他一生健康的饮食方式，需要一段必要的练习过程，也就是让宝宝吃辅食。

重视个人差异，花 1 年慢慢来

5 ～ 6 个月的宝宝就可以开始喂辅食了。从喝母乳或配方奶转成"把食物送进口中"→"吞下去"→"咬碎固体的食物"等，不断地重复练习这个饮食过程，从宝宝 5 个月开始到 1 岁 6 个月为止，大约需要 1 年的时间，来让他慢慢地学习发展。

仔细观察宝宝的情况，循序渐进地慢慢调整。最重要的是喂宝宝吃的食物，不但要营养均衡，同时也要结合他嘴巴的动作以及当下的咀嚼能力来制作。

以清淡口味为原则，善用食材原味

因为婴幼儿的消化功能和肾脏的功能尚未发育完全，所以如果口味太重，会造成身体负担。因此，制作辅食时最好善用食材本身的味道，口味也要以清淡为主。刚开始可以喂宝宝吃米饭，这不仅是主食，还不用担心会过敏。

等到宝宝渐渐适应之后，再慢慢地增加不同的食材，像涩味或苦味比较轻的蔬菜类，或可以让宝宝摄取蛋白质的豆腐或白肉鱼等。配合宝宝的饮食情况，去制作各种不同的菜品。这时候就可以尽量搭配各种不同颜色的蔬菜，让宝宝看了赏心悦目。

可以试着活用婴儿食品

宝宝的辅食每天都要准备，可是爸爸或妈妈难免也会有身体不舒服的时候，或没有时间制作，在这种情况下，就没必要全部的食物都亲自动手做，可以善加利用市售的婴幼儿食品，来增加菜色的多样化。

在愉快的气氛下用餐

最好能让宝宝多多体验"吃东西是一件开心的事"。话虽如此，但宝宝和成人一样是有个人差异的，也会因为身体情况或进食方式的不同而有所变化。如果爸爸或妈妈越强迫宝宝吃，或许对宝宝来说也是一种很大的压力。

首先爸爸或妈妈应该要重视的是用餐的环境和气氛，尽量保持愉快的心情，和宝宝一起开心地吃饭。如此一来，既可以让宝宝了解吃饭的重要性，也可以让他体会到父母对他的关爱。

让宝宝吃辅食的基本方式

第 **1** 阶段 5～6个月	一天喂1～2次 可以喂宝宝吃顺滑的果泥或蔬菜泥，让他"吞进去"
第 **2** 阶段 7～8个月	一天喂2次 喂宝宝吃一些可以让他用舌头和上颚压碎咀嚼的食物
第 **3** 阶段 9～12个月	一天喂3次 宝宝开始可以用牙龈把食物压碎或用手抓食物来吃
第 **4** 阶段 1岁～1岁6个月	一天喂3次 可以用牙龈咬碎食物，也会使用汤匙或叉子

 **如何喂辅食**

第一阶段 5～6个月
宝宝感兴趣的食物，可以先尝试

"想吃"就可开始喂

原本只靠着喝母乳或配方奶成长的宝宝，如何知道什么时候可以开始准备断奶，有哪些迹象可循呢？

首先，当宝宝的头可以抬起来，有人支撑着他，就可以坐得很好，视野变得比较宽广，脸开始会转向他感兴趣的东西时，就可以开始观察了。

虽然宝宝对任何东西似乎都很感兴趣，但我们把焦点放在他们对食物感兴趣这点上吧，比如说当爸爸或妈妈正在吃饭时，宝宝会目不转睛地注视，或是妈妈在吃东西时，宝宝的嘴好像学着妈妈的动作，也在咀嚼的样子。

宝宝会伸手去拿食物，或一动嘴巴就会流很多口水，就表示可以开始让宝宝吃辅食了。

从闭嘴练习吞咽开始

如果妈妈把汤匙送到宝宝的嘴边，他还是不肯张开嘴，或要用半强迫的方式才能把食物送进宝宝的口中，表示喂辅食的时间点或许还太早。不妨先等3～5天后再试一次吧！总之，一定要结合宝宝成长的情况，不要太心急，让宝宝慢慢地适应食物。

此时期宝宝嘴巴的活动方式

这个时期宝宝会用舌头前后推动的方式，把送进口中的食物吞下去。

嘴角还不太会动，会闭着嘴把食物吞进去。

用舌头前后推动的方式来吃东西。

166

这个时期喂辅食的时间表（参考"5～6个月的食谱"）

刚开始1天喂1次

刚开始要给宝宝吃辅食时，可以在1天5～6次的哺乳时间中，大概在上午10点试着喂宝宝吃一次辅食。

刚开始先喂宝宝吃1汤匙的粥（5毫升），如果宝宝的心情很好，大便也跟平常一样，就可以一边观察情况，一边增加2汤匙、3汤匙，过两周左右就可以开始喂他蔬菜泥。之后，等宝宝想要喝母乳或牛奶的时候再喂他喝。

这个时期最好避免在傍晚或晚上时给宝宝吃辅食。如果发现宝宝的身体情况有异，先不要慌张，可以找儿科医生咨询或带宝宝去医院。

第2个月开始，1天吃两次辅食

等宝宝开始吃辅食1个月，如果发现宝宝好像很会吃，就可以分别在上午和下午，一天喂宝宝吃两次辅食。吃完后，等宝宝想喝的时候再喂他喝奶。如果同时喂宝宝吃辅食和母乳，哺乳的时间最好隔3～4小时，这样吃第二次的辅食也比较容易吃得下。

如果宝宝可以闭上嘴把食物给"咕噜"地吞下去，就可考虑让宝宝进入下一阶段。如果过了6个月后才开始喂宝宝吃辅食，一样要循序渐进地按照宝宝的步调慢慢来。

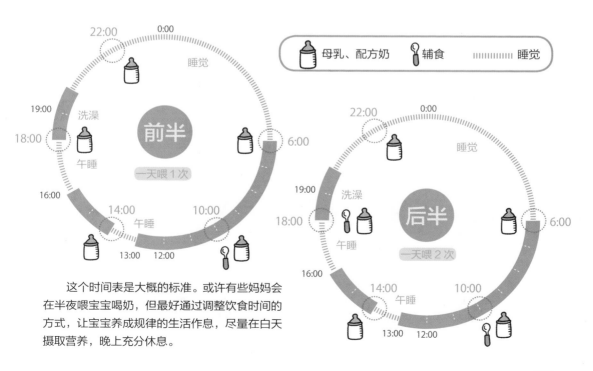

这个时间表是大概的标准。或许有些妈妈会在半夜喂宝宝喝奶，但最好通过调整饮食时间的方式，让宝宝养成规律的生活作息，尽量在白天摄取营养，晚上充分休息。

这个时期可以吃的食材分量和种类

食材的种类

刚开始给宝宝吃的辅食，最好以比较好消化的粥为主食，先试着喂 1 汤匙。连续 1 周观察宝宝的情况，慢慢在粥里添加一种蔬菜，像胡萝卜、南瓜、芜菁、大头菜、土豆等比较没有涩味的蔬菜。

等过了 1 个月，进入第一阶段的后半段之后，就可以慢慢添加含有蛋白质的食物，除了豆腐之外，还有鲷鱼、比目鱼、小鱼干等。

宝宝若吃得很开心，可尝试其他各种不同食物。不过，最重要的是找出宝宝是不是过敏体质。要慢慢来、不要心急，无论何种食物，都先从 1 小汤匙开始喂，同时观察宝宝的情况，才能再持续下去。

注意未满 1 岁的婴幼儿，千万不能喂食蜂蜜，因为怕有肉毒杆菌中毒的危险。

喂食的分量

这个时期无论喂宝宝吃哪一种食物，都要磨成泥，一天一次大概是 1 汤匙（5毫升），可以吃的量只有一点点而已。等经过 2 个月左右，也就是第一阶段快要进入尾声的时候，每一次喂的量大约是 10 汤匙左右。

调理的方式和分量

刚开始给宝宝吃的辅食，是把烫过的蔬菜磨成泥，再加点汤变成浓稠状。

至于浓稠度的标准，刚开始大概是像苹果汁。

等到过了 1 个月，就可以慢慢减少水分，但如果对宝宝来说不够滑顺，不容易入口，可以再稍微加一点汤试试看。

关于调味料

对这个时期的宝宝来说，只要用汤汁或蔬菜高汤就可以了，不必加调味料，最好让宝宝能吃到食材的原味。

此外，像豆腐或蔬菜一定要先烫过，加热杀菌。像乌冬面或小鱼干、面线等，要先水煮过，把盐分滤掉再喂宝宝。

此时期的辅食烹饪方式

前半 / 后半

168

不要硬把汤匙放进宝宝嘴里

　　把汤匙轻轻放在宝宝的下嘴唇上，稍微刺激一下他的下嘴唇，等宝宝张开嘴唇，再把汤匙放入宝宝的口中，等到他闭上嘴巴把食物吞下去之后，再以平行的方式把汤匙抽出来。千万不要把汤匙硬塞进宝宝的嘴巴里，或是用食物去摩擦宝宝的上颚。

喂养的基本方式和诀窍

　　刚开始喂食的过程可能不会很顺利，食物或许会从宝宝的嘴边流下来，弄脏身体。或汤匙只要一靠近宝宝的嘴边，他就会用舌头把它推出去。不过，之后慢慢就会习惯了。

　　这些现象并不代表宝宝不喜欢吃饭，只是他还不太习惯而已。

食物要调理得滑顺一点

　　好不容易才制作好要给宝宝吃的辅食，宝宝却不肯张开嘴巴吃，这时妈妈可能心想"是不是宝宝不喜欢呢"，其实有时候可能是食物调理得不够滑顺。

让宝宝用可以倚靠的坐姿

　　刚开始喂食的时候，可以由爸爸或妈妈抱着，用手臂支撑着宝宝的背部。但等到渐渐习惯之后，宝宝可以比较安静地吃东西的时候，可以让他坐在婴儿推车上，椅背稍微往后倾，让宝宝靠在椅背上。

第二阶段 7 ~ 8 个月
让宝宝尝试各种不同的味道

已经可以坐稳也会咀嚼食物

开始喂宝宝吃辅食已经 2 个月了，这个时期，宝宝已经可以坐得很稳，即使不用大人抱也可以自己好好地坐在婴儿车上吃东西。

由于宝宝对感兴趣的东西，都会想要伸手去抓。因此可以把食物放在盘子上，让宝宝自己伸手去抓来吃。

此外，宝宝的舌头也可以上下活动。不仅会把黏稠状的食物一口吞下，还会利用舌头和上颚把食物"压碎"。因此，可以吃的食物种类也变多了。

尝试慢慢增加食材

宝宝似乎已经慢慢地习惯了"吃饭"这件事。因此，对于食欲比较好的宝宝，妈妈就会忍不住想要一直喂。让宝宝多吃一点固然重要，但要等到宝宝确实有咀嚼食物，把食物吞下去之后，才能再喂下一口，这点也很重要。

为了让宝宝可以尝到各种不同的味道，可以增加食物的种类或是调理方式的多样化。

借由一天喂两次辅食，来培养孩子的饮食作息。无论是玩游戏或睡眠，也都要让孩子保持规律的生活作息。

此时期宝宝嘴巴的活动方式

不仅舌头会前后移动，还会上下活动。会用舌头把食物顶到上颚，和唾液混合把食物压碎，再把食物吞下去。

在这个地方把
食物压碎。

左右两边的嘴角同
时伸缩。

这个时期喂辅食的时间表（参考"7～8个月大的食谱"）

辅食要固定时间喂

这个时期要让宝宝习惯吃饭，所以一天两次辅食要在固定的时间喂，让宝宝适应。

因此，延续第一阶段的做法，把哺乳的时间隔开，让宝宝在固定的时间吃饭。

让宝宝在固定时间吃饭，养成规律的生活作息，才能让宝宝的身心都健康。

第二次的辅食可以从晚餐中分一点出来

第一次喂辅食是在早上的 10～11 点。下午喂一次母乳或配方奶。第二次喂辅食是在晚上 6 点左右，可以让宝宝和全家人共进晚餐。

因为担心宝宝可能会有过敏的问题，所以刚开始在喂宝宝吃辅食时，都先喂一口再观察情况。这个习惯最好要持续到孩子满 1 岁为止。

由于这个时期宝宝可以吃的食材种类变多了，所以可以从晚餐的菜色中分一点给宝宝吃。让宝宝也可以品尝到当季食材的味道。

此外，此时期宝宝有 60%～70% 的营养来源是来自母乳或配方奶，因此，宝宝吃过辅食之后，可以在他想喝母乳或配方奶时，再喂他母乳或配方奶。

除了吃辅食的时间之外，母乳只有在宝宝想喝的时候再喂。如果是喝配方奶，大概一天喂 3 次。

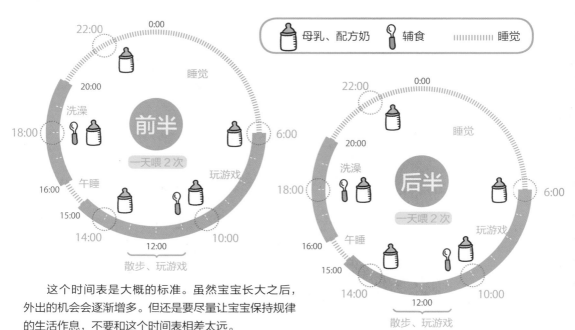

这个时间表是大概的标准。虽然宝宝长大之后，外出的机会会逐渐增多。但还是要尽量让宝宝保持规律的生活作息，不要和这个时间表相差太远。

这个时期可以吃的分量和种类

食材的种类

可以增加宝宝吃得比较习惯的粥或蔬菜，同时也可以增加各种含蛋白质的食物，像鲑鱼、金枪鱼、鸡胸肉、纳豆、水煮的金枪鱼罐头、奶酪等，但无论是哪一种食材都要煮熟，同时也要切细、煮软一点，让宝宝用舌头就可以压碎。

在第二阶段的前半段可以给宝宝吃蛋。但是一定要煮熟，也可以只给宝宝吃水煮的蛋黄。等宝宝对蛋黄习惯之后，从 8 个月开始再慢慢地给他吃一点水煮的蛋白。

调理的软硬度或大小

这个时期宝宝可以吃的东西软硬度的标准，大概就像柔软的嫩豆腐。在第一阶段，要先把食物磨成泥状或过滤菜渣，但这个时期宝宝已经可以用舌头把食物压碎，所以稍微留一点颗粒也没有关系。

豆腐、纳豆、小鱼干，这些东西大人可以直接吃，但给宝宝吃还是要先充分加热过再吃。

此外，如果是比较干的食材，可以先用淀粉来勾芡，让菜品变成浓稠状。

此时期的辅食烹饪方式

前半

后半

7 ~ 8 个月的辅食（每次分量建议）			
碳水化合物	蛋白质 （以下任何一种）	维生素、矿物质	调味料
七倍粥（米水比例为 1 ：7）50 ~ 80 克	鱼 10 ~ 15 克 肉 10 ~ 15 克 豆腐 30 ~ 40 克 蛋、蛋黄 1/3 ~ 1 颗 乳制品 50 ~ 70 克	蔬菜、水果 20 ~ 30 克	满 8 个月之后，可以用少许酱油来调味

※ 实际上宝宝吃的量因人而异。

一次不要喂太多

不要因为宝宝食欲很好，一直吵着要吃，就一直把食物塞进宝宝的嘴里，或一次喂太多。

喂养的基本方式和诀窍

这个时期的宝宝上下嘴唇已经可以紧闭，同时还会利用舌头和上颚把送入口中的食物给压碎再吞下去。因此，这个时期要让宝宝多多练习咀嚼食物的方式，而不是直接吞下。

妈妈在喂食的时候也要注意，千万不要使用硬塞的方式，因为这样反而会让宝宝没有经过咀嚼的过程，就把食物给吞下肚。

用婴儿专用的汤匙

宝宝双手可以自由地活动，所以会伸手去拿汤匙或小的餐具。有些宝宝可以把爸爸或妈妈拿给他的汤匙握得很好。因此，这时候可以为宝宝准备个人专用的小汤匙。

虽然有长牙但却还不会咬

虽然有个人差异，但大部分的宝宝在 8 ～ 9 个月就会长出下排的乳牙，等到 10 个月左右，上排的乳牙也会长出来。虽然已经长牙齿了，但并不表示宝宝会咬坚硬的食物。因此，在为宝宝烹调食物时，还是以能让宝宝用舌头压碎的软硬度为主。

会用手把食物塞入口中，再用牙龈来咬

随着脑部功能的发展，这时宝宝的指尖会变得很灵活，已经会用手指去抓住小的物品。口腔的功能也在发展，会用牙龈去咬东西。这个时期宝宝会用手抓东西来吃，即主要用眼睛去看、用手去抓、用嘴巴来吃，眼睛、手、嘴巴这三者之间协调运动。

因此，不妨多让宝宝自己用手抓食物吃。这么做是为了培养孩子"自己做"的自主性。至于在食材的搭配上，一定要做到营养均衡。

要让宝宝从饮食中摄取足够的营养

摄取充足的食物，对身体来说是必要的条件。尤其是还在发育中的宝宝，为了提供身体或脑部必要的养分，这个时期的宝宝有60%～70%的营养要从饮食摄取，特别是蛋白质、维生素或矿物质。

相反的，有些宝宝可能会食量减少或喜欢一边吃饭一边玩。遇到这种情况，千万不要责骂宝宝。应该要让宝宝养成规律的生活作息，吃饭的时间一到，自然就会肚子饿。

此时期宝宝嘴巴的活动方式

舌头会上下左右地活动，如果宝宝还不会用舌头和上颚把食物压碎，可能是因为他把舌头移到牙龈的位置，而且已经学会用牙龈把食物压碎了。

嚼食的嘴角会缩起来。
用上下嘴唇一边扭动一边伸缩。

舌头会左右移动。

这个时期喂辅食的时间表（参考 "9 ~ 11 个月大的食谱"）

吃饭时间间隔可稍微拉长一点

喂宝宝吃辅食 2 个月左右之后，他已经可以用嘴来咀嚼食物，而且也会用舌头和上颚来压碎跟嫩豆腐一样软的食物。这时候就可以考虑进入下一个阶段，让宝宝改成一天吃 3 次辅食。

在第三阶段，宝宝可以从一天三餐吃到各种食物，让他学会用牙龈去把食物磨碎。在时间上，第一次辅食的时间一样在上午 10 点左右，第二次辅食的时间是在下午 2 点左右。至于第 3 次的时间则大概是在傍晚 6 点。两餐间隔时间为 3 ~ 4 小时。

可慢慢减少哺乳的量

如果宝宝一天吃 3 次辅食，情况都很稳定，那么早上第一次的时间可以稍微提早，也可以和大人一样，在同样的时间吃三餐。

只不过，这个时期的宝宝还是需要从母乳或配方奶中摄取营养。因此，在宝宝吃完辅食之后，如果他还想喝母乳或配方奶，可以喂他喝。早上第一次和睡觉前喂的奶，可以逐渐减量，持续喂也有没关系。

喝奶的标准大概是一次冲泡 60 ~ 100 毫升，一天总共是 500 毫升。如果宝宝饭后不想喝，就看情况而定，不必勉强。

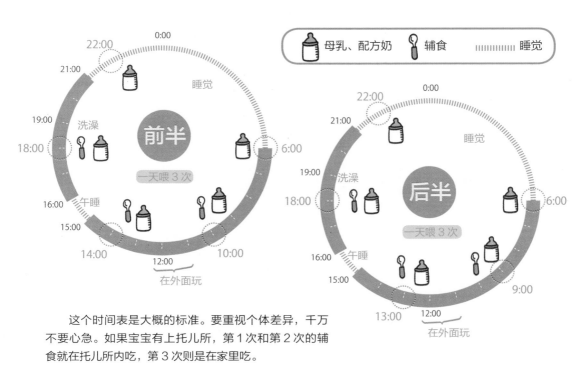

这个时间表是大概的标准。要重视个体差异，千万不要心急。如果宝宝有上托儿所，第 1 次和第 2 次的辅食就在托儿所内吃，第 3 次则是在家里吃。

食材的种类

在宝宝满 9 个月之后，比较容易会出现缺铁的情形。因此，可以给宝宝吃红肉、内脏类、黄绿色的蔬菜等，摄取足够的铁。

同时可以多多食用当季的蔬菜，让宝宝可以尝到蔬菜本身的原味。除了主食的蔬菜，可以把一些比较没有涩味的蔬菜切成长条状，烫熟煮软，让宝宝可以自然地学会用手把食物放进嘴里的动作。

烹饪的软硬度或大小

这个时期，宝宝已经学会用牙龈把食物压碎来吃。因此，烹调食物的软硬度标准，大概和香蕉差不多，只要稍微用力一捏就可以压烂。叶菜类的蔬菜要切细煮软一点。

如果是土豆或胡萝卜之类的根茎类食材，可以稍微切大块一点，大概是一口可以咬下的程度。

可以切片或切丝，用食用油或奶油去炒，宝宝应该会很喜欢吃。只是有些蔬菜光用油去炒会比较不容易软，所以可以加入一点高汤或水去焖炒。

此时期的辅食烹饪方式

前半　后半

9 ～ 11 个月的辅食（每次分量建议）

碳水化合物	蛋白质 （以下任何一样）	维生素、矿物质	调味料
5 倍粥（米水比例为 1：5）90 ～ 80 克	鱼 15 克 肉 15 克 豆腐 45 克 全蛋半颗 乳制品 80 克	蔬菜、水果 30 ～ 40 克	可以用酱油、砂糖、盐、奶油、食用油、蛋黄酱等各少许来调味

※ 实际上宝宝吃的量因人而异。

是否会充分地咀嚼食物

　　嘴巴四周的肌肉似乎常常在动，可以闭着嘴巴吃东西，嘴唇看起来好像在扭动。但如果一次喂太大口的话，宝宝可能会没有咀嚼就整个吞下肚。因此，要检查宝宝是否有充分地咀嚼。

喂养的基本方式和诀窍

　　这个时期的宝宝已经慢慢地练习用后面的牙龈去咀嚼食物。舌头会朝左右移动，也会把舌头移到牙龈上面，用牙龈来咬东西。因此，可以给宝宝一些长条状的蔬菜棒，让他自己练习拿食物放进嘴里吃的动作。

可以用圆形凹状的汤匙

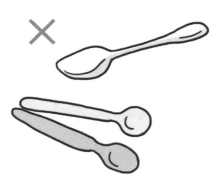

　　宝宝在吃东西时，上嘴唇也会用力去咬。因此，不要光用扁平的汤匙，也可以给宝宝用圆形凹状的汤匙，让他嘴巴周边的肌肉可以活动，让他慢慢养成充分咀嚼食物的习惯。

不喜欢用手抓东西吃

　　有些宝宝不喜欢用手抓东西吃，因为怕把手弄得黏糊糊的。因此，可以稍微改变烹调的方式或切的大小形状，给宝宝吃不是糊状的食物，让宝宝比较好拿。

如何喂辅食

第四阶段 1岁~1岁6个月
用汤匙和用手抓来吃东西，断奶

养成宝宝独特个性

　　当宝宝满周岁时，体重大约是出生时的 3 倍。有些宝宝差不多已经会走路了，但也有些宝宝才刚开始学走路。每位宝宝的成长或发育情形都是有差异的。因此，这个时期可以说是宝宝逐渐在培养自己个性的时期。

　　而吃辅食的进展情况也是因人而异。因此，不妨尽量让孩子多多玩耍、活动身体，这样他自然就会感到肚子饿。同时也要调整孩子的生活作息，花点心思去营造愉快的用餐氛围。

利用宝宝的好奇心，引发他对食物的兴趣

　　这个时期的宝宝已经可以自己用汤匙或叉子，慢慢地进食，或是用杯子喝饮料。但吃东西主要还是用手抓。

　　随着宝宝的好奇心越来越旺盛，会对爸妈正在吃的食物很感兴趣。因此，当宝宝和大人一起吃饭时，可能会伸手去抓要大人喝的热汤或碗，必须特别注意。

　　此时期的宝宝除了长齐上下 4 颗门牙，臼齿也开始长。

此时期宝宝嘴巴的活动方式

　　舌头可以上下左右自由地活动，甚至还可以把食物移到牙龈压碎再吃，吃东西的技巧也越来越有进步了，同时也知道一次要放入口中的大概食物量。有些宝宝上下两排的乳牙都已经长齐了，也开始在长臼齿了，所以渐渐会用牙齿来咀嚼食物。

牙齿的生长方式

满周岁左右，长出前面的上下两排牙齿（8颗）。　　长出第一臼齿（一岁四五个月）。

178

这个时期喂辅食的时间表（参考"1 岁~1 岁 6 个月的食谱"）

一天 3 次在固定的用餐时间吃

若宝宝已经习惯一天吃 3 次辅食，可以把吃辅食的时间渐渐挪到跟成人一天吃三餐的时间相近。

为了让宝宝养成规律的生活作息，从这个时期开始，父母也尽量不要熬夜，这时候这么做，之后就会比较轻松。

全家人同心协力，6 点左右吃晚餐，9 点左右睡觉。

逐渐养成从三餐中摄取营养的习惯

如果宝宝满周岁开始上托儿所，就变成早餐和晚餐在家里吃，午餐和两次点心（分别是早上 10 点和午睡过后的下午 3 点左右）在托儿所吃。

此外，因为宝宝的胃还很小，所以一次不要给他吃太多。可以采用吃点心的方式来补充营养，当作"第四餐"。

不要用市售的甜食或饼干当作宝宝的点心。可捏小饭团或添加蔬菜的面包，或蒸熟的地瓜等，但要花点心思准备，让人光看就觉得很好吃。

这个时期的宝宝也开始慢慢地从喝母乳或配方奶，改成喝鲜奶或成长奶粉。而且也渐渐可以自己用杯子来喝。

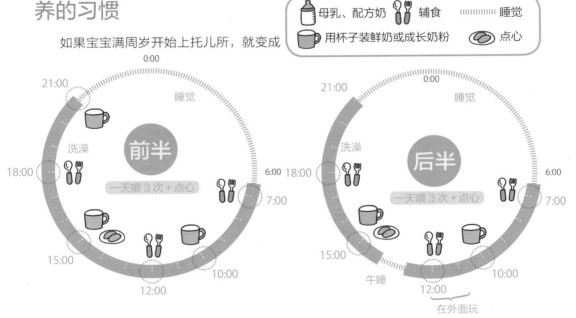

这是大概的时间表。如果宝宝吃得很好，渐渐地在睡觉前可以不再喂奶，可以给宝宝喝大麦茶等来补充水分，夜晚就让宝宝的肚子好好休息。

此时期可以吃的食材分量和种类

食材的种类

宝宝满周岁之后，几乎所有的食材都可以吃。不过，还不可以吃生鱼片，可以吃用水煮熟的虾、贝类、螃蟹等，但不管是什么食材，都务必要挑选新鲜的。

如果要给宝宝吃香肠或火腿，最好选择添加物比较少一点的。

虽然在这个时期大部分的营养素都可以从辅食中摄取，但因为一次不能吃太多，所以除了一天三餐，不够的部分可以用点心来补充。

调味料可以用味噌、酱油、番茄酱、蛋黄酱等，但味道要清淡些。食材要切比较小块，煮得比较软。

烹饪的软硬度或大小

在这个时期，有些宝宝上下两排的门牙都已经长齐了，甚至也长出臼齿了。虽然宝宝有长牙，可以用门牙来吃一些婴儿饼干等，但还没有足够的咀嚼能力。

在食材的柔软度方面，可稍微煮软一点，让宝宝用牙龈咬或压碎来吃。可以切成一口大小，让宝宝可以体验自己用手去抓各种食物来吃的乐趣。

此时期的辅食烹饪方式

前半

后半

1岁～1岁6个月大的辅食（每次分量建议）

碳水化合物	蛋白质 （以下任何一样）	维生素、矿物质	调味料
软饭 90 克 米饭 80 克	鱼 15 ～ 20 克 肉 15 ～ 20 克 豆腐 50 ～ 55 克 全蛋 1/2 ～ 1/3 颗	蔬菜、水果 40 ～ 50 克	可以用少许的盐、酱油、番茄酱、咖喱粉、蛋黄酱来调味。

※ 实际上宝宝吃的量因人而异。

完全放手让宝宝用手抓东西吃

借着让宝宝尽情地用手抓食物来吃，培养宝宝主动吃东西的欲望，同时会影响宝宝拿汤匙吃东西的动作。这对此时期的宝宝发展来说很重要。看到宝宝嘴里塞太多食物掉得满地都是，妈妈要在一旁对他说："要先嚼一嚼才能吞下去喔！"这是宝宝在发展阶段必须要上的一堂课。

喂食的基本方式和诀窍

这个时期的宝宝已经可以用前面的门牙去控制咬一口的食物量，也会用牙龈和臼齿把食物压碎，还开始慢慢地学会咀嚼的动作了。

把食物切成各种形状或大小，让宝宝可以用手去抓来吃，让他慢慢记住一口的食物量。

准备方便宝宝使用的餐具或汤匙

挑选手柄好拿、不容易让食物洒出来的汤匙，或拿起来不会手滑、比较好舀的汤匙等。

餐桌和椅子让宝宝可以保持良好的姿势

如果宝宝的脚会晃、身体不稳固，手比较难以活动自如。最好让宝宝在吃饭时，可以端正地坐好。脚能着地或放在踏板上。背部可以挺直，手肘可以靠在餐桌上，让宝宝用餐时可以保持端正的姿势。

让宝宝顺利断奶的诀窍

光喝母乳很容易缺铁，导致缺铁性贫血，从而可能引发各种不同的发育障碍。如果发现宝宝喝奶的次数太多，或是为了半夜要喝奶，白天不太吃得下饭，最好坚持让宝宝断奶。如果宝宝半夜哭闹，可以给他喝大麦茶或开水，白天尽量让他玩耍，转移注意力。刚开始会很辛苦，妈妈看到宝宝哭可能会很不忍心。但只要过了几天后，他就会慢慢对食物产生兴趣了。

技巧 考虑辅食的营养均衡
做菜使用的食材和基本的营养

宝宝成长后，要从辅食中摄取营养

宝宝在婴儿时期只要喝母乳或配方奶，就能摄取到供他成长和活动时必要的均衡营养。但随着宝宝的逐渐成长，要改从辅食中摄取营养。

主食、主菜、配菜搭配，并考虑营养均衡

宝宝要均衡地摄取含有碳水化合物、蛋白质、维生素与矿物质的食材。主食以米饭或乌冬面为主，主菜是鱼肉或黄豆制品，副菜是蔬菜或海藻、乳制品或水果、薯类也可以，也可以把配菜改成点心。

刚开始宝宝的主食可能只有粥，但等到宝宝7～8个月，渐渐习惯吃辅食之后，慢慢就可以"主食＋主菜＋配菜"这样搭配。若宝宝会把肉吐出来或不喜欢吃蔬菜，可改变烹调方式，或添加黄绿色的蔬菜，像胡萝卜或南瓜等。

主 食
碳水化合物

经过吸收后会转变成葡萄糖，成为大脑或身体活动时所需要的热量。

米饭、面包、乌冬面、薯类等。

主 菜
蛋白质

肌肉、血液、皮肤、脑等的主要原料，是机体细胞的主要成分。

肉类（牛肉、猪肉、鸡肉、内脏类）、鱼类、黄豆制品、鸡蛋、乳制品等。

配 菜
维生素、矿物质

帮助碳水化合物或蛋白质的代谢，对身体健康有帮助。

蔬菜、水果、海藻、菌类等。

依照不同月龄和营养素，可以吃的食材基准

※ 根据不同的阶段准备食材，后一阶段也可以吃前一阶段的食材。

	主食（碳水化合物）	主菜（蛋白质）	配菜（维生素、矿物质）
第1阶段 5～6个月	十倍粥、乌冬面、米线	白肉鱼（鲷鱼、鲽鱼、比目鱼等）、仔鱼干、豆腐（烫过）	胡萝卜、南瓜、薯类、白萝卜、大头菜、西红柿、芜菁、白菜、小油菜、菠菜等比较没怪味的蔬菜。香蕉、苹果、草莓等水果
第2阶段 7～8个月	七倍粥、水煮通心粉（煮软后弄碎）	鸡胸肉、鲑鱼、红肉鱼（金枪鱼）、豆腐、纳豆（汆烫）、水煮金枪鱼罐头、蛋黄（满8个月后可以吃全蛋）、无味酸奶、芝士	小黄瓜、茄子、青江菜及海带芽等海藻类
第3阶段 9～11个月	五倍粥、软饭、意大利面	全蛋、内脏类、鸡肉、猪肉（先从绞肉开始）、牛肉（瘦肉）、青鱼（鲭鱼、竹筴鱼）、剑旗鱼、芝士粉、芝士片	芦笋、豆芽菜、青葱、青椒、羊栖菜、海苔、烤海苔
第4阶段 1岁～1岁6个月	软饭、米饭、面（非油炸）	火腿、维也纳香肠、秋刀鱼、青花鱼、鲜奶、虾、螃蟹	牛蒡、莲藕、白萝卜干丝、菌类

可以使用的调味料

最重要的还是食材本身的味道，调味料只能用极少量。避免成人爱用的调味料，像是钠含量很高或有很多食品添加剂的调味料。

5～6个月	汤汁、蔬菜高汤
7～8个月	酱油（满8个月之后，添加少许调味料）
9～11个月	酱油、白糖、奶油、油、番茄酱（满11个月以后）、蛋黄酱（满10个月以后可以吃全蛋时）
1岁～1岁6个月	盐、酱油、番茄酱、咖喱粉（极少量）、蛋黄酱

技巧

制作辅食的烹饪工具
宝宝专用的迷你调理器具

清洁第一，和成人用的分开

为宝宝烹饪辅食，虽然不需要特别准备工具。不过，为了卫生上的考虑，最好还是跟成人用的分开，像是菜板、研钵、滤茶网、磨泥器等。

做辅食的简易烹饪工具组市面上有售，不妨加以利用，这样做辅食会更简单。

小锅

因为常常要煮粥给宝宝吃，所以一定要准备一个有附盖子的小锅。

厨房用剪刀

可以用来剪断煮好的面条，非常方便。同时可以节省时间，不必用到菜板或菜刀。

小型刀子

因为经常要把食物切细切碎，所以如果有一把好切专用的小菜刀就会方便许多。

塑料磨泥器

在选购时，可以挑选制作辅食专用的，选择底部比较大的，会比较好用。同时也要确认，购买容易清洗的材质。

小研钵

常常要把少量的食物磨成泥状，因此挑选直径15厘米以内、单手就可以拿的小研钵，会比较好操作。使用完毕后，一定要用小刷子仔细地清洗干净。另外，市售的一整套的辅食专用工具，就包含了磨泥器。

菜板

因为在专门给宝宝准备某些食物或制作宝宝的辅食时，要把食材切细切小，所以会经常用到菜板，因此最好跟平常家里用的菜板分开，这样比较卫生。每次使用完毕后，一定要先冲热开水消毒，然后放在通风的地方，使其干燥。

小型磅秤

以克为单位的小型磅秤会比较方便。

小型耐热玻璃器皿

用途相当广泛，可以用来压碎少量的食物或放入微波炉加热。只要有一个备用就可以了。

冷冻密封袋

用来装粥等有汤汁的食物。冷冻前用筷子略压，要使用时再从压痕处折断即可，很方便。冷冻食物最好在 1 个月内食用完毕。

不锈钢盘

要急速冷冻时就能派上用场。把事先准备好的食材，先分装在迷你容器上，然后放到不锈钢盘上，放进冰箱冷冻。结冻之后，再装入冷冻密封袋内保存。

量匙、量杯

食谱上 1 小匙的分量约 5 毫升，1 大匙则是 15 毫升。也可以用量米或量水的杯子来量，一杯约 200 毫升。

制冰盒

把煮好的高汤或汤倒入制冰盒内冷冻，结冻后再放入冷冻密封袋内保存，使用时再个别取出，会比较方便。

汤匙、叉子

可以用来压碎煮熟的蔬菜或鱼肉，像胡萝卜或南瓜等，只要用叉子前端纵横交错地用力压，就可以把食物压成泥。如果要滤掉汤汁，则可以使用汤匙的背面。

滤网、滤茶器

要过滤少量的食物时，用滤茶器相当方便。把要给宝宝吃的蔬菜或面条用过滤器汆烫，即使和成人用同样的锅子也无所谓。不过，滤网上很容易残留食物的残渣，所以要仔细清洗干净。

小纸杯（装便当菜用的）

把要给宝宝吃的蔬菜泥或粥等食物，以每次的使用量分装在小纸杯内再冷冻保存。每次要用时再用微波炉直接解冻，十分方便。

保鲜膜

可以用来包煮熟的南瓜或土豆，再用汤匙的背面来压，就可以轻松把食物压成泥状。此外，如果要做饭团或土豆，用保鲜膜包着也比较卫生。

小盆子、小滤网

用来清洗少量的蔬菜时很方便，比起塑料制的，金属制的比较不容易耗损且不容易滋长杂菌。

制作辅食的基本技巧
配合宝宝的情况，花心思烹调

过滤

给五六个月大的宝宝吃纤维比较多的胡萝卜或叶菜类的蔬菜，一定要先用滤网让食物变成比较滑顺的泥状。趁食物刚煮好还温热时，把食物倒入滤网，用汤匙的背面把食物压成泥。

磨碎

把汆烫过的蔬菜，趁热用小研钵磨碎。纤维比较多的叶菜类蔬菜，要先汆烫切细之后再磨碎。

磨泥器

使用磨泥器，以划圆圈的方式把食物磨成泥。纤维只要切细煮过之后，都可以磨成泥状。有磨泥器的话，制作蔬菜泥时会很方便。

给七八个月大的宝宝吃的辅食，可以不用过滤，只要先汆烫过，已经烫得很软的蔬菜或豆腐，用汤匙的背面就可以轻松地把食材压成泥。

把滤过或磨碎的食物，加入高汤或汤汁混合，用研磨棒搅拌成泥状。要仔细地研磨搅拌，最好让食物和水分充分地混合，不要分开。

可以把两种以上的食材调和在一起，像菠菜和豆腐、南瓜泥和鸡胸肉等，只要调和成泥状，就比较容易入口。可以用小汤匙来搅拌，很方便。

像鱼或肉类等纤维较多的食材，先把它们弄散会比较容易入口。可以用汤匙的背面把水煮过的鱼肉弄散，同时要确认是否有残留小骨头。如果是水煮过的鸡胸肉，可以用手撕成细丝。

切片

　用菜刀像切薄片似的，把鱼肉的纤维给切断。因为切片的面积比较大，不但比较容易煮熟且入味，宝宝也比较容易入口。

切细

　用菜刀把食材像是要把纤维切断一样地切成细丝状，已经用水煮软的蔬菜，只要用菜刀垂直切丝，就几乎没有什么纤维了。像是煮软的芜菁，只要切小块就行了。至于纤维比较多的菌类，在宝宝快满周岁时，只要切细宝宝就比较容易入口。

切块

　切成宝宝可以用手抓起来直接放入口中的小块状。因为如果切太大块，宝宝就无法顺利地练习咀嚼。配合宝宝的月龄，在食材的切法上也要多下功夫。

油炒

宝宝满周岁之后，就可以吃用奶油或食用油炒过的食物。用油炒可以增添食物的美味，说不定宝宝会更爱吃。

氽烫

氽烫就是把食材放入沸水中煮一下即取出。像白萝卜或胡萝卜等根茎类蔬菜，就可以用水煮软。至于叶菜类或鱼肉等，可以等水烧沸之后再放进去氽烫。

闷煮

先用油炒过，等味道出来之后，再加入高汤或汤去焖煮，就可以让食物变得更软。

炖煮

炖煮可让食材软化兼入味，也可以添加汤汁或蔬菜高汤稍微炖煮。因为炖煮的食材很少，要注意不要让汤汁完全收干或让锅烧焦。

油煎

当宝宝可以用牙齿或牙龈来咬断或磨碎食物时，就可以给宝宝吃用油煎过、口感稍微硬一点的食物，可以使用少量的植物油或橄榄油来烹调。

勾芡

鱼肉等富含蛋白质的食材，氽烫后去掉油脂会变得很柴，比较难以入口。因此，可以用水淀粉勾芡，让食物比较容易入口。也可以用板豆腐或切碎的麦麸、土豆、奶酪等来增加浓稠度。

 技巧

美味粥的基本做法
用米饭、生菜或其他米来煮粥

试着煮出美味的粥

刚开始制作辅食给宝宝吃，最令人感到烦恼的就是粥。用一杯米加十杯水煮出来的粥，称为"十倍粥"。

想要煮出美味的粥，诀窍就在于煮的时候，千万不要搅拌。

米饭是最好的主食，因为它本身没有味道，跟其他各种不同的配菜一起吃，可以衬托出配菜的美味。

用生米煮十倍粥

盖上锅盖煮
30～40分钟

水

米

把米洗净

泡水20分钟

闷10分钟

材料

大米 ……30克
水 ……300毫升

做法

① 把米洗净滤干，和水一起倒入锅中，先浸泡20分钟。

② 先用中火煮，煮开之后再转小火，盖锅盖，煮30～40分钟，注意不要让水溢出。

③ 关火，再闷10分钟左右。

※ 不让粥溢出来的秘诀是用大锅煮。

用米饭煮粥

七倍粥

材料

米饭…半杯（60g）　　水…1 杯半

做法

❶ 把米饭和水放进锅中，把米饭弄散，盖上锅盖，以中火煮。
❷ 煮开之后，稍微打开锅盖，转小火煮 10 分钟。关火，再闷 7 ~ 8 分钟。

十倍粥

材料

米饭…半杯（60g）　　水…2 杯

做法

❶ 把米饭和水放进锅中，把米饭弄散，盖上锅盖，以中火煮。
❷ 煮开之后，稍微打开锅盖，转小火煮 20 分钟。关火，再闷 7 ~ 8 分钟。

软饭

材料

米饭…半杯（60g）　　水…1/4 杯

做法

❶ 把米饭和水放进锅中，把米饭弄散，盖上锅盖，以中火煮。
❷ 煮开之后，稍微打开锅盖，转小火煮 4 ~ 5 分钟，不要煮煳了。关火，再闷 4 ~ 5 分钟。

五倍粥

材料

米饭…半杯（60g）　　水…1 杯

做法

❶ 把米饭和水放进锅中，把米饭弄散，盖上锅盖，以中火煮。
❷ 煮开之后，稍微打开锅盖，转小火煮 10 分钟。关火，闷 7 ~ 8 分钟。

技巧

高汤的基本做法
用天然高汤或蔬菜做出美味辅食

用天然食材，做出美味辅食

　　如果为 5~7 个月大的宝宝制作辅食，不要使用调味料。因为调味料所含的盐或油脂，对肾脏或胃肠等器官尚未发育完成的宝宝来说，会造成很大的负担。

　　因此，最好自己动手制作使用完全不含盐的天然高汤或蔬菜高汤培养宝宝的味觉，利用食材本身的美味，来烹制宝宝的辅食。

　　如果有时间可以一次做好，再用冷冻袋分装保存。要使用时再解冻即可。

日式常用高汤　**海带高汤**

❶ 先把表面的污垢擦掉

把海带切成 10 厘米的长度，用湿布把表面上的脏污擦掉。

❷ 浸泡在水里

往锅里倒 1 杯水，把海带放入其中浸泡 1 小时。

❸ 取出海带、开火

先取出海带，再开火，等水稍微煮开后（让水沸腾大约 20 秒），再关火。

　　也可以把海带放在碗里泡水，再放进冰箱冰一个晚上，就可以做好高汤。只需要少量高汤的话，采用这种做法会很方便。

美味十足　柴鱼海带高汤

❶ 在煮开的海带高汤里放入柴鱼片

依照前面的做法做出海带汤，取出海带，等水开后再放入柴鱼片。

❷ 稍微煮一下再过滤

稍微煮 1 ~ 2 分钟，再用滤网过滤汤汁（也可以用咖啡滤纸过滤）。

如果只做少量高汤的话，可以把柴鱼片放在滤茶器上，再注入热开水。

善用市售的高汤粉

市面上也有贩卖用柴鱼等做成的高汤粉，可以看包装上的说明，挑选辅食专用、没有添加食盐和化学调味料的。

味道清爽　蔬菜高汤

❶ 选用多种蔬菜切块或切丝

胡萝卜、大头菜、芜菁、芜菁叶等，可以挑选几种比较没有涩味的蔬菜，稍微切一下。

❷ 用水煮软

把蔬菜放进锅中，加水盖过蔬菜的表面，再开火煮，等水开后转小火煮 10 ~ 15 分钟。

❸ 过滤

最后再用滤网过滤。

 **技巧**

用密封袋来保存食材
冷冻前先处理好食材

调理方法和冷冻步骤

急速冷冻新鲜食材

如果有时间或一次采买很多当季比较便宜的食材时，就可以把食材事先做好处理，再分小包装放入冰箱冷冻。这样在思考"今天要煮什么呢……"的时候，比较容易有想法。可以节省许多考虑的时间，心情上会轻松许多。

①调理

菠菜或土豆、胡萝卜等蔬菜，先用水煮熟后切细，做成蔬菜泥。

②分小包装

（A）事先准备好的食材，用装便当菜的纸杯一一分装，再用保鲜膜包好。如果事先把食材搭配好放进纸杯会更方便。

（B）把食材弄成小小一坨，或摊成薄薄的一片（参照右图），用保鲜膜包好。

③冷冻

把食材放在热传导比较好的不锈钢盘上，放进冰箱冷冻，同时在外观注明冷冻的日期。

不同食材　冷冻的诀窍

土豆	先水煮过后去皮，放进研钵内磨成泥。再放进冷冻密封袋内，用手压平，把空气挤出来，密封。以筷子来区隔每一次的用量。
鸡胸肉（生）	趁新鲜的时候，用保鲜膜分开包裹，再放进冰箱内冷冻，要使用时再取出解冻。
白鱼肉（水煮后压碎）	鱼片先氽烫过，放凉后去除鱼皮和鱼骨，并把鱼肉压碎，把每次要用的量用保鲜膜包起来，放进密封袋，冷冻保存。
胡萝卜	削皮后切成1厘米厚的薄片，再用水煮，凉了之后再放进密封袋，冷冻保存。等要使用时再用微波炉解冻。
仔鱼干	先氽烫去除盐分。把水滤干后再放进密封袋，冷冻保存。
鸡胸肉（氽烫后切丝）	先把鸡胸肉氽烫，放凉后切丝或撕成丝后再冷冻。
粥	粥放凉之后，放在保鲜膜上摊平，再包起来冷冻。如果放在不锈钢盘上面，会比较快结冻。
绞肉	因为比较容易坏掉，所以买的当天就要冷冻。先用热水氽烫，把水分滤干，直接放进冷冻密封袋内冷冻保存。
菠菜	把叶子摘下来，用热开水氽烫，煮得比大人吃的稍微软一点，滤干水分。把水分拧干后切段，把每次要使用的分量摊平用保鲜膜包好，放在冷冻密封袋内保存。
白鱼肉	鱼片切四等份，每份都用保鲜膜包起来，再放进冷冻密封袋内冷冻保存。

④高汤或汤用制冰盒保存

把煮好的汤或高汤冷却后，装入制冰盒让它结冻，之后再倒入冷冻密封袋内保存。

把磨碎的菠菜泥放入冷冻密封袋内，摊成薄薄的一层先冷冻起来。当要使用的时候，只要把要用的分量折下来就行了。

⑤注明冷冻日期

把分成小包装的食材装入冷冻密封袋内保存，同时写上日期和品项。如此就能一目了然。冷冻的食材最好在1个月内食用完毕。

5 ~ 6 个月的食谱
把食物磨成黏稠的泥状

食谱

第 1 阶段 5 ~ 6 个月

先从十倍粥喂起

这是一开始给宝宝吃的辅食，大约吃 1 个月。

先把主食米饭和水以 1:10 的比例煮成粥，再把它磨成泥状，刚开始先喂 1 汤匙。这个时期制作辅食的重点是任何食品都要磨成浓稠的泥状，让宝宝比较容易吞咽。

第 2 周开始可以加入蔬菜或豆腐

先连续喂 1 周的白粥，等宝宝习惯后，第 2 周可以增加一些比较没有涩味的蔬菜，如南瓜、土豆等，第 3 周起可以慢慢增加白肉鱼或豆腐等比较容易消化的蛋白质。无论任何食材，刚开始都要先喂 1 汤匙，观察情况，隔天再慢慢增加。

除了这里所使用的食材，也可以把面线或乌冬面煮软后再磨成泥。其他像香蕉、土豆、芜菁，或是比目鱼、鲷鱼、鳕鱼等白肉鱼，也可以磨成泥状给宝宝吃。

胡萝卜泥过滤后细腻的口感更适合宝宝
胡萝卜泥

材料

胡萝卜·······························10g
开水······························· 1 大匙

做法

① 胡萝卜削皮，先切片，再切成小块，厚度 5mm 左右。
② 把胡萝卜放入水中煮软之后滤干，再加开水做成泥状。

小贴士

　　胡萝卜不但营养价值很高，颜色也很漂亮。最适合用来制作辅食或果汁。只要切小块用水煮软，就可以磨成泥状。

甜甜的味道宝宝应该会很喜欢
南瓜泥

材料

带皮南瓜块·························10g
开水······························· 1 大匙

做法

① 南瓜连皮用水煮软，再去皮压成泥。
② 加入少许汤汁，让它变成浓稠的泥状。

小贴士

　　南瓜带皮煮会比较容易处理，也比较不会糊掉。此外，也可以用微波炉加热，但要注意时间，不要让南瓜变得很干。

汆烫过的大头菜很清甜
大头菜粥

材料

大头菜（叶子）·················5g
十倍粥·····················2 ~ 3 大匙

做法

① 大头菜汆烫后切细，磨成泥。
② 把十倍粥放在研钵内压碎，再放入大头菜泥，要吃的时候拌一拌。

小贴士

　　大头菜汆烫过后几乎没有涩味，味道和粥相当搭，是非常适合给刚开始吃辅食的宝宝食用的菜叶类蔬菜。将其带甜味的汤汁做成汤品也很不错。

也可以用鲷鱼或比目鱼的生鱼片
白肉鱼粥

材料

比目鱼··························5g
十倍粥·····················2 ~ 3 大匙
开水··························少许

做法

① 比目鱼肉汆烫，去除鱼皮和骨头。
② 慢慢加入开水，把鱼肉磨碎，再加入用研钵磨碎的十倍粥，要吃的时候充分搅拌一下。

小贴士

　　等宝宝渐渐习惯吃粥或蔬菜泥，就可以加入白肉鱼试试看。鱼肉汆烫之后口感会干涩，加一点开水去磨碎，味道会比较好。

小贴士

菠菜富含维生素和矿物质，但是它有涩味，所以一定要先氽烫，再滤干水分。嫩豆腐氽烫后可以杀菌，同时可以把豆腐中的水分滤掉。

食材都要先氽烫过
菠菜拌豆腐

材料

嫩豆腐······················5～10g
菠菜（嫩叶）···············5～10g

做法

① 菠菜嫩叶先用开水氽烫，滤干水分，纤维的部位切细，磨成菜泥。
② 嫩豆腐先氽烫过后再磨碎，和菠菜泥一起混合搅拌。

小贴士

挑选新鲜的仔鱼干，氽烫以去除盐分。番茄在热水里泡久一点，就可以缓和酸味，比较容易让宝宝入口。

西红柿先氽烫，去皮和籽，味道更好
西红柿仔鱼干粥

材料

仔鱼干·······················1 小匙
西红柿·······················1/8 个
十倍粥·····················2～3 大匙

做法

① 仔鱼干用开水氽烫，滤干水分，剁碎。
② 西红柿用开水氽烫，去皮和籽，磨碎。
③ 把上述食材放入小锅内，稍微煮一下。
④ 加入十倍粥，要给宝宝吃的时候，再充分地混合搅拌。

7～8个月的食谱
准备各种食物，让宝宝练习咀嚼

第2阶段
7～8个月大

可吃的食材增加，让宝宝能用舌头压碎食物

等宝宝可顺利吞下蔬菜泥，就要进入练习咀嚼的阶段。要烹调稍微有点硬度的食物，可以让宝宝慢慢学习紧闭嘴巴，利用舌头上下移动，把食物移到上颚之间压碎。

为了让宝宝咀嚼，即便是同样的食材，也可以压碎、剁碎或勾芡，让宝宝体验各种不同的口感。

一天两次，利用食材滋味增加变化

这个时期的宝宝一天要吃两次辅食，当宝宝习惯饮食方式之后，很容易对同样的食物产生倦怠感。因此最好能够尽量变化菜色，不要一直给宝宝吃同样的食物。

话虽如此，但这个时期使用调味料还太早。可以用黄豆粉或磨碎的纳豆、芝士粉、蛋黄、苹果泥等，来增加食材的风味，让宝宝享受吃东西的乐趣。

稍微带点香甜味
黄豆粉面包粥

材料

吐司 ·························· 1/4 片
奶粉 ·························· 3 大匙
黄豆粉 ······················ 少许

做法

① 先把奶粉泡好。
② 吐司切掉边，再切成小块，浸泡在盛装牛奶的容器内。
③ 撒上黄豆粉，等宝宝要吃的时候，再混合搅拌均匀。

小贴士

黄豆粉是黄豆制品，营养价值很高。因为有香甜的味道，所以应该是宝宝很喜欢的食材。不过，在吃之前一定要先搅拌均匀，不要让宝宝的鼻子因为吸入黄豆粉而呛到。

用勾芡的方式让口感变得更好
鸡胸肉煮西蓝花

材料

鸡胸肉 ······················ 5 ~ 10g
西蓝花 ······················ 10g
水 ·························· 1/3 杯
水淀粉 ······················ 少许

做法

① 把鸡胸肉汆烫后，切丝再磨碎。
② 西蓝花汆烫后，去除茎，切细。
③ 锅内加水，加入上述食材，再加淀粉勾芡。

小贴士

西蓝花含有很多维生素 C，可以和蛋白质一起搭配烹煮。由于鸡胸肉汆烫后会干干涩涩的，所以最好勾芡，这样宝宝会比较容易咀嚼。

不用磨成泥，让宝宝可以咀嚼

地瓜粥

材料

地瓜 ………………………………5g

七倍粥 ……………………… 50 ~ 80g

做法

❶ 地瓜削皮后切小块，用水煮过后，滤干水分，切细。

❷ 加入七倍粥中，混合搅拌。

小贴士

　　薯类即使加热后，所含的维生素 C 也不容易被破坏，同时富含膳食纤维，可调整肠胃状况。地瓜可以先用水煮过后，切小块再分装放入冷冻密封袋保存，使用时很方便。

让宝宝变成爱吃鱼的孩子

萝卜泥煮鲑鱼

材料

鲑鱼 ……………………… 10 ~ 15g

高汤 ……………………………… 1/4 杯

白萝卜 …………………………10g

大头菜 ………………………………5g

做法

❶ 鲑鱼先汆烫，去掉鱼皮和鱼骨，再用叉子把鱼肉压碎。

❷ 大头菜汆烫过后切丝，白萝卜磨成泥。

❸ 高汤倒入锅内，加入大头菜丝和白萝卜泥炖煮，再加入鲑鱼肉泥稍微煮一下。

小贴士

　　这道食谱是采用鱼类、根茎类、叶菜类，3 类食材、3 种营养均衡组合。鲑鱼用汆烫的方式可以去除油脂，记得要用叉子仔细地把鱼肉压碎。

　　蛋黄一定要煮熟，芜菁叶也要用水煮软。面线因为含盐分，要先汆烫后再用水洗一下。等宝宝习惯蛋黄的味道之后，就可以增加一点。

色彩缤纷的美味料理
蛋黄芜菁面线

材料

面线	30g
蛋黄（煮熟）	1 小匙
芜菁	15g
芜菁叶	少许
胡萝卜	5g
高汤	1/2 杯

做法

① 蛋黄过筛压成泥。

② 芜菁削皮切块，汆烫后，切成 2 ～ 3mm 厚的片，胡萝卜和芜菁叶先烫过，再切成 2 ～ 3mm 长的段。

③ 把 ② 中的材料和高汤放进锅内煮，再加入面线，稍微煮一下。

④ 放入蛋黄，要吃的时候拌一拌。

　　用麸皮和黏稠的纳豆来拌小油菜，宝宝会比较容易入口。麸皮在干燥的情况下，先用叉子或汤匙把它压碎，纳豆用热开水淋过就可以杀菌。

松软、黏黏的纳豆，营养非常丰富
纳豆拌麸皮小油菜

材料

纳豆	1/2 匙
小油菜（叶子）	5g
麸皮	1/2 个
高汤	1/4 杯

做法

① 小油菜汆烫后切细。

② 纳豆用热水汆烫，麸皮切碎。

③ 高汤倒入小锅子中，加入以上所有材料一起煮。

9～11个月的食谱
培养宝宝自己主动想吃的需求

第**3**阶段
9～11个月

主食换五倍粥，可吃食物增多

这个时期可以吃的食物变多了，菜品更丰富。宝宝的运动量增加，也越来越结实。可以挺直背部坐在椅子上，也会想伸手自己拿东西吃。宝宝的舌头可以在口中灵活地移动，用牙龈夹住食物，把食物压碎，所以即使食物稍微硬也没有关系。主食换成五倍粥，或切成1厘米长的乌冬面或面线，可以吃水煮后切成条状的蔬菜，也渐渐可以吃含有优质蛋白质的猪绞肉、竹笋鱼、鲭鱼。

检查食物的形状、大小、软硬度

妈妈可能会觉得"这个时期宝宝的食量应该变大了吧"，但同时宝宝会变得挑食或喜欢边吃边玩。因此，可以把食材稍微切大块一点或切成条状让宝宝拿着吃，或用各种颜色的蔬菜，培养宝宝"想要自己用手拿着吃"的欲望。如果发现宝宝咀嚼得不太好，有可能是切得太大块，让宝宝很难咬，妈妈不妨再重新评估一下食物的大小。

做成让宝宝可以自己拿、放进嘴里吃的大小，最适合让宝宝练习用门牙去咬食物，或用手抓来吃。即使进入幼儿时期，这道食谱还是很适合当点心吃。

土豆泥和金枪鱼做成的煎饼
金枪鱼土豆饼

材料

金枪鱼（水煮罐头）……………5g
土豆……………………… 20g
菠菜……………………………5g
水淀粉…………………………1/4 大匙
盐………………………………少许
色拉油…………………………少许

做法

①金枪鱼先用热水烫过，去除盐分。
②菠菜氽烫后，滤掉水分，切细。
③土豆削皮，切小块，用水煮熟再压成泥。
④在金枪鱼和菠菜中加入土豆泥，再加水淀粉和盐搅拌后，分成两等份，再捏成饼状。
⑤在锅里倒入色拉油，热锅，把饼的两面煎熟。

加入切碎的麸皮和豆腐，让宝宝在咬的时候会有松软的感觉。用高汤来调味，吃起来会更美味。

用麸皮和豆腐可做出多汁感
豆腐汉堡

材料

嫩豆腐…………… 10g　　色拉油……………少许
猪绞肉…………… 10g　　高汤………1 ~ 2 大匙
麸皮 ……………… 1 个　　大头菜……………5g
酱油………………少许

做法

①嫩豆腐用微波炉加热20秒，去除水分再过滤，大头菜氽烫后切碎。
②盆子里放入猪绞肉、嫩豆腐、大头菜和切碎的麸皮，再加酱油搅拌，捏成小块。
③用色拉油热锅，放入②中的所有材料，两面煎熟，加入高汤，盖上锅盖稍微焖煮一下。

对于蔬菜棒，只要宝宝能用手握住就好，这道食谱是让宝宝抓在手上吃的固定菜色。重点是蔬菜不要煮得太软，这样宝宝拿在手上也不会捏烂。

用手抓着吃，让宝宝爱上蔬菜
蔬菜棒

材料

胡萝卜·····················10g
白萝卜·····················10g
高汤 ·····················1/2 杯
酱油 ·····················少许

做法

❶ 把胡萝卜和白萝卜削皮，切成 1cm×7cm 的长条状。
❷ 锅内放入高汤和酱油，把胡萝卜条和白萝卜条放入其中炖煮。

这道料理也可以用吃剩的烤鱼来做。西红柿的酸味和芝士粉的香味可以去除鱼肉腥味，宝宝也很容易入口。

用芝士粉和西红柿变出洋风美食
西红柿芝士煮竹笕鱼

材料

竹笕鱼·····················10 ~ 15g
西蓝花·····················5g
西红柿（剥皮切碎）1 大匙（10g）
芝士粉·····················少许
水·····················2 大匙

做法

❶ 竹笕鱼汆烫，去鱼皮和鱼骨，剁碎。
❷ 锅子里放入竹笕鱼肉碎，加入西红柿碎和西蓝花，加水煮一下，放入盘子内，再撒上芝士粉。

旗鱼照烧煮

材料

旗鱼 ······································15g
色拉油······························少许
四季豆·····························1/2 根
高汤 ································1 大匙
A ┌ 酱油 ···························少许
　├ 砂糖 ···························少许
　└ 水 ·····························1 小匙

做法

① 把旗鱼切成宝宝的一口大小。
② 四季豆氽烫后，切小段。
③ 混合 A，用来腌渍旗鱼。
④ 锅内放入色拉油加热，把腌好的旗鱼两面煎熟，再加入高汤和四季豆，盖上锅盖以小火焖煮。

小贴士

在切旗鱼时横着鱼肉纤维切，鱼肉会比较松软、易入口。如果要做成条状，让宝宝拿在手上吃，就要顺着纤维去切。

宝宝蔬菜丝

材料

胡萝卜······························10g
白萝卜······························10g
地瓜 ································15g
色拉油······························少许
高汤 ·····························1/4 杯
白糖、酱油 ······················各少许

做法

① 胡萝卜和白萝卜均削皮，切成长约 2 cm 的细丝。
② 地瓜削皮，切成长约 2 cm 的细丝。用水冲一下，再滤干水分。
③ 锅子里放入色拉油，加热炒红、白萝卜丝。再加入地瓜丝去炒。加入高汤、白糖、酱油，盖上锅盖焖煮，直到汤汁收干为止。

小贴士

虽然是用水煮的蔬菜，但炒过并焖煮后会增加嚼劲，可让宝宝练习咀嚼。蔬菜切丝可以稍微切宽一点，这样较易入味。

食谱
1岁~1岁6个月的食谱
有助宝宝咬合及咀嚼的菜单

第4阶段
1岁~1岁6个月

用牙齿或牙龈咀嚼，几乎所有的食物都能吃

宝宝的门牙长齐时，便表示辅食可增加为1天3次，也开始能好好吃了。此时，三餐可换为软饭，蔬菜或水果也难不倒宝宝。海藻或菌类、去掉脂肪或筋的肉、鱼、火腿、维也纳香肠等也都能开始食用了。

不过，让宝宝第一次吃某种食物时，请仍然保持慎重，以1汤匙为单位开始喂食。

以清淡、柔软、小口为主

一旦宝宝什么都开始吃，就表示到了该差不多帮他准备和大人相同的东西的时期了。可是，为了预防宝宝一口吞下及吃太快，请准备比成人食物更清淡、软、小的食物，再予以喂食。

有些宝宝会一直咀嚼肉，那是因为没办法吃，所以虽然说不要光用绞肉而要给予块状肉，但要以和纤维呈直角的方式，把肉切小块，让宝宝方便咀嚼。

快乐地练习用手指头捏着咬

芝士柴鱼饭团

材料

软饭 ························· 80g
柴鱼片 ························ 少许
芝士片 ························ 1/4 片

做法

1. 把芝士片切成 0.5 厘米见方的小片。
2. 把芝士片、柴鱼片和软饭混合，分成 4 等份，再各自捏成圆球。

小贴士

宝宝大多喜欢芝士和柴鱼片的香味。此外，另外加点海苔或芝麻等有香气的食材也很好！这样的饭团可是会让人也食欲大开呢！

烤海苔增加风味及营养

矶煮鳕鱼

材料

鳕鱼 ························ 15 ~ 20g
酱油 ························ 1/3 小匙
白糖 ························· 少许
烤海苔 ························ 1/4 枚
高汤 ···················· 1/2 ~ 2/3 杯

做法

1. 把高汤、酱油及白糖放入锅中煮沸，再加鳕鱼一起煮。
2. 鳕鱼煮熟后，去掉鱼骨鱼刺，撕碎烤海苔，放入锅中，再煮沸一次。

小贴士

鳕鱼若煮过头，鱼肉会碎裂，所以一旦煮熟便要尽快处理。不妨灵活运用富含维生素、矿物质及膳食纤维的烤海苔，也可以用鲑鱼或鲷鱼取代。

多彩食材，光看就开心
五彩煎蛋饼

材料

鸡蛋 ··············1/2 个　　菠菜 ··············1/2 枚
胡萝卜 ··············5g　　色拉油 ··············少许
仔鱼、香菇丁各 1/2 小匙

做法

① 胡萝卜先去皮，汆烫后切丁。

② 菠菜汆烫泡水后切丁。

③ 鸡蛋打散，把仔鱼、香菇、胡萝卜丁和菠菜丁放入拌匀。

④ 平底锅先热油，倒入 ③ 中的所有材料，用筷子搅拌，呈半熟状后再卷起来，做成煎蛋卷，放凉后再切成方便食用的大小。

小贴士

一旦宝宝开始能吃全蛋，放入多种食材的煎蛋卷很快就会变成用手捏着吃的合适菜品。加芝士或西红柿的缤纷蛋包也是不错的选择。

味噌蛋黄酱超级香
味噌蛋黄酱烤鸡肉

材料

鸡胸肉 ······· 15 ～ 20g　　蛋黄酱 ········· 1/2 小匙
西红柿 ··············10g　　味噌 ············ 1/8 小匙

做法

① 鸡胸肉切片。

② 西红柿用热水烫过，去皮及籽后切丁。

③ 味噌和蛋黄酱搅拌后涂在鸡胸肉片上。

④ 在烤箱的烤盘上铺上铝箔纸，放上 ③ 烤 4 ～ 5 分钟，再摆上 ② 烤 1 ～ 2 分钟。

小贴士

一旦把味噌蛋黄酱摆在味淡的鸡肉或白肉鱼上烤，便会变为孩子的最爱菜色。如果能用西红柿添加点色彩或清爽的酸味就更赞了！

只是花点时间做剥皮或去籽等事前准备工作，便可以放心地让宝宝体会蔬菜的美味，赶紧帮他们做出一道道容易入口的好菜吧！

用美丽色彩让孩子爱上蔬菜
煮茄子彩椒

材料

茄子·················· 20g（1/6 根）
彩椒（绿、黄、红）········ 共 20g
色拉油······················少许
高汤····················· 1/4 杯
A ┌ 味噌··············1/5 小匙
　├ 白糖················少许
　└ 牛奶················1 大匙

做法

① 茄子先去皮，切成边长约 5mm 的小丁后泡水。
② 彩椒去掉蒂和籽，切成约 2cm 长的条状。
③ 平底锅倒色拉油热锅，翻炒茄子丁和彩椒条后分两次倒入高汤，盖上锅盖蒸煮。
④ 倒入 A，煮到收汁。

可说是生鱼片的特别版。用品质好的油把鱼炸至恰到好处，便是一道让人想用手抓来吃的佳肴。

仔细用盐、酱油调味
炸金枪鱼

材料

金枪鱼（生鱼片用）····15 ～ 20g
A ┌ 酱油、白糖··········各少许
　└ 水·················2 大匙
西蓝花·····················50 克
淀粉·······················少许
油炸油·····················适量
盐·························少许

做法

① 金枪鱼切成方便用手拿着吃的大小。西蓝花以盐水煮熟。
② 把 A 拌匀后拿来腌金枪鱼。
③ 过滤掉汤汁，裹上淀粉，用中温将金枪鱼油炸至恰到好处。
④ 把金枪鱼装盘，旁边摆上西蓝花。

应用篇 **正餐以外的点心食谱**

小贴士

　　仔鱼用开水烫过去盐时也顺便能煮得软嫩。撒点海苔或蛋黄酱稍微烤一下，面包卷也会变得酥脆而好咬。

烤面包卷香喷喷
仔鱼开胃面包

材料

面包卷	1/2 个	蛋黄酱	1/2 小匙
海苔	少许	仔鱼	1/2 大匙

做法

① 面包卷切成 2 片 1cm 厚的圆片。

② 把海苔和蛋黄酱混合搅拌。

③ 仔鱼先煮过去盐，再混合 ② 中的材料搅拌。

④ 把 ③ 中的材料均匀涂在面包片上，再放入烤箱烤 2 ~ 3 分钟。

小贴士

　　通心面煮好后，趁热裹上黄豆粉即可裹得扎实又均匀。撒些芝麻粉或剁碎的葡萄干也很好吃！

用手指捏来吃好开心
黄豆粉通心面

材料

通心面（干燥）	10g	白糖	少许
黄豆粉	适量		

做法

① 通心面煮软，沥干。

② 趁通心面还没凉，将黄豆粉混合白糖后，均匀裹上。

地瓜富含维生素，葡萄干富含矿物质，最适合有便秘倾向的孩子食用，搓成圆球或压成圆饼都可以！

可爱的甘薯
黄金烤地瓜

材料

地瓜 ………… 40g
葡萄干 ……… 2 粒
色拉油 ……… 少许

A
牛奶 ……… 1 小匙
奶油 ……… 少许
淀粉 ……… 1/3 大匙
砂糖 ……… 1/2 小匙

做法

① 地瓜削皮，切成块状，泡水煮熟，压成泥。
② 把 A 及切碎的葡萄干加进地瓜泥里搅拌。
③ 把 ② 中的材料均分成两块，各捏成粗棒状方便拿取。
④ 铝箔纸涂一层薄薄的色拉油，放上 ③ 中的材料，用烤箱烤到表面略焦。

米饭味道朴素，可以放些味噌上去，要吃的时候再涂开。

味噌香气质朴
五平糕

材料

温热米饭 ……… 40g
色拉油 ……… 少许

A
味噌 ……… 1/2 大匙
水 ……… 1/2 大匙
白糖 ……… 1/4 大匙
白芝麻 ……… 1/2 小匙

做法

① 把 A 放进耐热容器中搅拌，再以微波炉加热 30 秒。
② 捣碎米饭，捏成椭圆形。
③ 平底锅先倒油热锅，放入米饭团把两面都煎一下，起锅时再涂些 ① 中的材料在上面。

 **应用篇**

用大人喝的味噌汤变化出来的食谱

基本的味噌汤（大人 2 人份）

材料

豆腐	20g	小油菜	10g
胡萝卜	10g	高汤	2 杯
土豆	15g	味噌	1.3 大匙

做法

❶ 土豆及胡萝卜去皮，切成块状，小油菜切成 2cm 长的段。

❷ 豆腐切成边长约 5mm 的小块。

❸ 锅里倒进高汤，放入土豆和小油菜略煮，再放进豆腐块，最后放入味噌。

稍稍下点功夫免得浪费食材

需下功夫一点一点做的辅食，在材料、时间甚至效率上都相当需要花心思。只要抓住秘诀，熟稔如何用大人的菜做出婴幼儿吃的食物，那么一个锅就能搞定所有菜品，要洗的餐具也得以减少，反而落得轻松。

而且，宝宝和妈妈、爸爸吃一样的东西，这种团圆感也很令人开心。味噌汤、咖喱、土豆炖肉、什锦火锅或用蔬菜做成的土豆色拉、炖菜等，练练手艺也不错哦！

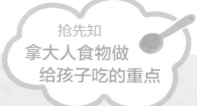

抢先知
拿大人食物做给孩子吃的重点

◆ 采用新鲜时令的食材。

◆ 要配合宝宝的发育时期。

◆ 不给宝宝吃生食，一定要过水并去盐。

◆ 在放调味料前，先把宝宝要吃的份分出来。

第1阶段
5～6个月左右

双色蔬菜糊

拿大人食物做给孩子吃的食材

胡萝卜、土豆、豆腐……………………各 5g
高汤………………………………………少许

做法

把胡萝卜、土豆、豆腐切丁煮熟，用研钵磨碎后加点高汤泡开。

第2阶段
7～8个月左右

豆腐蔬菜羹

拿大人食物做给孩子吃的食材

胡萝卜、土豆、小油菜、豆腐………各 5g
高汤………… 1/5 杯　水淀粉……… 少许

做法

❶ 把高汤以外的材料洗净，切成边长2～3mm的丁。
❷ 把高汤倒入锅里，加 ❶ 中的材料略煮，再放入水淀粉勾芡。

第3阶段
9～11个月左右

味噌豆腐煮蔬菜

拿大人食物做给孩子吃的食材

胡萝卜、土豆、小油菜…………………各 5g
豆腐…………10g　味噌汤…………1 大匙
水…………2 大匙

做法

❶ 把胡萝卜、土豆去皮，切成边长约 5mm 的小块。小油菜的叶端切碎。
❷ 把水及味噌汤倒入锅里，加入 ❶ 中的材料煮熟。

第4阶段
1岁～1岁6个月左右

豆腐蔬菜味噌汤

拿大人食物做给孩子吃的食材

胡萝卜、土豆、小油菜…………………各 5g
豆腐…………10g　味噌汤…………1/6 杯
开水…………1/6 杯

做法

❶ 把胡萝卜、土豆、小油菜、豆腐切丁。
❷ 把 ❶ 中的材料放入味噌汤里，加开水即可。

没时间也能煮出好吃的食物

应用篇

用婴儿食品做的食谱

第 1 阶段
5 ~ 6 个月

使用苹果（泥）

水果粥

材料

吐司 ····················· 1/8 片　　苹果（泥）······· 1 大匙
开水 ············· 1 ~ 2 大匙

做法

❶ 吐司去边，稍微烤一下后切碎，以开水泡软。
❷ 将泡软的吐司和苹果（泥）拌匀。

第 2 阶段
7 ~ 8 个月

用玉米浓汤（袋装）

玉米乌冬面

材料

乌冬面（煮过）············30g　　胡萝卜 ··········5g
玉米浓汤（片装）········· 1 袋　　水 ········· 1/5 杯

做法

❶ 乌冬面切碎。胡萝卜先煮过再切成边长约 2mm
　的块。
❷ 玉米浓汤（片装）照该产品规定泡制。
❸ 锅里放些水，把乌冬面和胡萝卜块煮熟，再加
　入玉米浓汤。

正确烹饪，自己先尝一口

　　安全使用婴儿食品的秘诀，就在于新手父母要好好地阅读商品包装上标明的"做法"及"注意事项"，并正确调理。

　　在喂宝宝前，也请记得确认味道、硬度、温度以及颗粒有没有充分溶解等情况。

　　另外，光用婴儿食品调理包也会造成营养、热量、风味等不足的情形。不妨添加一些仔细煮过的时令蔬菜，增加营养、口感及滋味。

第3阶段
9~11个月

第2阶段
7~8个月

用蔬肝酱（瓶装）
肝酱奶汁烤西蓝花

材料

蔬肝酱·············1/2 瓶　西蓝花···············10g
土豆·················15g　面包粉···············少许
芝士粉···············少许

做法

❶ 西蓝花煮熟，切小块，土豆切成边长约 5mm 的
小块再煮。

❷ 把蔬肝酱和 ❶ 中的材料搅拌，放入耐热容器，
撒面包粉及芝士粉，用烤箱烤到表面焦黄。

用麻婆豆腐
麻婆豆腐风味拌菜

材料

米饭·············80g　麻婆豆腐（调理包）········1 袋
四季豆··········1 根　白萝卜················10g
胡萝卜··········10g　高汤················1/2 杯

做法

❶ 四季豆、白萝卜和胡萝卜用高汤煮至入味。

❷ 四季豆切成小块，和麻婆豆腐（调理包）拌匀
后铺在米饭上。白萝卜切成小块，胡萝卜切成
半月状，摆在旁边作装饰。

依婴儿食品形态分开使用

瓶装型
　　只要有汤匙，不论在何处都能立刻喂宝宝。或搭配煮到软烂的蔬菜或鱼肉，立刻成为一道佳肴。

颗粒、薄片型
　　这类型食品用高温干燥处理。颗粒食品呈粒状，薄片食品呈细碎状。加入蔬菜煮汤或焖炖时，记得把食材煮到软烂后才加入。

调理包型
　　由于是把调理好的东西以一餐一袋分装，只要开封便能直接喂宝宝，所以不妨多花一点时间，再变出一道好菜！

先冷冻速度更快
冷冻食物食谱

○ 第 **1** 阶段
5～6 个月

冷冻水分较少的蔬菜泥
鱼肉小油菜泥

材料

白肉鱼……………………………5g
冷冻①……………………………1 包

做法

❶ 白肉鱼煮好后取肉捣碎。
❷ 把冷冻①放入耐热容器中，淋点水，包上保鲜膜，用微波炉加热 20～30 秒。
❸ 混合 ❶ 和 ❷。

冷冻①

将 15g 土豆煮好后磨成泥，5g 小油菜煮好后磨碎。拌匀后冷冻。

○ 第 **2** 阶段
7～8 个月

西红柿煮后剥皮去籽一次完成后冷冻
金枪鱼西红柿酱面线

材料

面线 ………………………………10g
冷冻② ……………………………1 包
高汤 ………………………………1/2 杯

做法

❶ 面线煮熟，用水洗净后切成约 5mm 长的段。
❷ 把高汤、冷冻②和面线一起放进锅。

冷冻②

将 10g 水煮金枪鱼罐头先煮过。再将 10g 剥好皮、已去籽的西红柿切碎，拌匀后冷冻。

※ 微波炉的加热时间以 500～600W 的微波炉标示的使用时间为准。

用裙带菜和仔鱼
海鲜意大利面

材料

意大利面·················15 ~ 20g
冷冻③·······················1包
高汤 ·····················1/4 杯
芝士粉·····················少许

做法

① 意大利面煮熟，切成长约 1cm 的段。
② 将冷冻③放入耐热容器，淋点水后包保鲜膜，以微波炉加热 15 ~ 20 秒。
③ 平底锅先倒油热锅，翻炒 ① 和 ② 中的材料后加高汤煮一煮。
④ 撒点芝士粉。

冷冻③

将 1g 裙带菜先烫过后切碎，5g 仔鱼煮好，5g 胡萝卜煮好后切碎，和仔鱼拌匀后冷冻。

轻松使用蔬菜的缤纷
甜味噌炸酱乌冬面

材料

乌冬面·············80g   ┌ 甜味噌 …1 小匙
冷冻④············1包   A │ 白糖 …1/3 小匙
油、水淀粉…各少许   └ 水………2 大匙

做法

① 乌冬面煮好后切成 2cm 长的段。
② 将冷冻④放入耐热容器，淋点水，包保鲜膜以微波炉加热 20 ~ 30 秒。
③ 平底锅先倒油热锅，放入 ② 中的材料略炒，加 A 煮过，放水淀粉勾芡，再淋到乌冬面上。

冷冻④

将 25g 猪绞肉煮熟。将各 10g 的洋葱、甜椒、青椒都切成 5mm 见方的小块，全部拌匀后冷冻。

生病时可吃的辅食
首先补充水分，喂食易消化的东西

慢慢来，别逼宝宝吃

本来宝宝辅食吃得好好的，突然间就不吃了，这很令人担心。但当宝宝身体不舒服、心情不太好的时候，就别逼宝宝吃了，要记得帮宝宝补充水分。

如果宝宝还有食欲，不妨在菜单上多下点功夫。注意：此时不要给宝宝喂没吃过的食材。

若儿科医生有建议，请优先考虑医生的建议。

感冒有痰，看似难以吞咽

用宝宝吃惯的食材做一份顺口的餐点

用牛奶、蔬菜高汤等帮宝宝补充水分，并好好观察。宝宝有食欲，咳得很严重时，给他们些不刺激、滑顺有光泽且顺口的食物，他们会比较开心。像南瓜、胡萝卜、菠菜等平常吃惯的食材，煮到软烂、弄碎，配合汤品泡开，再用水和淀粉勾芡。口感松软的蛋花汤或面类也很适合。

或许宝宝吃两口就不吃了，但也别逼他吃，宝宝想吃多少，就喂他吃多少。

宝宝发热时也可以喂食？

最重要的是补充水分

一旦发热就会大量流汗，容易引发轻微脱水症状。就算宝宝没食欲，也要经常且充足地给宝宝补充水分，例如温开水、大麦茶、婴儿用电解水、蔬菜高汤等。

即使有些发热，只要宝宝没拉肚子且仍有食欲，不妨依照往常的步骤喂食，同时根据宝宝的情况斟酌分量。

小肚肚不舒服

稍事休息或用前一个步骤的断奶食谱

就算拉肚子，但宝宝心情还不错时，不妨把菜单调回前一个步骤加以观察，且不要加量或增加食材数量，继续喂母乳或配方奶。若刚开始吃辅食，可暂停，继续喂母乳或配方奶。

宝宝拉肚子时，为了预防脱水，最重要的是要补充水分，让宝宝喝凉开水、大麦茶、婴儿用电解水或蔬菜高汤等。

若拉肚子情况严重，可喂些苹果泥、葛粉汤、粥或煮蔬菜高汤等易消化又对胃肠好的食物，接着观察一阵子，等到不拉肚子了，就可以花2～3天，一点一点地恢复吃原本的辅食。

糖或冰冷食物都会让拉肚子更加严重，所以一定不能吃！

宝宝肚子拉不停时，请立刻就医！

宝宝便秘，看起来很不舒服。这时让宝宝吃什么好？

充分给予水分，多让宝宝吃些膳食纤维多的食品

一旦宝宝母乳喝得少，爸妈又忘了给他们补充温开水、大麦茶等，那么便便就会水分不足而容易引起便秘。食量不大或谷类、蔬菜吃得少皆可能引起便秘。

这时不妨给宝宝多补充一些水分，多喂食一些可刺激肠道蠕动、富含膳食纤维的南瓜、地瓜或碾碎的纳豆当辅食以缓解便秘。酸奶的效果也不错。

运动量不足或作息不正常也是造成便秘的原因之一。各位爸妈在熬夜时有没有发现宝宝可能也睁大眼睛到天亮呢？尽可能早睡早起，通过早晨散散步让宝宝活动活动筋骨吧！

不吃 不喝

这时要尽快就医

宝宝身体不舒服，爸妈得经常喂宝宝喝水。如果宝宝就是不喝，或就算喝了也马上吐出来、嘴唇干裂、无精打采、尿量少，那有可能是脱水症状恶化了，请尽快就医！

精神还不错但就是没食欲

比起吃的量，营养均衡更重要

就算辅食吃得还不错的宝宝，也有变得不爱吃的时候。只要宝宝精神好、心情佳、没发热、便便顺畅，别勉强宝宝吃，这种时候质重于量！

量少没关系，可以做一份容易获取均衡营养的餐点加以弥补。以10个月大的宝宝来说，不妨利用调味料稍调整以增加味道上的变化度，若是过了1岁，如果在装盘或配色上再多下点功夫，宝宝通常会更喜欢！

辅食及食物过敏
不要太过惊慌，最重要的是补充营养

预防食物过敏和喂辅食的方式

所谓过敏反应，简单地说，就是"免疫反应过剩"。人体有清除入侵异物、保护身体的免疫机能。但这种机能过于旺盛，把对身体有益的营养物质视为异物，欲除之而后快，于是引起症状，这就是过敏反应。

宝宝比大人更容易食物过敏。这是因为宝宝的消化能力尚未成熟，还无法充分分解各种食物。再者，掌管免疫机能的肠管机能可能也脱不了关系。

不要一下子什么都给宝宝喂，在宝宝半岁之前，慢慢地喂食辅食，这对于抑制过敏相当重要。

疑似食物过敏时

食物所引起的大部分过敏，都是餐后发作或数小时后发作，通常会出现荨麻疹、湿疹等皮肤症状或呕吐、腹痛、腹泻等消化器官症状甚至流鼻涕、咳嗽、气喘等。

我们把食用后立刻出现的症状称为"实时型过敏"。

其中症状严重时，甚至会出现呼吸困难、血压降低、意识模糊等全身型过敏性休克，这种情形就得紧急就医。

给宝宝吃的辅食，如果是第一次吃到的食材，请先只喂 1 汤匙，观察一下情况。这动作是为了预防发现过敏反应，相当重要。

有些情况是食用后经过半天到 24 小时才出现湿疹、头痛或倦怠等症状。这种情形是"延迟型过敏"，虽然这种过敏反应会随着食用后时间的流逝而变得难以发觉，但只要平常记妥"辅食日记"，简单记下宝宝何时吃了什么、哪种食谱、用什么食材，就会有所帮助。

不擅自剔除，要仔细检查

就算宝宝吃了特定食物，身体出现了症状，也不可以立刻断定是过敏。

就算是大人，在身体不舒服时一旦吃了油腻或生冷的食物，也会拉肚子或长荨麻疹。

新手父母一旦盲目地剔除某种食品，就会让宝宝失去摄取必需营养素的机会。

另外，就算婴幼儿时期被诊断是过敏，但随着宝宝的成长，有很多食物后来都变得可以吃了。

如果宝宝出现疑似食物过敏的症状，请先前往儿科门诊接受检查，或让医生指导实施适合宝宝成长的饮食疗法。

容易引起过敏的食物
七大过敏源

鸡蛋

鸡蛋经常成为宝宝食物过敏的原因。一旦知道鸡蛋就是过敏源，那么蛋黄酱、面包、西式甜点或用鸡蛋当食材的食物全都得小心。

牛奶

牛奶是仅次于鸡蛋的过敏食物。芝士、酸奶等乳制品也不能碰，所以对牛奶过敏的宝宝得考虑钙质不足的情况。

小麦

面包、意大利面、乌冬面、饼干等都含有小麦成分，而味噌或酱油里有时也找得到小麦的踪迹。一旦确定小麦是过敏源，碳水化合物的部分可用米或薯类代替。

荞麦

若是对荞麦过敏，有时仅吃一口，有时甚至光只是使用荞麦壳枕头都会出现严重的过敏症状。宝宝 1 岁前都不要给他吃荞麦或含有荞麦粉的零食。

花生

在小孩子经常食用花生酱的美国，这种过敏病例层出不穷。误食花生而卡在支气管的意外更是时有耳闻，所以千万不要给太小的宝宝吃!

虾、螃蟹

由甲壳类引发的食物过敏，于宝宝 2 ~ 3 岁后便开始增加，进入学龄期后频率更是大幅升高。有时虾、螃蟹会混在汤品、高汤或鱼碎肉里，所以一定得提高警觉!

其他食物也要注意

黄豆／是重要的蛋白质来源，经常在辅食中登场亮相。有时虽诊断出是大豆过敏，但却依然可以吃味噌或纳豆等豆类发酵食品。

鲑鱼／在辅食中早期就出现，所以先从一小口开始，观察情况再喂食。

牛、猪、鸡肉／从绞肉开始小口小口地喂，观察情况再喂食。

明胶／虽是极为罕见的过敏源，但宝宝有时却会因添加在预防接种的疫苗里的明胶而引发过敏反应。含明胶的零食类请过了 1 岁再给宝宝吃。

苹果、橙子、香蕉、桃子、奇异果／初期辅食经常使用这些水果。一开始先加热，一小口一小口地观察情况喂食。

鲭鱼／由于容易引发严重的荨麻疹，所以要等过了 1 岁再给宝宝吃。

鲍鱼、乌贼、鲑鱼卵、松茸／有时会出现在市售的食品或汤品里，所以在做幼儿食品前都得小心。

山药／虽没必要用在辅食里，但有时会出现在什锦烧中，得多加留意。

核桃、芝麻、腰果／这些食物会剁碎放在市售的零食里或磨碎掺入，请提高警觉!

宝宝什么时候开始吃幼儿食品
停止吃辅食后，要注意营养均衡

从辅食转幼儿食品，要重视个人差异

宝宝 1 岁 6 个月左右差不多要结束添加辅食，开始往幼儿食品迈进了。但身体的机能却尚未发育到可以吃和大人相同硬度或调味料的东西。

能够好好咀嚼食物，下巴要发达，臼齿也得长齐。宝宝的臼齿从 1 岁 6 个月左右开始生长，会一路长到 3 岁左右，但情况却仍然因人而异。

就算月龄相同，有些宝宝可以好好咀嚼，但有些宝宝只能含在嘴里，老是吞不下去。其个别差异在辅食阶段就很显著，但这些全是宝宝成长、发育阶段的一个必经环节。

手部动作灵巧，吃想吃的东西

宝宝 1 岁 6 个月～2 岁时，几乎所有的宝宝都能自己拿汤匙舀饭吃或用叉子叉小菜、水果来吃。另外，也开始会拿着杯子的把手喝茶或牛奶。

幼儿食品一天的基准量和调理方法		
米饭、面、面包（碳水化合物）	200～300g（儿童用碗 2～3 碗）	面类只要切成原本的一半长，孩子便能自己用叉子吃。甜点面包则归在零食类
鱼、肉、黄豆制品（蛋白质）	100～120g	薄切肉片或炸鱼片等有嚼劲的食品也能吃
牛奶、乳制品	200～300g	除了牛奶，芝士或酸奶也可当成点心
蔬菜类	180～200g	蔬菜最好让宝宝吃大人的一半量。生菜和煮过的菜充分拌匀，量多一点
水果类	80～100g	市售的果汁用 1/2 的量换算。但由于糖分太高，所以不推荐

解答疑惑

宝宝手部动作变得灵活，用餐礼仪虽学得好，但也是从这时候开始挑食。

宝宝会记得自己喜欢的味道而多吃，但另一方面，不喜欢的口感或味道也变得敏感，不管再怎么下功夫，不吃就是不吃。

宝宝的心情、身体情况、运动量多少等都会影响食欲。不用 1 次全部吃完也没关系。

可用 3 天或 1 周这样的步调考虑营养均衡问题，以确保能好好吸收必需的营养。

从幼儿食品开始

早睡早起吃早餐

辅食接续到幼儿食品的期间，最得小心的就是用餐时间。有时等到全家都同时用餐时早已过了晚餐时间，生活作息不知不觉间变成夜晚型。

我们不妨养成不是和孩子"吃夜宵"，而是吃"晚餐"的习惯。一旦好好决定早餐和晚饭的时间，一天的生活作息便得以调整。

"早睡早起吃早餐"其中也包含"为了早睡，晚饭也要早点吃完"的观念，调整生活作息，除了有助于孩子健康成长，今后的学习效果也会跟着提升。

当然，也有利于父母健康、常葆青春。

清淡菜色，1 天 4 餐

宝宝即将满 2 岁时，原本的 1 天 3 餐就可以加 1 ~ 2 次的点心以补足必需的营养。

大体上富含碳水化合物、蛋白质、维生素、矿物质等食材都能吃了，调味料也能吃到大人的一半分量；2 岁半后，新鲜且少量的生鱼片等生食，也能和爸爸妈妈一起吃了。

不妨做一道使用大量时令蔬菜、色香味俱全且口感佳的清淡菜品，全家一起享用。在这个时期先让宝宝熟悉各种食材，宝宝味觉的接受度就会提高，对于预防挑食也很有效果。

这些食物什么时候喂宝宝吃？

生鱼片

生的鱼虾类有时会造成过敏。而一旦鲜度下降，甚至有中毒的危险。只要足够新鲜，2 岁半起就可以让宝宝吃。一开始先给一点点，观察宝宝情况再喂食。

坚果或糕饼类

坚果或糕饼类、魔芋果冻等有时会卡在宝宝喉咙，3 岁前最好都尽量避免食用。

便利商店或超市的便当或熟食

高盐或含添加剂的食品并不适合宝宝食用。要买来吃时，最好先检查一下成分标示，尽量选择健康的且食品安全过关的。

喂食幼儿食品的技巧和诀窍

♡ 饥饿是最好的调味料

带宝宝散步或玩游戏，好好地活动身体，只要因此感到饿了，宝宝就会吃得很开心。这个时期牛奶虽为必需的营养品，但吃东西前一旦先喝牛奶，很快就会饱了，所以要避免。

♡ 装饰得好看些

用平常的碗及盘子装都不吃，但如果做成足球饭团、胡萝卜雕花或放到可爱的便当盒里，有时候宝宝马上就吃光光。不妨帮宝宝多增加一点"想吃"的气氛！

♡ 在餐具下功夫

帮宝宝准备一些自己就能拿的餐具、汤匙以及底部不容易滑、方便舀取小菜或米饭的浅盘等。

♡ 在午觉及点心下功夫

由于午觉睡太晚，起床时吃点心的时间便跟着变晚，于是晚餐都吃不下。不妨改成不太甜、易消化的点心试试看。

♡ 准备一张可以好好坐下来用餐的餐椅

检查餐椅及餐桌是否适合宝宝身体的成长。如果宝宝双脚能踏到地板或餐椅的脚踏板、背部能伸直，就是好姿势，如此咀嚼、吞咽、消化等身体机能就能好好运作。

♡ 用香气及风味变魔术

不妨用蛋黄酱、番茄酱、咖喱粉、橘子酱等色、香、味俱全的调味料。餐前尽量加一点，就算量不多也能衬托出香气及美味，会感觉更好吃！

市售的零食

何时才给宝宝吃？

市售零食可以当成宝宝的点心，大概得从 3 岁开始，但让宝宝习惯味道浓郁的调味品不是件好事。别多用，现在有销售的一些幼儿用零食，不妨多加参考。

冰淇淋或果冻等零食

布丁、果冻或冰淇淋等零食，或许对宝宝来说是种无法拒绝的美味。宝宝过了 1 岁就可以吃，但由于这些零食糖分太多，也会影响到三餐。建议在家用天然果汁做冰沙给宝宝吃，布丁或冰淇淋则在"出门时""去爷爷家时"等特别场合才给孩子吃。

另外，魔芋果冻就连 5 ~ 6 岁的儿童都有可能噎到，所以请别给幼儿食用！

巧克力、薯片和碳酸饮料的共同特点就是高盐、高糖，且其含有的碳酸或重味添加物等都算刺激物，容易让人上瘾。另外，嘴里容易残留食物残渣，易造成蛀牙。

在幼儿时期，不让宝宝养成吃刺激性强的食物的习惯，这件事可是关乎宝宝一生健康的饮食生活，大意不得！

第 4 章

1 ～ 3 岁时期的成长和养育方式

身心发育、发展的特征
宝宝开始变得调皮啦！

**1岁～
1岁6个月**

开始学会说话，指尖
也开始变得很灵活

1岁后宝宝体重约为出生时的3倍，之后身高的成长较体重的增加来得显著，将渐渐变成结实的幼儿体型。而此时也是每个孩子的语言能力和身体成长依自己的步调发展的时期。1～3岁的发展因人而异，因此常常有家长因拿自己的孩子和其他孩子相比而感到忧虑，但只需要让孩子依自己的步调发育即可。

过完1岁生日的宝宝，手和手指头越来越灵活，变得能够自己用手抓杯子喝饮料了。同时也能看得越来越远，渐渐能认识月亮或者在天空翱翔的小鸟。

1岁5个月左右大多数孩子已会走路，本来就会走的孩子步伐也越来越稳。

身体每天都变得越来越灵活。偶尔会调皮捣蛋从椅子爬上桌子，另外也会堆积木或从盒子中把玩具拿出来又放进去等，玩耍的方式多了许多花样。

能将积木等按照形状分别接合，做到所谓"形状认知"，透过游戏学会认识圆形和三角形等形状。

而这个时候模仿的欲望也逐渐增强，看到袜子和帽子也会主动想穿戴。

[身高和体重]

出生时约3千克的宝宝到了1岁时将会增加至约9千克。过了1岁后体重成长将变成1年缓慢地增加2千克，转为修长的体型，显得更为苗条结实。

[黏人的时期即将结束了]

在非常黏人和完全不黏人的两种状态交替重复间，宝宝会渐渐地从亦步亦趋的时期毕业了。或许会让妈妈感到有些烦躁，但还是多加忍耐，陪伴宝宝度过这段时间吧！

宝宝 1 岁 6 个月前，大多已告别黏人的时期了。确认妈妈就在身旁后，渐渐地能在稍微有段距离的地方自己玩，并从中开始学会独立。而后将演变成能拉着妈妈的手，前往自己想去的地方，到公园去时也会主动跟妈妈说想去沙坑玩或要荡秋千了。

[词汇的增加]

词汇是透过听觉来学习的。宝宝无法自行在脑中创造从未听过的词汇，而是将听过的字和实际接触过的事物相关联而达到认知。因此，多跟宝宝说话是相当重要的一环。

这一时期，宝宝会说的词汇也会增加了。除了"爸爸""妈妈""狗狗""猫猫"等，也能边说"拜拜"边挥手。逐渐能理解大人说的话，虽然能听懂简单的命令和指示，但有时仍是透过当时的气氛和状况来了解。到完全听懂大人想要表达的事情之前，还需要些时间。

妈妈！
妈妈！
妈妈！

[喜怒哀乐的情绪变丰富]

对发生在自己周围的事物变得敏感，在爸爸下班回家时欣喜上前、甚至飞奔去迎接。这个时期爸爸也会愈发觉得宝宝可爱。

对事物的恐惧，也开始萌芽。如因为曾在医院发生令宝宝害怕的事，对医生的白袍心生恐惧，光看到就会哭。

[最喜欢读绘本]

孩子一旦学会用语言沟通后，也会开始对绘本产生兴趣，为孩子念他喜欢的绘本吧！

[扮家家酒]

到了 1 岁 6 个月，不管是男孩还是女孩都开始会喂娃娃或玩偶吃饭，或将其放入被窝中让它睡觉。这可以说是透过游戏，来学习人类的生活方式。

面对扮家家酒没什么兴趣的宝宝，可以试着边说"小熊说肚子饿了喔"边带领孩子一起玩。

这是大象哦！

1岁6个月~ 2岁

能倒退走和爬楼梯

脚步越来越稳，也能小跑步、倒退走、踢箱子，甚至单手牵就能爬楼梯。

另一方面，想做的事情遭到阻止或者无法顺利将自己的想法传达给大人时，往往就会哭闹。有时因想睡觉或感到疲倦，也会因为不知道该怎么办而放声大哭。

这个阶段的宝宝身心显著发展，但仍想和妈妈撒娇。会发生不陪着就无法入睡或格外依赖妈妈的乳房等情形，这些都表示宝宝依然无法独立。这时请以稳定宝宝情绪为优先考虑，多抱抱他，让他尽情享受被疼爱的感觉吧！

[学会自己玩耍]

在沙坑玩沙或堆积木，独自玩耍的时间会增加。虽然会想和同年纪的小朋友一起玩耍，但要和朋友一起玩还有一些难度。

[学会上下楼梯]

只要牵着妈妈的手，就能站着上下楼梯。若是在比较低的地方，甚至能一跃跳下台阶。发展较快的小朋友甚至能跳跃、短暂地单脚站立以及倒退走等。

[牙齿颗数增加]

除了上下 4 颗前齿，上下犬齿和臼齿也会——冒出，共有 16 颗牙齿。

[变得好恶分明]

对喜欢的事情和想做的事等一些喜好，越来越明显。喜欢音乐的小孩、喜欢画图的小孩、好动的小孩、喜欢工具和机器的小孩等，兴趣渐渐明朗，然后转化为不同的个性。

将宝宝感兴趣的事物重复，会令他们格外开心，会主动不断地要求聆听相同的声响或念同一本绘本。

再念给我听

狗狗，来了

[学会一次说出两个词汇]

快要 2 岁时宝宝会说出如"车车，来了"或"猫咪，睡觉觉"之类由两个词汇组成的短句。这是因为想象力变得丰富，能将对事物的印象相结合。也有些宝宝还没办法说出这种由两个词汇组成的短句，但只要能够理解大人说的话就不需要担心。

2~3岁

自我意识提升，开始
会和其他小朋友互动

孩子在此时期开始会对妈妈说"不要"或不听话，令妈妈们相当困扰。对食物的好恶变得分明，时常哭闹等，渐渐开始展现自我意识。

另外，由于孩子开始会和其他小朋友一起玩，所以会常常吵架，但孩子通过吵架可以社会化。当孩子开始有自我意识时，就是需要管教的时候了。

应该要巧妙地培养孩子的独立性，同时帮助他逐渐习惯健康的生活作息。

[牙齿和饮食]

20颗乳牙全都长出，肠胃的机能也渐渐提升，开始可以和大人吃相同的食物。但仍需遵守所摄取的盐分要低于大人的原则。

由于孩子开始到了有食欲和对食物有好恶的时期，所以可能会一下暴饮暴食，一下又吃很少，饮食的状况不太稳定。

不喜欢吃的东西就别强迫他吃，尽量努力营造快乐的餐桌气氛，让孩子食欲大增。

[手部动作变得灵活]

在原本的涂鸦外，渐渐开始会画线和圆圈了。

在沙坑玩耍时能堆出小沙丘，也开始会将抓住的物体举起或丢出，是练习丢接球的好时机。

[运动能力提升]

这个时期足弓快速成长。脚部机能发达，运动量大幅提升。孩子不但会奔跑、跳跃，甚至能从两三阶上的台阶跳下来，只要抓着扶手就能爬上楼梯。

这个时期有许多孩子已经能跳着走或骑三轮车，但每个孩子的运动能力不尽相同，并不需要刻意勉强锻炼。

不喜欢！

[行为能力退化]

弟弟或妹妹出生后，基于害怕妈妈被抢走的危机感，孩子会重新做出和小婴儿相同的举动。

当过去明明已经能做到的事情，孩子却突然说"我不会"时，别责备孩子太任性。妈妈在时间允许的范围内，也要多多陪伴老大，只要孩子了解到妈妈的爱不会改变，行为能力退化的情形也会渐渐改善。

[和其他小朋友一起玩]

这个时期的孩子和过去最大的不同，就是变得会和其他小朋友相互交流玩耍。和朋友玩是让孩子社会化的好机会。

虽然难免会有争夺玩具而吵架的情形发生，但这也是学习和人相处必经的过程。只要就近观察不会发生危险就无需理会，如果有动手动脚的情形再上前劝阻带开即可。

[学会穿脱衣服]

手部变灵活后，开始能独力穿脱衣服。虽然会花费较多时间，让妈妈有些不耐烦，但还是要尽量让孩子自己试试看。

[语言表现力提升]

学会将自己的话语加以延伸描述，变得能表达自己的需要和对事物的喜恶。

生活 叛逆期也是"独立期"
宽容以对，处理时多费点心思

孩子老是说"不要""不可以""我自己来！"

约2岁时的宝宝除了词汇量的增加，也进入令人头疼的反抗期。这个时期又被称作"叛逆期"，不管什么都说"不要""不可以""我自己来！"，能清楚表达自己的意思。

尤其发作起来常完全不顾场合，如果碰上赶时间或在公共场合时，往往让大人格外烦躁，但这样的行为正是孩子成长的证据，是身为一个人迈向独立踏出的第一步。此时建议将大人的行程摆至第二顺位，优先应对孩子。

千万不要劈头就骂或说"你太任性了"来否定孩子，先试着以孩子的心情想"为什么会这样说呢"。

孩子为什么会哭闹呢？

这个时期孩子在学会社会规范的同时，也在建构自己的规范（对内规范）。就算是小细节也需要边贯彻自己的做法，一点一滴构筑出所谓的"自我"，而这个过程正是孩子成长的证明。

因此，虽然孩子不管什么事情都会想自己做做看，但往往是心智上先提升，行为方面还无法跟上。

若妈妈在这个时候无法完全理解或是漠视、压抑孩子想要尝试的欲望，会引起孩子反弹而哭闹不休。

尊重孩子的想法，培养他的自发性

孩子哭闹时，硬是压抑其情绪，不尊重他"想要做"的情绪是最要不得的。可能会阻碍随着孩子成长日渐重要的独立、自制和创造性的发展。

这个时期不要太拘泥于大人的生活作息，请尽量多配合孩子"想要这样做""想要自己来"的心情吧！

这些时候孩子容易哭闹

叛逆期时孩子挂在嘴边的"不要""不可以"是成长和变得独立的证据。但有时也会因爸妈的反应或无法顺利表达自己的需求而哭闹不休。

1 父母经常说 "不可以"

"这也不行，那也不行"之类的话，太过于约束孩子，有时会引起孩子哭闹。

2 没有建立家庭的规范 只要哭就能达到目的

若没有明确建立家庭的规范，孩子会以为"只要哭就能达到目的"反而持续哭闹。

视情况而定，若是会对身体造成伤害或违反社会规范的事情，不管孩子怎么哀求都需要态度坚定，绝对不能轻易答应。

3 无法顺利表达自己 的需求

因为还不是很能通过言语表达，所以当孩子无法顺利传达自己的要求时也会哭出来。试着想象孩子"想要做什么""是不是要这样？""这样就好了对不对"等，边用温柔的话语确认孩子的想法边来满足他的需求吧！

调皮小鬼让人好头疼
这时候该怎么办？

○○小朋友好历害

我要自己来

吃完点心后来读绘本吧！

绘本

うーん

孩子乖巧带起来虽然轻松，但没有反抗期也无所谓吗？

是不是都先为孩子设想好了呢？

当大部分的孩子都会进入叛逆期开始拥有自我意识时，却因为"我的孩子还没"就感到忧虑有点过于心急了。如同身体的发展，每个人不同，自我意识的发展也因人而异。稳重的个性也有可能是自我发展的时期较晚到来，再多观察一阵子吧！

在孩子展现自我意识前，妈妈或周围的大人是否都抢先为孩子做好了呢？也有可能孩子总是听大人说"不行"，因而认为自己"就算坚持也没有用"而放弃了也说不定。

每个孩子自我意识的强弱也因人而异。文静的孩子因为自我意识的表现较不明显，往往较难被周遭的人发觉。平常就要注意多进行亲子间的沟通，这样才不会错过文静的孩子所发出的小小讯号。

总是把"我要自己来，自己来"挂在嘴边，稍微出手相助便放声大哭

让他慢慢来，重视孩子的成就感

在孩子想自己穿鞋、穿衣服或试图用积木堆出什么时，若不自觉的出手相助就糟了。孩子一发怒，甚至会从头再自己做一次。

这个阶段孩子对坚持的事物会贯彻到底。例如"穿鞋时要从右脚开始"或者"换睡衣要从裤子开始"等，如同一种仪式般，所有事情都有固定的顺序。

站在父母的角度，可能会觉得"那样行不通""这样明明就比较快"，但就算稍微变动这些顺序，对孩子而言都是无法容忍的。

虽然多少会令人感到不耐烦，但这都证明了孩子对于达成自己的目标而有所坚持，更渴望达成后的喜悦。父母应将孩子在这段时间的行为视为积极的表现，并主动多多给予机会，让孩子获得多方面的体验。

另外，这个时期每逢出门和就寝时往往需要花上许多准备时间，事先预留缓冲的时间，即使迟到也不要太在意。

就算发现鞋子穿得好像怪怪的或睡衣的纽扣扣错，也要先称赞"你自己做到了耶"等，之后再偷偷找机会调整回来。

只要让孩子得到了成就感，之后对于别人的帮助也就较能接受了。

剧烈哭闹时，会用头撞墙壁和地板或捶打东西

去公园吧

用宽容的心情温柔拥抱孩子

孩子哭闹较严重的时候，会因为一点小事就大吵大闹，甚至会用头撞墙壁和地板，让爸妈大吃一惊。不过如果疼痛的程度无法忍受，应该就会自动停止，因此不需要担心。

不管在哪里哭闹，孩子都会突然躺在地上，若附近有尖锐或坚硬的物体则容易发生危险，因此事先将这些东西收起来吧！

当孩子开始哭闹时，可以先暂时观察后再温柔地对孩子说话并抱抱他或是变换话题以转换孩子的心情等，试着找出最适合孩子的方法。

当大人显得不耐烦时，孩子的哭闹往往会愈发剧烈，切记要以宽容的心情来面对。

幼儿期的叛逆期和青春期性格的成长息息相关

孩子的成长中，叛逆期可以说是最棘手的。3 岁前后自我意识逐渐增强的时期称为第一叛逆期。10 岁出头小学高年级到高中初期则称为第二叛逆期。

第二叛逆期或许称作"青春期"较令大家耳熟能详。这个时期随着男孩的身体变得像男人、女孩的身体变得像女人，心灵的状态也会产生巨大的变化。

孩子从过去依赖父母的时期，转变为强烈渴望由自己思考抉择及行动，期望能成为社会上独立的存在。

为了能顺利度过通往大人世界门扉的第二叛逆期，第一叛逆期被视为相当重要的一个过程。

养成规律的生活作息
好习惯能帮助宝宝顺利成长

打造每天生活作息的时期

随着大人活动时间有向夜晚扩展的趋势，日夜颠倒的婴儿和幼儿也渐渐增加了这种趋势。家人的互动固然重要，但为了孩子的发育和健康，请务必重视幼儿时期，这也是打造生活作息的黄金时期。

若发现孩子最近起床的时间都不固定，一日三餐也不好好吃，就试着花些心思在培养他正确的生活作息上吧！

遵循自然的生活作息，睡眠充足

人们日出而作日落而息，是遵循自然规律。生长激素在夜间睡眠时分泌旺盛，要让孩子身体和脑部顺利成长发育，必须符合自然生活作息并有充足睡眠。

如果孩子晚睡晚起或是睡眠时间缩短了，这可能是受到大人夜间活动生活不规律的影响。

因为半夜不睡，中午前几乎都在睡→外出玩耍的时间减少→吃饭的时间变晚，作息不规律→晚睡→睡眠不足，生活作息不规律，孩子变得容易烦躁没耐性……

一口气杜绝这样的恶性循环吧！有些家庭因为工作的关系无法保持规律的作息，但幼儿期仅短短的几年，爸爸和妈妈应该尽量调整，以配合孩子的作息。

规律的生活作息从早起开始

"为了让孩子早点睡而早早让他上床，却迟迟不肯入睡"，这可以说是家中有幼儿到小学生的妈妈们共同的烦恼。要矫正孩子日夜颠倒的秘诀在于让孩子早起。早晨就沐浴在阳光中活动身体，生理时钟开始计时，夜晚时瞌睡虫也会提早降临。

早起的重点在于包含周末假期，每个早晨都在固定的时间起床。

虽然妈妈可趁孩子睡觉时做家事，但不要让孩子睡到自然醒。最晚 8 点左右就要把孩子唤醒。

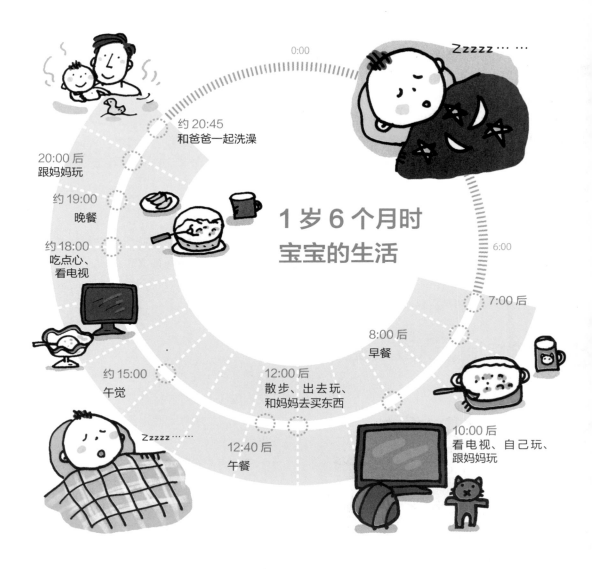

约 20:45
和爸爸一起洗澡

20:00 后
跟妈妈玩

约 19:00
晚餐

约 18:00
吃点心、
看电视

1 岁 6 个月时
宝宝的生活

约 15:00
午觉

12:00 后
散步、出去玩、
和妈妈去买东西

12:40 后
午餐

0:00

6:00

7:00 后

8:00 后
早餐

10:00 后
看电视、自己玩、
跟妈妈玩

如果觉得突然开始执行早起有些困难，可以从一天早 30 分钟开始练习。

睡眠、饮食、运动兼顾，全家都健康

除了保持规律的生活作息，还要好好地吃早餐。早上在固定的时间起床，吃饭、户外玩耍、午睡、洗澡、就寝，每天的作息都能大致相同。只要有充足的睡眠、均衡的饮食、适度的运动，对孩子和父母而言就是最健康的生活。

沐浴在晨曦中，调整生理时钟

身体的睡眠周期是由名为褪黑素的激素控制的，其运作方式为早晨经阳光照射后，夜晚便会大量分泌引发睡意。同时研究也指出在固定的时间吃早餐，也能调整生理时钟，对褪黑素的分泌有帮助。

早点起床活动身体，肚子自然会饿，就是这些自古流传下来的生活习惯建构出日常的作息。

在幼儿时期，光靠三餐很难摄取到身体所需的所有营养，需要在三餐之外再加一顿点心。另外，晚餐并非夜宵，要尽量早一点并在固定的时间吃，才能达到早睡早起的目标。

白天让孩子在户外活动身体

要做到睡得好、吃得饱，在外头尽情玩耍也很重要。一天中应该要花几个钟头外出，让身体好好地动一动。试着前往有许多年龄相仿的儿童玩耍的公园或儿童馆吧！

外出对父母而言，除了能转换心情，更能借机多认识其他拥有相仿年纪孩子的父母。只要拓展了父母的朋友圈，孩子也能自然地学习到与人相处的方式。

午觉别睡太久或太晚睡

在孩子 1 岁半左右，大多会变成每天下午睡一次午觉。睡午觉虽然能让孩子下午有精神，但太晚睡又睡太久，会导致晚上无法入睡，反而打乱生活作息。

从下午 1 点左右开始睡 1 ~ 1.5 小时最为恰当。让午觉不至于睡太久的秘诀在于不要刻意让室内变暗，让孩子睡在采光明亮的房间中。

婴儿和幼儿一天所需的睡眠时间为 12 ~ 14 小时（新生儿至 3 个月为 12 ~ 18 小时），在这当中，午睡所占的时间应为 1 ~ 1.5 小时。

不过睡眠周期因人而异，也不需要强迫不想睡午觉的孩子午睡。相对的，为了帮助他晚上早点入睡，早点给他准备晚餐和洗澡吧！

有时候孩子会因为外出或客人来访而无法睡午觉，延迟到傍晚才睡、晚上才起床，导致作息紊乱甚至影响到隔日。

傍晚时若孩子想睡，可以利用带出去散散步

健康所需的建议睡眠时间

新生儿（1 ~ 2 个月）	15 ~ 18 小时
乳儿（3 ~ 11 个月）	10 ~ 12 小时（夜晚）+ 1 ~ 4 次 30 分 ~ 2 小时的午觉
幼儿（1 ~ 3 岁）	12 ~ 14 小时（包含午觉）
学龄前儿童（3 ~ 5 岁）	11 ~ 13 小时（包含午觉）
儿童（6 ~ 11 岁）	10 ~ 11 小时
青春期（11 ~ 17 岁）	8.5 ~ 9 小时
成人、高龄者	7 ~ 9 小时

※ 数值仅供参考，请视各阶段个别状况调整。

或陪他一起玩来拖延时间；也可以早点洗完澡、吃完饭，再让孩子好好上床睡觉。

洗澡时间帮助建立良好作息

为了让孩子晚上能在固定时间入睡，建议洗澡也要在固定时间前完成。洗澡后体温会略微升高，约 1 小时后体温下降时身体会放松，让人感到昏昏欲睡。假设希望孩子在 21 点前睡觉，那么在 19 点半左右洗完澡是最理想的。

营造能安心入睡的环境

家中充满电视或游戏画面传来的声音和光线、人声嘈杂……在这样的环境中孩子很难做到早睡。

在帮孩子换睡衣、刷牙、上厕所、盖被子等为上床做准备的同时，稍稍平息家中的骚动营造安静的氛围，将电视音量转小，为孩子打造能入睡的环境吧！

给孩子读一本绘本或讲一个故事等，制定一个睡前固定的动作，孩子也比较容易了解"这个结束后就要睡觉了"，这称作"睡眠仪式"。在家人的温暖陪伴下将其变成每天的一种固定习惯是很重要的，当然睡前再习惯说声"晚安"就更好了。

美味又营养的均衡饮食
关注宝宝的饮食需求

用新鲜食材打造均衡营养

饮食的真谛是开心享用可口的食物，不光是味道，使用新鲜食材以令人安心的方式烹调，营养均衡也是美味的一大关键。虽然 1～3 岁的孩子可吃和大人几乎相同的食物，但消化器官的构造尚未发展完备。用来细细咀嚼食物的牙齿和下巴的肌肉及骨骼未发育完全。因此配合成长速度，摄取营养均衡的食物相当重要。

富含优质蛋白质的食材

牛奶　猪肉　　牛肉　黄豆粉　黄豆粉　肝脏　鱼　豆腐　鸡肉　芝士　鸡蛋　豆腐

羊栖菜　牛奶　海带　芝麻　羊栖菜　芝麻　小鱼干　海带芽　海苔

富含矿物质的食材

富含维生素的食材

菠菜　小油菜　春菊　西蓝花　橘子　柿子　胡萝卜　韭菜　土豆　草莓

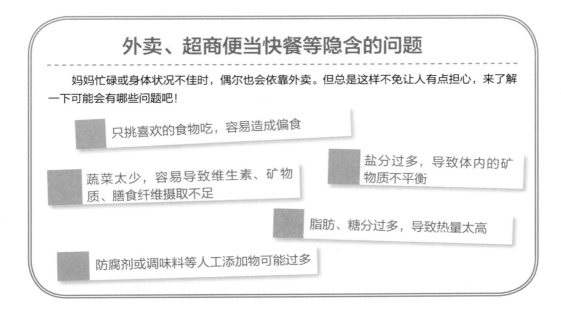

外卖、超商便当快餐等隐含的问题

妈妈忙碌或身体状况不佳时，偶尔也会依靠外卖。但总是这样不免让人有点担心，来了解一下可能会有哪些问题吧！

只挑喜欢的食物吃，容易造成偏食

盐分过多，导致体内的矿物质不平衡

蔬菜太少，容易导致维生素、矿物质、膳食纤维摄取不足

脂肪、糖分过多，导致热量太高

防腐剂或调味料等人工添加物可能过多

以蛋白质为主，搭配维生素和矿物质

幼儿期的孩子正值成长期，身高会不断增长。因此需要大量制造骨骼和肌肉所需的蛋白质，另外还有维生素和矿物质（特别是钙和铁质）。

在辅食的阶段较少喂宝宝蛋白质的妈妈们，1 岁起的幼儿食品须多摄取富含蛋白质的肉和鱼、鸡蛋、黄豆等，同时也要摄取蔬菜、水果、藻类等，从中摄取维生素和矿物质，多花点心思为宝宝打造营养均衡的菜单。

一般而言，小孩都比较喜欢拌饭或咖喱饭、三明治等将主食和配菜混合而成的料理；而比起单一食材如可乐饼或炸肉球等，将数种食材混合成的菜色会较受孩子青睐。

虽然口味清淡是基本，但比起口味，孩子更不喜欢不容易咀嚼的食物，建议将食材切小块并煮软烂些。

三餐外加一次点心

幼儿期时，从三餐就要摄取到所有需要的营养并不容易，因此还需要吃点心。需建立"三餐加上点心"的作息，让孩子均衡摄取成长所需的营养。

不过 1 岁和 3 岁孩子的食量毕竟不同，就算是同年龄的孩子的食量，也会依体型而有所不同。

另外，这个时期也是食量不稳定的高峰期，不要太在意每天摄取的量是否相同。

别老是烦恼"今天没有吃什么蔬菜"，以 3 天或 1 周为一个周期，确保孩子在周期内摄取到均衡的营养，并以轻松的态度来进行营养管理即可。

饮食以清淡为主

从幼儿期就开始吃调味重的食物，长大自然也会喜欢重口味，容易罹患高血压。摄取过多糖分、脂肪及盐分，会导致肥胖和生活习惯病，所以从孩子小时候起就要在饮食生活上多下功夫。

幼儿期应设定为大人调味的二分之一左右的清淡口味。注意别让孩子吃如咖啡等具刺激性的食物及容易引发食物中毒的生食。

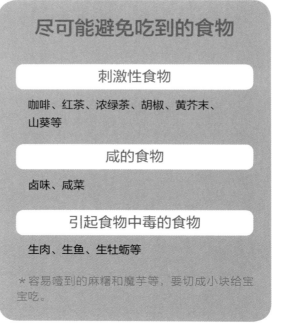

尽可能避免吃到的食物

刺激性食物

咖啡、红茶、浓绿茶、胡椒、黄芥末、山葵等

咸的食物

卤味、咸菜

引起食物中毒的食物

生肉、生鱼、生牡蛎等

＊容易噎到的麻糬和魔芋等，要切成小块给宝宝吃。

若发觉孩子胃口小或偏食时

有孩子天生胃口就比较小，不要因为觉得孩子吃得不够多而强迫进食，结果反而让孩子讨厌吃饭。对食物的喜好会随着成长而转变，也可能依心情而定，因为孩子好几次不吃某种食物，而断定孩子讨厌吃某种食物，其实并不妥当，因为这样可能会让孩子深信自己"不喜欢吃……"，千万要小心。

就算当下不吃，也有孩子在妈妈几周内试着改变烹调方式后，就愿意吃了。

别强迫孩子吃他不喜欢的食物

把孩子讨厌的胡萝卜切碎后加进汉堡，可能让孩子也不喜欢吃汉堡。而就算将讨厌的食材特别处理加进料理后没被孩子发现，也不能算是克服了偏食。

除了担心营养不均衡，不要过度勉强孩子！

不让孩子吃太多点心

吃不下正餐也可能是点心或牛奶等饮料摄取过多。果汁含有许多糖分，若在正餐前喝了，可能会让孩子觉得不饿就不吃饭了。

别因为没有吃饭就给孩子点心，抱着让孩子饿一顿也罢的心情，狠下心来别给他点心和牛奶吧！

大家一起开心用餐

若妈妈贯彻"逼孩子吃饭的人"的角色，总是盯着孩子吃东西，在这种环境下孩子也会渐渐失去食欲。别让吃饭成为义务，打造欢乐的用餐气氛吧！

身处于自在的环境或大家围着大盘子随意用餐的环境中，孩子也会自然而然吃下许多种食物，根本不需要担心偏食的问题。

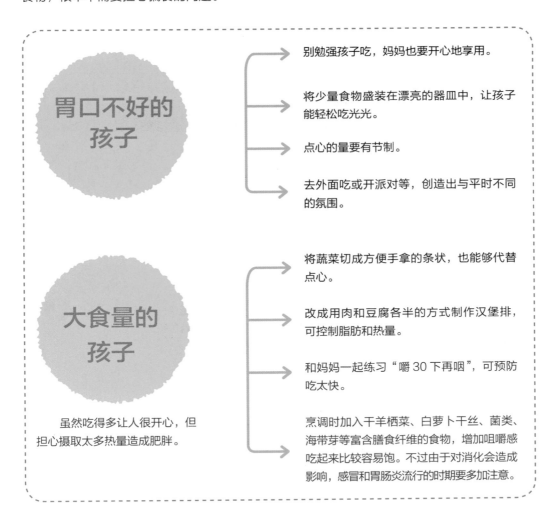

胃口不好的孩子

→ 别勉强孩子吃，妈妈也要开心地享用。

→ 将少量食物盛装在漂亮的器皿中，让孩子能轻松吃光光。

→ 点心的量要有节制。

→ 去外面吃或开派对等，创造出与平时不同的氛围。

大食量的孩子

虽然吃得多让人很开心，但担心摄取太多热量造成肥胖。

→ 将蔬菜切成方便手拿的条状，也能够代替点心。

→ 改成用肉和豆腐各半的方式制作汉堡排，可控制脂肪和热量。

→ 和妈妈一起练习"嚼30下再咽"，可预防吃太快。

→ 烹调时加入干羊栖菜、白萝卜干丝、菌类、海带芽等富含膳食纤维的食物，增加咀嚼感吃起来比较容易饱。不过由于对消化会造成影响，感冒和胃肠炎流行的时期要多加注意。

用游戏和运动锻炼体力
用全身玩耍促进亲子关系

孩子培养基础体力的时期

1~3岁是好好锻炼孩子基础体力的时期。孩子学会走路后，除了带去散步等，尽量多花时间在外头玩耍外，在家中也要多进行能活动身体的游戏。

这个时期如果能彻底活动身体，能使孩子运动神经更发达，使其就算摔倒也不容易受伤。

活动手指也是一种运动

跌倒的练习

刚学会走路的孩子很容易跌倒。让孩子在棉被等柔软的地方练习前滚翻和倒立吧！倒立能够训练背部肌肉和腕力。

玩球游戏

满1岁能牢牢抓住东西后，就可以做滚球或简单的篮球等球类运动，一开始可以从慢慢推球练习。

积木和乐高

不光是让手变得更灵巧，也具有刺激智力发育和培养想象力的功效。乐高要选择凹凸较大、较容易拿捏的，让年龄还小的孩子也能开心地玩。较小的积木会有误吞的风险。

虫宝宝滚来滚去

在棉被上滚来滚去。还不熟练的孩子可能会滚到不同的方向，建议可以将被子铺宽一点，能借此训练反射神经。

画画

对画画是否感兴趣因人而异。不需要勉强孩子画画，但若孩子喜欢，可以让其拿着蜡笔尽情地画。

玩娃娃

妈妈可以试着自己创作一个故事，拿布偶和娃娃演演看，对于让孩子开口讲话和学习生活秩序都有帮助。

彻底活动身体的游戏

用身体当马

　　孩子对于步行渐渐熟练后，就能保持平衡，可以坐在大人背上而不会掉下来。不过仍需注意避免让孩子不小心往后翻。

　　只有一位大人时，可以让孩子坐在卷起来的棉被上轻轻摇动，借以练习平衡。

利用公园的游乐器材

　　让孩子吊在单杠上在下方接住或放到溜滑梯处，或让孩子抓住爬竿等，孩子非常喜欢这些能活动全身的游戏。

在家里进行障碍赛跑

　　让孩子爬上卷起来的棉被，钻过桌子，在床上拉绳跳过去等，有许多能在室内进行的活动。特别推荐在下雨不能去公园的无聊日子进行。这个时期就是要让孩子的身体充分地活动才行。

前滚翻

　　让孩子的双手和头紧紧地贴在地板上，再将头部往身体的方向压，使孩子以正确的姿势前滚翻。

增加游戏的多样性

上下楼梯

快 2 岁时，已可上下阶梯了。尽量从较低的阶梯开始让孩子练习吧！如果孩子感到害怕就不要让他继续走了。

倒退走

让孩子在公园或草地等宽敞的地方练习倒退走。这是平常不会做的运动，大人可一起参加竞赛以增加趣味。运动机能发育快速的孩子，这个时期甚至可跳跃了。

玩水

夏天在门口放装水的水桶、脸盆或布丁杯等来玩水。就算不在泳池，孩子也能借机习惯亲水。在浴缸中玩耍时，连 5 厘米的水都有可能会溺水，所以一定要让孩子在大人看得到的地方玩。

用球推倒积木

玩滚动球推倒堆好的积木等类似保龄球的游戏。刚开始朝着目标推球可能有点困难，所以要请爸爸和妈妈先示范给孩子看。

玩具躲猫猫

躲猫猫的进阶篇，将玩具事先藏在容易让孩子找到的地方。这样的游戏同时也能训练孩子的记忆力。

躲猫猫

在躲起来也能轻易被找到的小空间内进行。爸爸或妈妈边发出声音边躲在房门或窗帘后，让孩子找到。

躲猫猫是孩子最喜欢的游戏之一，能提升记忆力和好奇心，同时训练推理预测的能力。

可以高度使用手和手指的游戏

收玩具

将玩具完全收进箱子里也当作一种游戏吧！也可以玩计时游戏，和妈妈比赛谁收得快。同时也能进行生活礼仪的训练，可以说是一石二鸟。

抛接球

会越来越擅长抓球和投球。抛接球是最适合用来和孩子进行交流互动的游戏。孩子如果想玩，就要尽量陪他玩，满足他的需求。

玩黏土

孩子喜欢软乎乎的东西。黏土能够自由改变形体，玩黏土能增加孩子想象力。使用纸黏土，之后再上色也相当有趣。

折纸

接近 3 岁时，孩子的手和指头就能进行较精密的作业了。也开始会折纸了，可以从简单的开始教孩子试着折。

七巧板、益智拼图

拼图是需配合颜色和形状的游戏，能帮助提高孩子观察和推理的能力，同时也能养成对事物的专注力。可以直接选购市售的拼图或者直接拿照片和图画切割后，让孩子拼拼看。

开始和其他小朋友交流
是建立社会生活的第一步

游戏

开始与其他小朋友交流

1 岁左右的孩子多半是一个人玩，就算有其他小朋友在，也只会看看而已；到了 3 岁开始会和其他小朋友一起玩了。

会分享交换玩具，虽然有时因无法顺利应对而吵架，但通过多方面的经历，孩子会慢慢地成长。

大人应该保持从容轻松的态度，只要确保没有危险，就尽量不要开口干涉孩子间的互动。

1 岁～2 岁

开始对周遭产生兴趣

到了 1 岁前后，孩子会开始对周遭产生兴趣。试着带孩子前往有其他小朋友的公园吧！视天气情况尽量每天去 1～2 小时。

虽然不会直接上前接触，但是会一直盯着其他小朋友玩，或触摸在其身旁的玩具等。

就算没有一起玩，只要身处有小朋友的游戏场，就能刺激智能发展。

从远处看来虽然像在跟其他小朋友一起玩，但有时其实不然，因为此时期孩子仍处于"平行游戏"的阶段。即便在同一个地方做相同的事，也是自己玩自己的。

就算想让他加入正在一起玩耍的小朋友们中，他仍然独自按照自己的玩法玩耍，这是很常见的情形。

2 岁左右

不把玩具借给其他小朋友

孩子 2 岁开始会表达自己的意见。此时期的孩子一切都以自己为中心，因此常和其他小朋友发生争执。虽然在一旁看着常忍不住有些生气，但这是孩子成长必经的过程。大人们彼此间要有共识，在一旁静静守候吧！

有时虽然想要玩其他小朋友的玩具，但却不想把自己的玩具借给别人。这一时期培养孩子"想要"和"想做"等好奇心是相当重要的。

因为还无法用言语表达"想要跟你借"，常常会贸然伸手拿取，因此和其他小朋友吵架。此时不要责备孩子"任性"，尽量在一旁静静看着吧！如果有打人的举动，再压制住孩子，强行把他们分开即可。

教孩子用言语表达情绪的方法

一点一滴教导孩子用言语表达自己情绪的方法吧！父母也跟着一起说，或多说几次是重点。

①"请让我（跟你们）一起玩"

教孩子说"请让我一起玩"，才能加入小朋友们的小圈子。刚开始时父母最好在一旁跟着说。

②"（玩具）请借我"

教孩子在想要玩其他小朋友的玩具时，不要突然伸手拿，要说"请借我"。

③"请等一下"

当孩子不想把正在玩的玩具借给别人时，教他说"请等一下"。同时告诉他不可以独占玩具，要按照顺序轮流玩。

④"对不起"

在共享玩具时，偶尔会打或弄哭其他小朋友，教孩子遇到这种情形时，要说"对不起"。

能和其他小朋友一起玩

3 岁左右

到了 3 岁左右，开始能和其他小朋友一起玩耍了，这称为"共同游戏"。和其他小朋友间难免会有争执，以不要发生危险为原则，先在一旁观望即可，双方父母们彼此达成共识相当重要。

能和其他小朋友互相借玩具玩，也会为了要等着借玩别人的玩具而排队，已经学会忍耐了。

随着能说话以及和他人沟通，孩子已经能交到朋友，也能体会到和朋友一起玩的快乐。

小朋友一吵架，父母总会忍不住想上前阻止，但每次吵架都要父母介入调停，孩子间的关系是不会成长的。

小朋友就算吵架也都会马上忘记。虽说让孩子思考为什么吵架这件事很重要，但父母尽量不要去硬拉。只需记得教他们和好的时候，要说"对不起"。

252

和其他妈妈交朋友

其他同为妈妈的朋友是令人安心的伙伴

和宝宝朝夕相处，会让人不由得感到"最近很少和大人讲话"。如果有其他同为妈妈的朋友，育儿时面临的烦恼就是共同的话题。也可以一起陪孩子玩或相约去哪里，令人备感安心。

如何认识其他同为妈妈的朋友：
● 通过妈妈教室认识新朋友。
● 和在同一间医院生产的妈妈做朋友。
● 和家附近有年纪相仿孩子的妈妈做朋友。
● 在家附近的公园偶遇。
● 在儿童相关的活动会场认识。
● 多和职场或学生时代有孩子的朋友联络。

就算无法马上交到其他妈妈朋友

无法先鼓起勇气和别人说话，或者对朋友交际感到麻烦的人，不需要为了孩子勉强自己去交朋友，不妨多多前往各式各样的地方，试着找寻意气相投的朋友。

虽然有其他同为妈妈的朋友令人安心，但就算没有也不会因此无法好好带孩子。

最近在网络上也出现了许多能进行育儿相关咨询的网站和讨论育儿问题的论坛等。感到疑惑时好好利用这些渠道也是不错的方法。

就算没办法马上交到其他妈妈朋友，等到孩子和其他孩子打成一片后，妈妈们自然也会越来越熟稔。另外，不要在乎孩子的年龄和居住环境，广而浅的交往才是让友谊长久的秘诀。

地方育儿协助中心是什么呢？

由幼儿园对该地区提供育儿相关的协助就称为"地区育儿协助中心"，能提供妈妈和孩子玩耍的场地，会推荐育儿社团举办的活动，也可以通过单独面谈或电话提供育儿咨询。

育儿咨询内容包括刚搬到附近没有可以一起带小孩的伙伴，加入附近的亲子团体中却无法放开心胸，对孩子的发育有疑虑等，任何问题都可以放心地询问。幼儿园的老师经验丰富，个个都是带小孩的高手，会详尽解答所有疑问。

提供协助的幼儿园会挂上"地方育儿协助中心"的牌子。若在住家附近没有发现也可以打电话向区公所咨询。有些地区在儿童馆中也设有同样的协助中心（日本当地）。

用餐时的餐桌规矩
让用餐更愉快的基本礼仪

美味、开心、自己吃的规矩

在育儿的过程中，吃饭相关的烦恼繁多无法一一说明。当中又以边吃边玩、吃太少、偏食、习惯不佳等令许多爸爸妈妈苦恼不已。

吃饭的习惯教育的目的是"美味、开心、自己吃"，别让好好的一餐变成对孩子的折磨。一边教会孩子这个年龄应有的用餐礼仪，一边带着孩子领略吃的乐趣吧！

1 岁前

从辅食到一般食物

从辅食开始越来越接近大人食物，对食物的兴趣逐渐提升的阶段。随着手和指头变得灵巧，孩子会试图自己抓食物送进口里，不过仍无法完全掌握技巧。

制作小饭团或面包等容易让孩子抓取的菜品，来诱发孩子想自己吃的欲望。

我要开动啦！

让孩子学会饭前说"我要开动了"，饭后说"我吃饱了"，妈妈和爸爸也一起说，能帮助孩子养成习惯。

开始练习使用学习餐具

**1岁~
2岁6个月**

满 1 岁后，差不多开始练习使用吸管和杯子吧！刚开始可能会无法顺利吸起来或打翻，只要慢慢练习就会变得熟练。

[用吸管和杯子来练习]

在铝箔包插上吸管，从侧边稍加施力让孩子体会饮料进入口中的感觉。偶尔也会发生孩子想要自己拿，却压得太大力让饮料喷出来的情形。可以事先帮孩子穿上围兜避免弄脏衣物。

也可以让孩子自己拿附把手的学习杯，吸管口也要配合发育速度更换。

换成即使掉在地上也不会摔破的杯子。刚开始时由父母扶着让孩子慢慢喝。稍微熟练后在杯子里慢慢加入少量饮料，让孩子自己练习吧！

吃饭时间以 **30** 分钟为准

有些孩子会对吃饭感到不耐烦，拖拖拉拉甚至把食物当玩具边吃边玩。就算孩子几乎都在玩，根本没怎么吃，也要直接结束那一餐，而不要在意是否吃光。吃饭时间以 30 分钟为准。总是花许多时间在吃饭，反而会养成边吃边玩的坏习惯。

若孩子吃饭吃到一半就离开餐桌，跑到放玩具的地方开始玩，代表"已经不想吃了"，不需要把孩子带回餐桌让他继续吃。

孩子在用餐的时候，妈妈千万不要一下站着一下坐着动个不停。这样孩子也会因此分心而无法集中精神吃饭。吃饭时要全家一起用餐或者在孩子的旁边说说话，营造轻松的用餐时光。

练习使用汤匙和叉子

孩子之前看到汤匙和叉子都只会握着，在这个时期渐渐地有想要用来吃东西的欲望了。就算还无法灵活地运用，大人也尽量不要有阻碍孩子自己用汤匙和叉子吃的举动。

将鱼类菜品去除骨头，事先剥成容易食用的一口大小。

基本上尽量不要提供协助，让孩子自由地吃。只要为孩子准备容易用汤匙舀起和用叉子叉起的食物即可。

当孩子学会灵巧地使用汤匙和叉子时就称赞他吧！孩子被称赞后会很开心，就会用得越来越好。

刚开始时没办法很顺利地吃到食物，往往都会掉下来，甚至会全部都撒出来。别太在意四处散落的食物，事先帮孩子围上大围兜，在地板铺上塑料垫或报纸吧！

**2岁6个月~
3岁**

开始练习用筷子

到了3岁，孩子能顺手地使用汤匙和叉子后，接下来就要挑战筷子了。刚开始虽然会没办法好好拿只能抓着，多点耐心慢慢教吧！

抓着筷子
不对哦！

虽然可能会变成抓着筷子、甚至放弃筷子直接用手抓食物，此时要温柔地提醒，慢慢帮助孩子改正。

爸妈从旁协助教导孩子正确的拿法，能正确地使用筷子是需要花时间的。

挥动筷子有可能会扎到喉咙或眼睛，相当危险，用餐时绝对不能让孩子离开视线。

教导孩子吃饭礼仪

　　当孩子开始摄取一日三餐，也要同时习惯吃饭的节奏，尽量每天规律地在同一个时段用餐。为了不要让孩子因吃零食而吃不下正餐，要好好规范吃正餐和点心的时间。另外，适度的运动也能帮助消化，对习惯吃饭的时间也是不可或缺的。

　　吃饭时尽量要全家人围在餐桌旁，关掉电视，边赞美食物"真好吃"边聊聊天，努力打造气氛愉悦的用餐时光。饭前要提醒孩子记得说"我开动了、我吃饱了"及嘴里有食物时不要讲话等基本的礼仪。教孩子打造开心的用餐气氛及必须遵守的礼仪，也是很重要的。

教孩子使用词语
让孩子顺利开口说话

孩子语言发展迟缓时要注意这些事

　　快 2 岁时，较快学会说话和较慢学会说话的孩子间的差异或许会格外令人在意。自己的孩子如果比较慢才学会说话虽然会让人很担心，但焦急无济于事。别将"开口说话"视为目的，重视亲子间愉快的交流。

● 爸爸和妈妈是否乐于对话？

　　若家中的对话并不频繁，孩子也容易较晚才开口讲话。虽然不需要刻意一直说，但家长还是仔细回想自己是不是老是顾着看电视、对家庭的事情毫不关心吧！

● 不要刻意逼孩子学

　　对教孩子说话过于积极也不好。强迫孩子学讲话或在孩子说错时直接修正"说的不对！"等，都会让孩子渐渐不想开口说话。

● 等孩子主动开口

　　孩子会试图用言语对大人传达自己的需求，但大人如果在孩子开口之前就已经满足了他的需求，孩子就失去了使用言语的契机。因此切勿过度保护孩子。

● 咨询专业人士

　　除了比较晚说话，对孩子其他方面有任何疑虑，请试着咨询常看的医生或保健中心的窗口。

● 示范清楚的发音

　　当孩子比较晚开口说话时，请习惯将嘴张大为孩子示范清楚的发音，说话时务必让孩子看见嘴形。

耐心回答孩子一连串的问题

2～3岁稍微会说话的孩子会问大人许多问题。"这个是什么？"或"为什么？"等，追问个不停，大人如果随便回答或者说"等一下再说"，往往会打消孩子的积极性，所以面对孩子的疑问尽量有耐心地一一回答吧！

● 有问题的小孩很棒！

喜欢问"为什么"是孩子的特征。这些都将成为未来知识的基础，所以应看重孩子提出的每个问题。

● 不用全部回答

有时候孩子会提出令大人难以回答或不知道明确答案的问题。这种时候只要在自己知道的范围内回答就可以了。

● 无法回答时就反问孩子

孩子发问时除了求知的欲望，有时是想讲心中的答案，无法回答时可以试着反问"你觉得是为什么呢？"

应对孩子其实是相当有趣的。孩子发挥想象力的答案即便是不正确的，也不喜欢被人家直接否定。当下还是先对孩子的答案持肯定的态度吧。

是小鱼

这是什么？

尽量不要说宝宝语

如"饭饭""狗狗""车车"等宝宝语刚开始学说话时虽然可以使用，但建议不要一直沿用。当孩子说"狗狗来了"时，大人应该要说"小狗来了"，不需要特别配合孩子说宝宝语。

老是用宝宝语对孩子说话的话，孩子会误以为不需要学正确的说法。

大人也不应该刻意模仿孩子的口齿不清。因为孩子其实是想要以正确的发音说话的，只是无法说清楚才会变得大舌头；千万要避免强烈纠正孩子说不清楚的句子。

大人对孩子说话时必须使用正确的语言，并让孩子好好地理解。

当个善于聆听的父母吧

能好好地倾听他人说话的"善于聆听的人",可以巧妙地引导对方讲出心中的想法。孩子原本就想说自己的事情,若父母善于聆听,孩子的表达能力也将进一步提升。

[巧妙的答腔]

自己说话时能温柔答腔响应并聆听的父母能令孩子更放心地表达。尽量注意避免在孩子讲到一半时说"结果就这样了吧",而把孩子原先要讲的话抢走。

[等孩子说完]

听孩子说话虽然常常会令人感到不耐烦,但孩子可是很努力地在表达。父母专心聆听孩子说的话,与培养孩子说话的欲望息息相关。

[好想再多听一些]

边听边催促"后来怎么样了呢?"也是很重要的。孩子在这样的过程中会渐渐学会如何向倾听者好好地传达。

在日常生活中教孩子说话

孩子在日常生活中有许多说话和学说话的机会。说话并不是勉强就能学得来的，而是在每天会话中不断累积自然学会的。

[念给孩子听]

利用绘本让孩子学说话也是不错的选择。能让孩子在脑中将绘本中的词汇和生活中的记忆相联系，进而增加语汇。

[在游戏中]

在公园等地方指着该东西对孩子说"看，去玩滑梯吧""去荡秋千吧"等，多说几次能让孩子一一学会这些话。

[透过新体验给予刺激]

经历新体验能增加孩子的语汇。带孩子去没去过的地方，见没见过的人，看没看过的东西等，进行多方体验吧！

给孩子看电视并不能帮助学说话

电视能让孩子听音乐或看美丽的影像，相当便利；但长时间看电视除了会导致视力变差，也是让孩子语言能力发育迟缓的原因之一。

妈妈老是沉迷于看电视或上网，与宝宝的交流就会减少。喂奶或换尿布的时候，试着关掉电视或电脑显示器的屏幕，增加与宝宝视线交会说话的时间吧！

当孩子脱口而出电视广告中的某个句子时，妈妈往往会产生孩子变得会说话的错觉，因而让孩子多看电视。但其实孩子只是在模仿而已，并非将听到的句子转化成自己的话说出来。

教孩子上厕所的规矩
从包尿布到穿内裤的过程不用心急

配合孩子的成长练习自己上厕所

以孩子能走得很稳时为指标，开始计划教孩子自己上厕所吧！

只要孩子尿尿的次数减少，就能等到父母提醒时，在儿童便器或马桶上厕所了。

当开始训练上厕所后，失败次数过多，或许代表孩子的身体还不够成熟。关键在于不要心急，边观察孩子的情形边进行训练。

配合身体的成长开始训练孩子上厕所

当孩子开始在意上厕所的场所或对放在房间的儿童便器感兴趣时就可以试着开始训练了。不要错过孩子表现出的这些讯号。

有些孩子会磨磨蹭蹭或把手放在胯下等，表达出明显的讯号。不要漏看这些讯号，抓准时机带孩子去厕所吧！散步或吃饭前，在进行每个活动前先温柔地问："要尿尿吗？"或"嘘嘘了吗？"

当孩子告知大人"嘘嘘"时，往往都已经尿出来了。这是因为孩子虽然已经意识到快要尿出来了，但要忍住对他们来说还是非常困难。即便如此，当孩子有告知大人时都要记得称赞他们"好厉害""要再跟我说喔"。

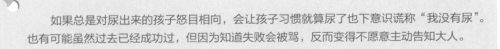

如果总是对尿出来的孩子怒目相向，会让孩子习惯就算尿了也下意识谎称"我没有尿"。也有可能虽然过去已经成功过，但因为知道失败会被骂，反而变得不愿意主动告知大人。

别忘了检查孩子的便便

从孩子身体发展的步调而言，告知大人要大便比尿尿容易。孩子的便便可以反映身体状况，所以一定要记得确认。

当孩子在马桶或儿童便器上大便时，要称赞他"好棒、你会了耶"。当孩子学会自己上大号时，代表离学会自己上小号不远了。

因为要大便时不太舒服，孩子会把屁股动来动去或因为用力而涨红了脸，此时就尽快带孩子去厕所吧！

如何改善"厕所恐惧"？

对孩子而言，厕所是狭窄又昏暗的空间。也有的孩子对臭味和冲水的嘈杂声感到恐惧。虽然和以前相比，蹲坐和坐式马桶等设备改进了许多，比以前舒适多了，但对孩子而言仍是充满压迫感的恐怖地方。

要改善对厕所的恐惧，试着营造明朗快乐的气氛吧！试着多花点心思将电灯换成更加明亮的，马桶盖换成亮色系的，放置卡通人偶以及厕所专用的玩具或绘本等。刚开始时也可以开着门；若孩子害怕冲水的声音，也可以等他上完出去后再冲水。

确认粪便是否有未消化的食物，会不会太稀或太硬。有时会看起来绿绿的或有酸酸的味道，只要不像黄疸时一样，拉出白白或掺有血丝的粪便，就不需要担心。

用儿童便器训练孩子上厕所

用儿童便器来训练孩子上厕所吧！可以放在浴室的角落，也可以放在房间直到孩子习惯为止。但是如果变成玩耍的道具便不太妥当，等孩子习惯后，要尽快将便器移至厕所。

排泄是很敏感的问题。如果父母过于认真地盯着孩子尿了没，反而会让孩子感到紧张。抱着"成功的话很幸运"的信念，用从容的态度面对吧！

①让孩子坐在便器上看看

等到孩子大小便的规律较明显时，可以看准时机让孩子坐在便器上。

②孩子习惯便器后移至厕所

等到孩子习惯使用便器后，就可以继续努力训练孩子用马桶了。试着引导孩子"这次在这边嘘嘘吧"。

③试着使用辅助型便座

在马桶上加装辅助型便座，趁孩子心情好的时候让他坐上去。等到习惯马桶之后，让孩子养成起床时或饭后坐上马桶的习惯。

太早就开始带孩子去厕所的话，他有可能会拉扯卫生纸或玩马桶的水。所以建议等到要教孩子自己上厕所时再去。

④当孩子感到反感时就停止

或许无法很快速地让孩子用便器尿尿。但不要放弃，隔一段时间后再试试看。不要强迫孩子，如果孩子对于跨上便器感到反感，请马上停止，2～3天后再尝试。

看准开始训练的时机

或许有许多妈妈听到同年龄小孩已不用包尿布时会突然感到很心急，但是除非孩子自己会分辨大小便"快要出来了"的感觉，不然训练起来会有些困难。

无法纯粹以月龄来判断能否不用包尿布。要想着"总有一天可以不用包尿布"，有耐心地应对。

● 选择稳定时机再开始

对于何时开始训练孩子自己上厕所，有个很重要的时机，要选在生活没有什么变化的时候开始。最好避开搬家、弟妹诞生、生病等时候。要算准孩子和妈妈都很稳定而且状况好的时候进行。

● 夜晚不包尿布是勉强不来的

有的孩子白天可以不用包尿布，但夜晚却总是无法或不小心尿床。可以暂时准备夜用的纸尿裤和防湿尿垫，并不需要半夜硬是叫孩子起来去厕所。

别和其他孩子比较

训练时最大问题在于父母的态度。当戒尿布迟迟无法成功，如果父母因心急而斥责孩子，就反而会有反效果。

● 别伤害孩子的自尊

如果训练孩子自己上厕所时的表现太令人失望，代表训练太早开始了。建议过一段时间，再重新开始挑战。

如果一时大意在孩子面前对别人说"我们家的小孩还在包尿布，真苦恼"或许会伤害到孩子的自尊，所以务必要注意。

训练孩子上厕所在某种意义上，也可以视为未来和孩子相处模式的基础。要谨慎处理与孩子间的信赖关系。

关于多尿和尿频

小便量多称为多尿，而小便的次数多则称为尿频。

多尿往往是因水分摄取过多所造成，也有可能是内分泌相关的疾病而导致。如果有类似 1 天喝好几升的水等令人在意的症状，可以提出来跟常看的医生讨论。

如果小便的次数突然变得频繁，小便时伴随着腹痛或发热无力等症状时，就需要特别注意了。这可能是膀胱炎或尿道感染的征兆，此时就要带孩子去给常看的医生检查看看。

如果孩子精神饱满也很有食欲，晚上也不会尿床，则可能是神经性的尿频。请天冷时为孩子穿上稍厚的裤子或裤袜，注意宝宝的保暖。

教孩子洗手、洗澡
保持清洁的习惯

教导孩子要保持个人清洁

保持个人清洁是很重要的一环，干净不光能让自己保持好心情，也是体贴顾虑身边的人的表现。

满 1 岁后，开始慢慢教孩子保持个人清洁吧。首先要从洗手、洗脸、洗澡等基本开始教起。

妈妈和爸爸要以身作则，让孩子趁早养成好习惯。

不要太过神经质

近年来推出许多保持个人清洁的产品、这些商品也被普遍地使用。保持清洁固然是好事，但若父母因此而变得过于神经质，会让孩子也变得神经质到不必要的程度。

孩子用手触摸物品或将物品放入口中，是在学习分辨该物品是不是食物，可不可以吃，是不是不能吃的东西等。因此有时候父母也应该以较放松的心情来面对。

刚开始先帮孩子洗手吧

白天去公园或买东西回家后，就对孩子说声"从外面回来后要洗手哦！"

刚开始陪孩子去洗手台，可以由妈妈先帮孩子洗手，孩子就渐渐能学会自己洗手了。而饭前也要提醒孩子一下"饭前要洗手哦"。每次都提醒是相当重要的。

自己洗脸对孩子来说恐怕还有些困难，因此就由父母用温水打湿毛巾帮他们擦脸即可。

哇！
好干净！

让孩子学会洗手的技巧

如果孩子还够不到洗手台，就先为孩子准备儿童用的踏椅吧！

试着换成动物形状的香皂盒或缤纷的脸盆等孩子喜欢的小东西吧！

刚开始时与其说是洗手，不如说是在玩水而已。即便如此还是要尽量称赞孩子"好厉害呀"。

如果洗手的时候只是在玩水，试着对孩子说"洗完手就来擦护手霜吧"。擦了护手霜或许就有点像大人的感觉，能够使孩子不再玩水。

洗头的小技巧

刚开始时只能由父母抱着孩子洗头，会出乎意料地吃力。因此随着月龄增长，试着运用不同的小技巧吧！

洗头帽

能够避免洗发精跑进眼睛和耳朵或脸被水泼到，也能帮助缓解怕水的孩子的不安。

变身！

儿童洗头椅

可以利用儿童洗头椅代替大人直接抱着。父母帮忙洗身体时，可以先让孩子坐着，但曾有坐着不小心跌倒甚至溺水的案例，因此使用时别让孩子离开自己的视线。

枕着妈妈的大腿

在浴室的地板铺上垫子，枕在妈妈的腿上洗头就轻松多了。

孩子为什么讨厌洗澡？

孩子讨厌洗澡有很多原因，可能是害怕浴室，讨厌洗头，讨厌一直泡在洗澡水里等。

若是因为害怕浴室，可以让孩子带一个喜欢的玩偶去洗澡或者将浴室打造成一个明亮愉快的空间。

如果是讨厌洗头，可以尽量快速进行，冬天时也可以用毛巾帮孩子擦拭身体或头发。若是讨厌一直泡在洗澡水里，则往往是因为水温过高，洗澡前量量看是否为适当的温度吧！

不管怎么努力孩子都坚持不要洗澡的话，先不要强迫他，暂时观察一下吧！过了 1 ~ 2 周就忘得一干二净，又变得愿意洗澡的孩子也不在少数呢。

洗完澡要擦干身体

洗完澡，有些孩子会因为开放感而光着湿答答的身体跑来跑去，教孩子学会好好地把身体擦干吧！

更衣处太热或太冷都会让孩子待不住。夏天要准备电扇，冬天要准备暖气，让孩子能好好地在更衣处擦身体或穿上睡衣。

我们家的圣诞老人

可以让孩子戴上如帽子般成圆筒状的毛巾，能有效预防头发滴水。

孩子的头发和背常常还湿答答的，大人要好好地帮他们擦干。

让孩子试着独自穿睡衣

到了 2 岁左右，孩子会变得想要独自完成所有事情。

这时可以让孩子洗完澡后，让他试着自己穿裤子和睡衣。对孩子来说，自己扣扣子还有些困难，因此睡衣要选择 T 恤式的或是套头运动衫等没有扣子的款式。

刚开始时或许会前后相反无法顺利穿好，渐渐变得熟练后，就要记得及时称赞孩子。

虽然进度会因人而异，但大致上 3 岁左右就可以开始挑战有扣子的款式了。教孩子扣子的扣法与解开的方法，当孩子不会时，大人可以出手相助，就算花比较多时间也没关系，要尽量让孩子体验成就感。

让孩子养成刷牙的习惯
婴幼儿时期的牙齿健康非常重要

养成"刷牙"的习惯

婴儿出生后 6 ~ 8 个月会开始长牙，开始长牙的时期和长牙的顺序则因人而异。

开始长牙后最令人担心的就是蛀牙的问题了。乳牙的蛀牙会影响到恒牙的蛀牙及咬合，需要格外谨慎地预防。因此，养成刷牙的习惯是相当重要的。

●让孩子喝大麦茶和白开水

真正开始教孩子刷牙前有几件必须先做的事情，吃完辅食或甜的饮料后，让孩子喝些大麦茶或白开水，可以帮助去除口中的糖分。待牙齿长出来后，饭后要用纱布或沾水的棉花棒等将牙齿表面擦拭干净。

●让孩子跟着一起刷牙

快要 1 岁的孩子开始对模仿大人的行为感兴趣，此时爸爸和妈妈要刷牙给他看。要先让孩子学会"牙齿是要刷的"。

用纱布清洁口腔

1 将食指伸入整块纱布的中央。

2 用剩下的指头紧握住纱布，让纱布完全盖住食指。

3 用食指的前端轻轻摩擦牙齿的表面。不要太用力。

纱布

等孩子开始想要仿效大人刷牙时，让他拿着儿童用的牙刷，从放入口中开始练习即可。等到 1 岁 6 个月时才需要真正好好地刷牙。

●别让孩子讨厌刷牙

追着孩子刷牙，对彼此来说，刷牙都变成压力的来源。为了避免这种情形，要从小让孩子习惯刷牙。

●边叮咛边快速进行

针对自己会刷牙这件事巧妙地称赞孩子，能让孩子对刷牙保有兴趣，在孩子刷完后问"让我看看有没有刷得很干净"，再边叮咛"刷得很棒耶。不过还有一点点残渣，我帮你弄干净哦"边迅速地帮孩子加强再清洁。

●边画圆温柔地刷

刷的时候如同画小小的圆圈般比较简单，并不需要用尽力气地刷，太大力的话会伤害到牙齿的表面和牙龈。

另外，有时候拿走孩子手上的牙刷会令他反感，另外准备一只候补专用的牙刷吧！要选择刷头适合孩子口腔大小的、小而柔软的牙刷。

●不用刷很久，刷重点处即可

如果仔细地花时间慢慢刷，有些孩子会感到不耐烦。长时间张开嘴巴，连大人都会感到疲惫，选择污垢容易堆积的地方，如牙齿和牙齿间、牙根处、臼齿的咬合面、上臼齿的外侧（靠脸颊侧）或下臼齿的内侧等较难刷到的地方，教孩子加强一下吧！

如果孩子不喜欢的话，不用牙膏也没关系，将牙刷沾湿刷就足够了。刷完再由大人帮孩子加强动作，如果能持续到小学低年级是最理想的。

开始练习用牙刷吧

到了 2 岁左右，上下排各长出 6～8 颗牙齿。此时手部动作也发育得差不多了，就可以让孩子自己拿牙刷训练刷牙了。

孩子刚开始可能只会咬牙刷或将牙刷放进口中玩，建议父母和孩子一起刷牙，让孩子看一看要怎么刷牙。为孩子选择容易握、长短合适、和口腔大小吻合的小刷头牙刷。刷牙时让孩子站在镜子前。如果已经会将杯子里的水含在口中吐出来，就能进行漱口的训练了。大人也可以示范给孩子看。

大人帮忙刷牙补充训练很重要

就算孩子开始是从大人帮忙刷，到后来可以自己刷，其实仍然不能刷得很干净，因此需要爸妈的补充训练。

刷牙的方法

用握笔的姿势拿牙刷，按照要刷的位置改变牙刷的角度和刷毛的方向。可以让孩子的头枕在父母的大腿上，如此一来除了能看清楚口腔内部，孩子也会感到安心。

1 让孩子嘴巴张大，刷臼齿的咬合面。

2 刷上排的门牙时，将上唇稍微掀起，用牙刷快速而小幅度地刷。

3 刷下排的门牙时，要将下唇稍微掀开，用牙刷快速而小幅度地刷。

4 再加强清洁一下齿缝和牙根。刷臼齿的侧面时，轻拉脸颊会比较好刷。

预防蛀牙的注意事项

蛀牙的生成与食物中的糖分、导致蛀牙的细菌、牙齿的质地有关。长牙后频繁地喝母乳或配方奶是造成蛀牙的原因，尤其是让孩子边睡边喝母乳或配方奶，需要担心孩子养成吸个不停的坏习惯。

生活中总是离不开甜食，就会增加蛀牙的风险。要让孩子规律地在固定的时间摄取三餐和一次点心，并帮助孩子养成吃完马上刷牙的习惯。

教孩子自己换衣服
孩子养成习惯也很重要

从婴儿时期开始养成换衣服的习惯

孩子满 1 岁后要帮他养成换衣服的习惯。不能认为孩子只是在睡觉，衣服不会很脏，就不帮他换衣服。

换衣服的习惯和生活作息也有密切的关系，晚上洗完澡后换睡衣，早上起来后再从睡衣换成家常的衣服……从婴儿时期就要开始帮孩子养成习惯。

在换衣服时导入游戏一起进行会更有趣，会让孩子很开心，渐渐地注意要换衣服了。

重视孩子想要自己动手的心态

1 岁前后帮孩子换衣服时，孩子已经会自己配合移动手和脚了。先帮忙穿到一半，然后说："小脚脚在哪里？小手手会跑出来吗？"试着引导孩子自己穿。此时再称赞一声："好厉害呀！"孩子会很开心，进而更加愿意自己换衣服。

从穿脱裤子开始挑战

刚开始就从穿脱裤子开始练习吧！裤子能比较简单地穿脱，只要稍微帮忙，孩子就能成功。等到会穿裤子了，接下来就朝袜子、上衣迈进吧！

挑战衣服前，先从穿脱裤子开始练习效果显著，睡衣比较宽松，比起穿脱普通的衣服更为轻松。

● 从容易穿的衣服开始练习

刚开始先挑选如运动衫款式、从上往下套的睡衣。先帮忙套到头的一半，然后对孩子说"试着把头探出来看看"。

接下来边说"把手伸出来"，指挥孩子将手肘穿过袖口，通过口头指引带领孩子一步步自己完成。

● 让孩子体验"我办到了"

裤子则是脱的时候容易，穿起来却有些困难。常常会发生弄错前后、将两只脚伸进同一边的裤管等情形。需要先确认前后，然后坐着将脚一一伸进裤管中，再站着将裤子拉起来……孩子快满 3 岁时，已经渐渐能够扣上和解开扣子了。睡衣的纽扣通常比较大，比较适合让孩子练习。

到了 2 岁时，孩子虽然什么都想自己来，其实还无法做得很好。

当孩子试图自己换衣服，动作慢又穿得不太对时，往往会让在一旁看着的妈妈感到心急，忍不住"快一点，快一点"连声催促。

但这时期的孩子，无法做得又快又好，是理所当然的。尽可能预留充裕的时间，陪孩子努力到最后吧！

●做不到的时候陪孩子一起完成

穿到一半无法顺利进行，孩子哭闹着说"妈妈弄"的时候，妈妈要出手帮助孩子一起完成。

就算孩子做得不对，也不要脱口就说"我就说妈妈来弄吧"等否定孩子兴致的话，更别将衣服脱下来再干净利落地重新穿好。

请采取慢而浅显易懂的方式教孩子。

每次扣错就得重来，会令孩子感到不耐烦，因此刚开始时先由爸爸或妈妈扣好最上面和最下面的扣子，剩下再交给孩子自己来！

虽然要花一些时间，但之后就会渐渐变得熟练了。就算过程中没有办法顺利扣好，还是要记得最后一定要称赞孩子"好厉害哦"。

穿脱衣服的诀窍

教孩子轻松穿脱衣服的诀窍。只要掌握诀窍，就能大幅度减少失败的概率。练习时从前后容易分辨、纽扣少的衣服开始，而袜子要选择没有左右之分的。

裤子或裙子先将正面朝上放好会比较容易穿，从坐着慢慢将脚伸进去开始。

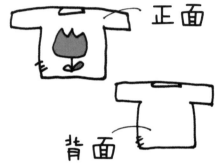

有图案的要朝前、口袋要在下面等，教孩子分辨这些的方法。

上衣将正面先朝下方摆好，孩子会比较容易穿。

较难分辨正背面的衣服就要先缝上装饰图案等，为孩子做标记。

儿童服装的选择

儿童服装最好选择容易穿脱又便于清洗的。材质以棉质尤佳，尽量避免会导致孩子行动不便或有太多装饰而不利于清洗的设计。这种衣服就算孩子弄脏，父母也能以"只要洗一洗就好"的态度轻松面对，对这时期活动变得更频繁的孩子是最适当的选择，切勿以怕弄脏衣服为由，限制孩子玩耍的自由。

另外，选择衣服时以是否方便孩子自己穿脱为第一考虑。不要因为可爱而选择扣子在背后等的款式，这样对孩子的穿脱练习没有帮助。刚开始尽量选择没有扣子和拉链的款式，等到熟练后再渐进式地选择有大扣子、拉链很容易拉的款式。

教孩子收拾并不容易

整理对大人而言是件麻烦的事，对小孩而言就更麻烦了。因此，如果没有人干涉，常常会演变成衣服脱了就放着、饭吃了餐具就摆着的情形。但至少脱下来的衣服要放到洗衣篮，脱了的鞋子要摆放好，玩具要收到指定的地方等，都算是有心就可以马上做到的，因此还是一点一滴地教会孩子吧！

● 用心让整理变有趣

收纳玩具的地方，可以是纸箱或抽屉式的收纳箱。尽量指定容量较大的容器，并规定只要放进去就算收好玩具了。一边趁机会告诉孩子"娃娃放在这里，会感冒哦"或"房间干净好舒服哦"等需要整理的原因何在。

满 2 岁之后，孩子渐渐会主动想要帮忙收拾碗盘和折衣服了，此时就尽量让孩子做。

如果嫌孩子只会帮倒忙而不让他帮忙，渐渐地孩子就会认为整理并不是自己的工作。只要孩子有心就让他帮忙，同时也别忘记说"谢谢"和称赞他"你好棒"。收拾整理的工作靠成就感的累积，就能越来越上手。

教孩子学会规矩
从愉快的打招呼开始教导孩子

为了过愉快的生活

随着孩子的行动范围变广，渐渐地学会和家人以外的人相处，培养其学规矩的机会也来了。

因此，孩子也开始明白打招呼，遵守秩序和时间，在公共场所不要影响到别人等社会生活所需的规则和秩序。千万不要以为"因为还小，所以应该不懂"，从小配合孩子的成长慢慢教导，十分重要。

打招呼是基本的礼貌

打招呼在家庭生活以及和其他人交流时，都是最为重要的。"早安""晚安""我开动了""我吃饱了"等招呼是基本的礼貌，在家里要好好教孩子养成习惯。

打招呼时，要面带笑容而精神饱满。就算是还不会讲话的孩子，爸爸妈妈以身作则打招呼，孩子就会自然而然地学会。

当孩子忘记打招呼时不需要说"要打招呼"之类的话来强迫孩子，要先由爸爸妈妈示范开心地打招呼，来慢慢让孩子学会，打招呼能使人际关系更为和谐。

在公共场所和外出时应该遵守的礼仪

必须要慢慢教会孩子一些在人多的公共场所的礼仪，如电车或公交车上、医院、公园和餐厅等需注意的礼仪。

[不要大声喧哗]

不要只要求孩子"安静一点"，要让孩子明白为什么要保持安静。比方说去医院前，要反复对孩子说"因为有人身体不舒服，所以要保持安静哦"。

[不要乱丢垃圾]

让孩子知道为了保持大家共享空间的舒适，所以不能乱丢垃圾。在外面制造的垃圾，就带回家吧!

[不要擅自离开座位，不乱跑]

在公交车或餐厅乱跑会影响到别人。如果不小心跌倒或撞到别人，对孩子来说也很危险。要彻底让孩子明白为何会发生那些危险。

[不要擅自乱摸]

去买东西时，不要让孩子擅自伸手触碰商品，尤其是食品类的商品，父母千万要注意，别让孩子乱碰。

教孩子交通规则

在外面走路时要尽量牵着孩子的手，依遇到的路况边走边一一提醒孩子要注意的事项，如"遵守交通信号""要走斑马线""要走人行道""不要从车辆前方或后方穿越""不要突然冲到马路上"等。

这些是孩子自我保护的重要大事。大人除了要好好以身作则外，从孩子小的时候就不断、反复地教他们，这也很重要。另外，走路时，父母也要尽量走靠车道这边，以保护孩子。

要遵守交通信号

要走斑马线

牵住孩子的手，父母走在外侧

不要从车辆的前方或后方穿越

第 5 章

疾病的知识和
基本处理方式

找到固定的医生
咨询固定的儿科医生比较放心

建议选择儿科医生

婴儿、幼儿的身体和大人并不相同，不管是容易罹患的疾病和患病的征兆等往往都有自己的特点。因此，找到了解儿童疾病的医生相当重要。

要找到儿科医生，可先参考医院布告栏或网页上的"门诊医生时间表"。通常会将医生最擅长的领域写清楚。

找到值得信赖的医生较令人安心

要为孩子找到固定的医生，与其选择以治疗重大疾病为目的设立的大型医院，不如就近前往家附近的儿科诊所较为恰当。

不仅是孩子生病时，平日通过健康检查和打预防针等机会，也能让医生了解宝宝发育的情形、个性和性格，对爸爸和妈妈来说能发挥极大的安心的作用。

当然，大医院也能够对宝宝的健康进行诊断及对育儿提供许多建议。

爸妈和医生间，也有所谓的投不投缘，平常就可以先向其他妈妈前辈们打听，避免有需要时手忙脚乱。

为孩子挑选最适合的医生

为了能将婴儿或幼儿放心地托付，以下介绍几个选择医生的重点。

①要做更进一步检查时，能转入专门医院的医生

有时候医院的规模并不足以提供必要的检查和治疗。值得信赖的医生，能够针对状况判断是否已超出能提供协

助的范围，而迅速与配合转入的医院取得联系。

②会仔细回答妈妈和爸爸提出的疑问

细心地看诊当然不在话下，最好是即便话不多，也会好好倾听并一一回答爸妈提出问题的医生。

③会仔细说明疾病和症状的变化

一般而言，好的儿科医生会先为家长说明是何种疾病，现在处于何种状态，该如何治疗等。同时，给予必要的药物和注射，避免造成宝宝身体的负担。

如果只对陪同的家长宣告疾病名称而不多加说明，就直接开药或打针，当然会令人无法放心。

以上 3 点虽然都是重要的参考指标，但实际前往接受诊疗时的印象也是参考的要点之一。

掌握所在地的生活情报

新手妈妈或刚搬到新居住地时，要为孩子寻找适合的医生并不容易。虽然全然相信媒体或网络上的信息并不妥当，但事先了解住家附近的相关信息，迟早能派上用场。

先向在儿童馆、育儿社团认识的妈妈或邻居妈妈们，了解她们常去看或口碑良好的医生，也不失为一个好方法。

"A 医院虽然看很慢但很仔细""B 医院的小儿科固定每周一天看诊""C 医院习惯开很多药"等，从中可以得到许多相当具体的信息。以这样的地区性信息为基础，再考虑孩子的状况和与父母是否契合，挑选可以长久地守护孩子健康与成长的医生吧！

如何顺利与医生配合

对亲自带小孩的爸妈而言，固定看的医生是很值得信赖的伙伴。在孩子生病时，如果能在短短的看诊时间中，达到良好的沟通就能使人放心许多。

当觉得"好像不太适合……"时，把问题都推给医生而焦躁不已的做法是有待商榷的。前来看诊的您，表现出的态度是否令医生感到困扰，或许也必须要好好自我审视一下。

要和医生保持长远而良好的关系，父母们要注意：

（1）不要总是要求医生。

（2）不要用责备的口气对医生说话。

（3）疑问要依序一一提出。

只要留意这些地方就能减少和医生之间的误会，进而达到良好的沟通。

为了在短暂的诊疗时间中顺利表达

小儿科的等候区聚集了各式各样的疾病，常常发生孩子明明没生什么重病，却因为去医院，反而染上流行性疾病的情形。

为了在短暂的诊疗时间中有效地被看诊，留意下面几点能有所帮助。

（1）穿着容易穿脱的服装。

（2）健康检查或预防接种要先预约。

为了不要让孩子在等候区与其他生病的宝宝接触，事先预约是很重要的。

（3）带着写有症状的便条前往。

带着写有症状细节的便条前往，能让看诊更顺利。另外，为了避免孩子在等候区跌倒或奔跑，看诊完后千万不要久待。

看诊时必要和方便的道具

母婴健康手册和门诊病历，事先收在袋子里。看诊时间可能较长时，准备好尿布、牛奶、替换的衣服等就能放心了。

- 母婴健康手册
- 门诊病历
- 现金
- 写有症状的便条
- 塑料袋
- 尿布
- 毛巾
- 替换的衣服
- 卫生纸
- 牛奶
- 水壶

小儿科看诊用便条

特别在意的症状

□ 鼻喉   [①何时开始
             ②何种症状

□ 肚子   [①何时开始
             ②何种症状

□ 出疹子   [①何时开始
              ②何种症状

□ 其他担心的症状

体温图表

℃	早 中 晚 夜	℃	早 中 晚 夜	℃	早 中 晚 夜	℃	早 中 晚 夜
40.0		40.0		40.0		40.0	
39.0		39.0		39.0		39.0	
38.0		38.0		38.0		38.0	
37.0		37.0		37.0		37.0	
36.0		36.0		36.0		36.0	

月 日   月 日   月 日   月 日

现在服用的药物、前往的医院

需要先让医生知道，孩子特别需要注意的地方

检查急救箱
宝宝必备的医疗用具和常备药

准备宝宝专用的急救箱

为了避免"不小心用了大人的药品"这种误用的情形，应该事先准备宝宝专用急救箱。

急救箱的内容物

事先准备就能放心的医疗用品

肠胃药

由比菲德氏菌制成的固体状肠胃药，不管是拉肚子或便秘，都能放心服用。

退热药

就算是写有"儿童用"的退烧药，也不要让未满1岁的婴儿服用。

药用橄榄油

棉花棒沾湿后可用来清洁耳鼻，也能用于脂溢性湿疹。

消毒药

可用于擦伤或割伤等小伤口，先用清水冲洗伤口后再消毒。

拔毛夹

可以用来拔刺，或其他卡在皮肤及指甲中的东西。

放在方便拿取而安全的地方

孩子通常会对父母所使用的东西深感兴趣，急救箱应放置于紧急时能马上拿得到、婴幼儿碰不到的地方。

避免高温和潮湿

温度及湿度会影响药品的品质。急救箱应避免放置于会被阳光直射或湿气重的地方。

定期检查药品

急救箱中的药品应每半年整理一次，避免药品过期或缺失，并及时将过期的药品丢弃。同时，对未满 1 岁的婴儿原则上不使用市售的成药。发热至 38℃ 以上时，务必至儿科接受医生诊断，并依医生开的处方笺用药。

镊子

可用于夹取消毒棉花或无菌纱布，手指有许多细菌，所以不要用手直接触碰。

冰枕

发热的时候用。虽然有贩卖简易的退热枕，但还是要准备一个橡胶制的冰枕。

创可贴

用于贴在小伤口上，相当便利，但有时会引起过敏反而起疹子，需多加注意。

绷带

可以用来固定伤口，选择有伸缩性的绷带比较方便。

体温计

有水银体温计、电子体温计（包含耳温枪）、肛温计等 3 种。

消毒棉花

沾消毒药水后处理伤口用。

笔形手电筒

便于检查宝宝或幼儿的口鼻，若有小虫跑进去用来照射暗处可引诱小虫爬出。

剪刀

专门用来剪消过毒的棉花或无菌纱布，准备专用的剪刀比较卫生。

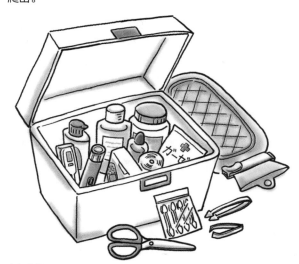

棉签

可用于洗澡后清洁耳朵，蘸取橄榄油清洁口鼻或解除便秘。

无菌纱布

可用于脐带护理，或清洁刚长出来的乳齿。

处方药的使用和保存方法
用药问题要向医生或药师确认

处方药与市售成药的差异

1岁以下的婴儿，要经过医生诊断后依处方来用药。由医生开立处方的药称为"处方药"；一般是请医生开立处方后，再去药店购买，或直接在医院交费取药。

能从药店直接购买的药称为"成药"。

如实告知医生及药师相关信息

无论何种药品都有副作用。对副作用若有疑虑，要仔细聆听医生或药师的说明。即便是相同的药品，使用方式和分量、使用者的体质不同，其功效和副作用产生的状况皆会有所不同。

常看的医生对孩子的状况能有一定程度的掌握，若是初次就诊或夜间急诊时，要尽可能让医生了解孩子的所有状况。有无服用其他药物，对药物是否过敏，过去曾因服药产生什么副作用等信息，要尽量具体、全面地说明。

正确保管药物的方法

（1）**放在孩子拿不到的地方：**为了避免误食，要慎选保管药物的场所。

（2）**避免高温潮湿或阳光直射的地方：**建议将药品装入密封容器，再放入冰箱保存，尤其是糖浆或塞剂式的药品，粉末状的药物置于阴凉干燥处即可。软膏类未开封时可放置于常温下，但开封后还是建议放入冰箱。

药物内容或相关疑问要向医生及药师确认

不要因为孩子的症状好转就擅自停止用药，应该遵照看惯的医生的指示，也不要因为出现与过去类似的症状而让孩子服用之前的药。

高明的喂药、涂药法

身体不舒服时，宝宝容易哭闹不休。采用高明的喂药法能帮宝宝或幼儿解除身体负担。

眼药

眼药膏

注意不要让软管的前端碰到眼睛。将较多量的软膏挤入眼皮下，用手指温柔的按压眼头至眼尾，让眼药膏均匀覆盖全眼。

眼药水

用大拇指和食指轻轻拨开眼皮，在靠近内眼角的眼白处滴 1～2 滴眼药水。注意不要让装有眼药水容器的前端，碰触到孩子的眼睛，否则会导致容器中的细菌增生。

※ 要趁宝宝或幼儿在睡觉的时候点眼药水。不要在孩子抵抗时硬帮孩子点药水，以避免弄伤眼睛或脸，甚至发生意外。

内服药

粉末

在粉末中加入 1～2 滴开水，搅拌成膏状后用手指蘸取，涂在宝宝的上颚或脸颊内侧，再喂宝宝喝开水。也可以将粉末溶于少量开水中让宝宝饮用。小心不要稀释过度，分量太多反而可能喝不下，要多加注意。

糖浆

精确地测量喂一次的分量后，移至汤匙再分成数次喂食。如果一口气把一次的分量全喂给孩子，可能会呛到，要多加留意。

※ 可以将药混入少量温水或果冻中再喂。注意：药品不能混入牛奶或茶水中。

塞剂

塞剂常用于给宝宝或幼儿的退烧药，可以透过直肠的黏膜直接吸收药物，药效比较快。

塞剂从较尖的那侧放入肛门后，要暂时压住肛门。

※ 在塞剂的尖端蘸水或口水，能产生润滑作用，蘸取后要尽快放入肛门。

尽早发现孩子不适的症状
不错过变化快速的婴幼儿疾病

尽早发现
宝宝发出的求助信号

彻底了解宝宝平常开心有精神时的生活作息、身体状况，就能较早发现宝宝身体上的不舒服。

因此，父母应尽可能每天待在身边照顾宝宝，预先了解宝宝健康、安静、想睡觉时的样子，在加深亲子间感情的同时，也能达到及时发现疾病的效果。

体温

宝宝的正常体温为 36.3 ～ 37.4℃，有的宝宝体温较一般的正常体温高出 1℃，也有的宝宝维持一般正常体温。体温在一天中也会有所变化，因身体的反应机制，早晨体温较低而下午较高，是正常的现象。

因此，为了判别宝宝是否在发热，了解宝宝的正常体温是相当重要的。首先在宝宝身体状况良好的时候，分别在早、中、晚固定的时间测量体温。尽量持续测量 2 ～ 3 天，可以得知宝宝体温的变化情形。

同时，注意不要让宝宝穿过厚的衣物，待在高温的环境下，避免体温迅速上升。运动及饭后，体温也会变得比较高。

体温较平日高时，往往代表宝宝身体哪里不舒服或者生病了。

求助信号

● 抱着宝宝或接触幼儿感觉"好烫"的时候。

● 咳嗽或脸色不好的时候。

● 哭闹不停的时候。

情绪

　　对于无法通过言语表达疼痛、难受的婴儿而言，哭闹是一种表达方式。

　　另一方面来说，孩子虽有点发热、粪便比较稀，但表现出的样子都和平时没有差别，也不用过于担心。

　　只要宝宝情绪稳定，爸妈可以再多加观望、心情也可稍微放松一些。

求助信号

● 不会和平常一样笑（笑声变小、表情呆滞）。

● 哭声微弱。

● 似乎不愿意让人触碰到肚子或头等身体的某个部位。

食欲

　　好好观察孩子身体状况好时的食量、吃饭习惯、喜欢的食物等细节。

　　如此一来，就能迅速发现孩子不吃喜欢的食物、吸母乳或牛奶的力量变弱等症状。

　　不需要因为吃的量较平时减少就开始紧张，但若该情形持续了一段时间、甚至体重不增反减时，就应该前往常去的小儿科，向医生咨询。

　　一定要量体温，原则上体温超过 38℃时就要就医。

求助信号

● 食量减少、食欲不振。

● 对食物的喜好或进食的样子产生变化。

● 呕吐或拉肚子。

活用儿童健康手册或育儿日记

儿童健康手册是重要的成长记录

儿童健康手册中，有婴幼儿的身高及体重的成长曲线图表，可以作为参考。但发育情形因人而异，时时对照标准数值，其实没有太大的意义；自己孩子身高或体重的增加速率，是否维持在生长曲线的标准区间，才是重要的成长指标。

每个月都要测量孩子的身高、体重并记录下来。若中途发生严重脱离生长曲线的情形，就要向医生咨询。

父母合力完成育儿日记

有的爸爸因工作忙碌，而将照顾婴幼儿的责任全部交给妈妈，对于平日较少有机会和婴幼儿接触的爸爸，建议可以由妈妈将宝宝白天的情形写在笔记本上，给爸爸阅读。甚至仿照孩提时期的交换日记那样加入插图，能更添趣味。

试着将婴幼儿当天发生的事情通过简单的文章传达，爸爸也能因此更了解孩子，对于假日的育儿生活也变得更加期待。可以将笔记本视为由爸爸和妈妈两人共同打造的育儿日记。

除了记下当天的事情，也可以一并记录宝宝当天的体温、大小便次数等与身体情形相关的信息。如此一来，当婴幼儿生病时，可以从中掌握到许多线索。

与宝宝相处来建立育儿自信

　　从刚出生的婴儿到 2 ～ 3 岁的幼儿，即便精神好的时候看起来都好小、要人照顾，所以对新手父母而言，或许可以说是一连串的不安和担心。

　　因此当孩子生病时，爸妈往往会焦急不已。不过若与婴幼儿有丰富愉快的交流，做父母的也会渐渐对育儿建立起自信心。

　　看看宝宝的脸色，听听洪亮的哭声，再瞧瞧他奋力吸着乳房的表情……在这样的日常生活中，父母会很自然培养出对孩子生病的敏锐直觉和观察力。

　　放宽心，带着对孩子的爱和自信，享受与婴幼儿共度的时光吧！

哭泣

哭声就是宝宝的讯息。对不会说话的宝宝而言，哭是向爸妈传递自己意思的重要手段。但对新手父母来说，每次宝宝哭泣或许都会感到不安或很不宁静。"是不是肚子饿了？""是在撒娇吗？"等，能分辨宝宝不同的哭声是最为理想的。如此一来，当宝宝不舒服时，通过哭声发出讯号，爸妈也能渐渐理解。

通过哭声来了解宝宝的个性

敏感的宝宝常会放声大哭，有的宝宝甚至因为哭声过于凄厉，而被称为"难带的宝宝"。

每个宝宝哭泣的方式和哭声都不尽相同，请试着通过哭声来感受宝宝的个性。当能有"这么说来，今天早上的哭声好像在叫妈妈"之类的感觉时，爸妈也自然能对育儿安心。

宝宝很快就会开始学说话，哭泣也只限于短暂的期间而已。因此就当作是在和宝宝对话，花心思理解宝宝，用对父母而言最轻松的方式，愉快地和婴儿的哭声共处吧！

这种时候该怎么办呢?

宝宝放声大哭却无人搭理并不是好事,宝宝是抱着"会有人来看我"的期待在哭泣的,当宝宝哭的时候要抱抱他,让他知道"自己传递出的讯息,爸妈确实接收到了"而得到安心感。

> **有点担心
> 不会哭的宝宝**

也有完全不会哭的宝宝。不光令人感到有些文静,也比较少笑,不会主动迎上爸爸妈妈的视线等,无法和宝宝沟通的话,

往往令人有些担心,这种时候就要向医生咨询。

另外,本来会哭泣的宝宝突然变得不哭、甚至无精打采,可能是宝宝身体不舒服传递出来的讯号,必须尽快带去给小儿科医生诊断。

巧妙逗弄宝宝的方法有:

> **逗弄宝宝,
> 沟通交流**

❶ 有规律地轻拍宝宝的背或肚子,有时宝宝就会因此感到舒服而停止哭泣。

❷ 抱着宝宝轻轻摇晃,温柔地拥抱孩子,让宝宝用全身感受"爸爸和妈妈都在你身旁喔!"的感觉是最棒的。

❸ 转移宝宝的注意力也有一定效果,用绘本或玩具试着引起孩子的注意。

❹ 就算宝宝肚子不饿,让他吸乳房或喝少量的奶或水,也能止住哭泣,宝宝也会有想转换心情的时候。

"哭泣" 是宝宝表现自我的方式

宝宝的哭声会随着成长慢慢改变。肚子饿而哭和撒娇地哭、生气地哭等，都会逐渐转变。要试着了解婴儿哭泣的理由。

这种时候就要去医院 →
- 无精打采
- 皮肤和嘴唇干燥、眼窝凹陷
- 不停拉肚子或呕吐、脱水
- 粪便或呕吐物中掺杂血丝
- 反复突然地激烈哭泣

讨厌仰睡

有时会因仰睡的姿势而感到不安。帮宝宝改变睡姿吧！

想要打嗝

喝奶时会连空气一起喝下肚，胃部会因充满空气而感到不舒服。将宝宝直立抱着，轻抚背部帮助他打嗝。

发热

有时一发热就会马上开始哭泣，宝宝摸起来感到有些发烫的话，就赶快测量体温！

卡住了不舒服

有时宝宝会因衣服歪歪的扯到身体或摩擦皮肤感到不舒服。此时可以将宝宝抱起，试着改变睡姿或调整一下衣服！

肚子饿了

　　或许是在哭喊快快给我喝奶呢！不要太刻意地思考要间距多少时间，宝宝想喝的时候就让他喝吧！有时候也可能是因为口渴才哭，喂开水就行。

肚子已经饱了

　　宝宝身体小胃也小，却要喝下150～200毫升的奶。身体状况不好的时候，就会感到不舒服。

想要大便！不舒服！

　　或许是因为肚子（肠子）咕噜咕噜蠕动，而感到不舒服，也有的宝宝不喜欢排便的感觉。

快帮我换尿布！

　　宝宝会觉得尿布湿湿的不舒服，尽快替他更换吧！

好想睡！

　　宝宝常常会因还想玩，但是又想睡，而变得心情不好，这时就抱抱他吧！

明明还想睡的……

　　也有的宝宝睡到一半硬被叫起来也会哭。

Q&A 发生这种哭泣情形的时候

严重夜哭

宝宝快 7 个月了，以为已经可以长时间持续睡觉，没想到半夜开始放声大哭。这个情形会持续到什么时候呢？

夜哭的情形会随宝宝的月龄产生变化。3～4 个月的宝宝夜哭，通常是因为无法区别白天和晚上。

6～7 个月睡眠的作息时间已渐渐和大人相仿，晚上的睡眠会有深浅之别。浅眠时只要稍微有点声响，就会醒来开始哭泣。

夜哭也是宝宝成长的证据，通常会持续约 2 个月，过一段时间自然会好转，不要过于紧张，放宽心来面对这一段时间吧。不光是把宝宝抱起来，还可以轻拍他的背，要试着掌握能让宝宝感到安心的技巧。

傍晚 5 点时大哭

宝宝傍晚 5 点一定会大哭的情形称为"婴儿肠绞痛"。

这种情形多发生在 3 个月的宝宝，也称"3 个月腹痛"，原因目前仍不明，也可能是到了傍晚，口渴或不知为何有空腹感而哭泣！

妈妈到了傍晚容易忙于家事，没有多余的心力照顾婴儿，或许也正因如此才让宝宝觉得不开心。

要想着"现在宝宝最需要我"而将家事先放一边，抱抱并哄哄宝宝，花点时间陪陪他。

该怎么办呢

呼吸堵塞，脸部发青！

哭得很剧烈时，手脚紧缩像是呼吸停止、脸部发青。这种情形严重吗？

宝宝放声大哭，如同呼吸停止般痉挛，称为"哭泣痉挛"或是"愤怒痉挛"。是因为宝宝还小，无法顺利控制呼吸，激烈哭泣后会发生短暂缺氧的情形。

"哭泣痉挛"较严重的宝宝，会因疼痛或欲求不满而焦躁，进而发生大哭、脸色改变甚至发青的症状，此时会失去意识或发生痉挛。

刚开始爸爸妈妈会大吃一惊、手忙脚乱，但在 1 分钟内，宝宝的呼吸就会恢复正常、脸色也渐渐变得红润。多发生于 6 个月到 1 岁 6 个月的婴儿。

此状况一般不会对身体造成什么影响，而且多在 1 岁 6 个月后痊愈，不过还是在痉挛稍稍平复后，带去给小儿科医生看一下比较放心。

发热

宝宝其实很容易发热。刚开始会担心是不是生了重病从而焦心不已，首先要了解量体温的方式和如何正确地处理宝宝发热。何时该带去看医生？怎样做可以帮宝宝降温？接下来了解一下宝宝发热时需要注意的地方。

发热是一种正常的身体反应

发热大多是因为细菌或病毒感染造成，身体为了避免细菌或病毒增生，免疫系统会运作，让宝宝身体发热以对抗疾病。发热的情形能作为依据，帮助医生判断。不要擅自使用市售退热药，要依照医生的指示服用。

出现这些状况，有可能发热了？

宝宝情绪不佳，不停哭闹。　　咳嗽，脸色不佳。　　抱着时感觉全身发热。

正确的测量体温

把手放在额头上无法测知

为了准确量出体温，务必掌握体温计正确的使用方式。

不喜欢量舌温

大部分的宝宝不喜欢舌温枪，所以较少通过量舌温来测量宝宝的体温。另外要留意，舌温会较腋温高 0.3 ~ 0.5℃。

用固定的方式测量

婴儿和幼儿的体温会因人而异。在发热期间，每天必须在早晚固定的时间，用相同方式量体温，对医生的诊断有所帮助。

可以从耳朵测量

市面上有只要将尖端稍微放入耳中数秒，就能测量体温的电子耳温枪，适用于好动而不容易测量的婴儿。

量腋温

腋下温度容易受外面的温度影响，使用前务必先擦去腋下的汗水，用手臂夹住体温计测量。

量肛温

宝宝可以用固定同一姿势维持 3 ~ 5 分钟的话，也可以量肛温。肛温比腋温高 0.5 ~ 1℃。

除了发热，也要确认这些症状！

除了发热，也要观察其他的症状。就算发热了，如果活动力一如往常、食欲也正常，就不需要过于着急。

若出现持续发热、情绪不稳定、母乳或配方奶喝得较少等让人担心的症状，就需要尽快带宝宝去看医生。

- 意识是否清醒
- 脸色是否不佳
- 情绪好不好（逗弄会不会笑）
- 呼吸是否急促
- 有没有出疹子
- 是否反复呕吐
- 观察小便的次数和量
- 是否拉肚子
- 是否发生痉挛

★ 失去意识、呼吸剧烈而急促、发高热至 41℃ 以上、脸色发青时，不管是晚上还是假日，都要立刻带宝宝前往医院。

当心！

未满 4 个月的小婴儿

出生未满 4 个月的婴儿如果发热，需要尽快处理。只要发热到 38℃ 以上，不管有没有其他症状，都要赶快带去医院。即便是 37.5℃ 左右，只要有昏昏欲睡等和平常明显不同的症状，也要尽快带去给医生检查。

以发热为主要症状的疾病

感冒或急性咽喉炎等，许多疾病都会有发热的情形。请参考"咳嗽、鼻涕、出疹子、耳朵的疾病"等不同症状的内容。这里只特别介绍以发热为主要症状的两种疾病。

泌尿系统感染

泌尿系统发炎引起的发热

症状　泌尿系统是指身体中从制造到排泄尿液的器官（肾脏、输尿管、膀胱、尿道），这些器官中某处感染了大肠杆菌等细菌或病毒，导致发炎。

这个疾病的特点，是没有咳嗽或流鼻涕等感冒的症状，却引起高热。在宝宝1岁以前，应该还带有来自母体的免疫力，可降低宝宝发热的机会，若发热了，应尽早请医生检查。

处理　需要彻底杀死病菌，使用抗生素来加以治疗。另外，换尿布时要彻底清洁屁屁，防止杂菌侵入。病源有可能是膀胱到输尿管的连接不顺畅，导致尿液逆流等异常，待病情稳定后，再进行 B 超或 CT 检查。

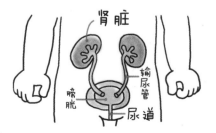

肾脏
输尿管
膀胱
尿道

川崎病

连续 5 天以上发高热，手脚或眼口发红

症状　是易发于 0 ~ 4 岁幼儿的疾病，尤其以1岁前后的婴儿较为常见。症状是持续高热，出疹子，眼睛或嘴唇、舌头发红，手脚浮肿。

目前发病原因仍然不明，但伴随着高热，会导致全身血管发炎，与身体的免疫系统有关。

处理　刚开始的症状与感冒相仿，但持续高热、嘴唇或眼睛发红的话，请务必带去给小儿科医生诊断。

经诊断为川崎病，应住院并注射疫苗治疗。开始治疗后，发热将趋缓，手脚指尖的皮肤开始脱落。川崎病有可能会导致心脏的冠状动脉产生肿瘤（冠状动脉瘤），因此后续追踪相当重要。

发热时的 **照顾重点**

有时就算发热，宝宝也会安静睡觉，不需要勉强帮宝宝保暖或降温，为了让宝宝在发热时感到舒适，要注意以下几点：

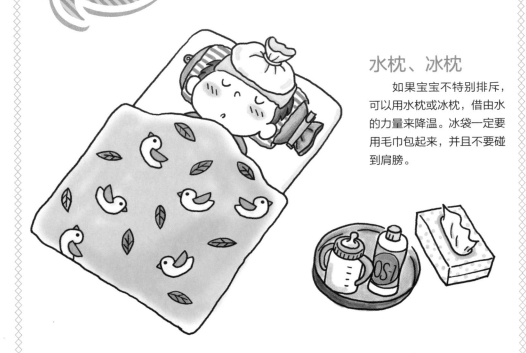

水枕、冰枕

如果宝宝不特别排斥，可以用水枕或冰枕，借由水的力量来降温。冰袋一定要用毛巾包起来，并且不要碰到肩膀。

发热时洗澡怎么办？

洗澡会消耗体力，就算宝宝看起来很有精神，也不建议在发热的时候洗澡。

退热后是否可以沐浴，也要请教医生，建议在温暖的中午，以淋浴让宝宝迅速出汗。

温度调节

将室温设定在 20 ~ 24℃，让宝宝不会太热是最理想的。若宝宝的手和脖子流汗，就是太热了，脱掉一件衣服或少盖一件被子来调节温度吧！

宝宝若流汗了，用温毛巾一边擦拭，一边帮他换衣服。也可以在背后垫一条毛巾，吸取流出的汗水。

发热时体温很高，却手脚冰冷时，应帮宝宝盖上被子，让手脚温暖。

补充水分

发热时常会出汗，为了预防脱水，必须补充充足的水分。不要让宝宝喝奶或含糖量高的饮料。大麦茶、开水或现打不加糖的果汁等，是较佳的选择。当然也可以选择婴儿用电解水。

退热药的使用方法

不过度依靠退热药

退热药虽然能暂时退热，却不能治疗引起发热的疾病，有时药效一退，体温又会上升。因感冒引起的发热大约 1～2 天就能控制，如果体温在 38℃左右但宝宝依然很有精神，先不要使用退热药，暂时观察状况吧！

依照医嘱服用

宝宝很不舒服或是痉挛发作时，为了维持体力，会建议使用退热药。退热药分成内服和塞剂两种，请遵照医嘱的剂量使用，两次用药之间应间隔 6 小时以上。

退热后又发热

病情较严重时，有时就算使用退热药也只能暂时退热，很快又会继续发热。这种时候，先向医生确认后，再视情形再次使用退热药吧！

发热时要时时留意孩子的状况

1～2 岁已经会走路的幼儿，会因高热而产生幻觉（会发生哭泣或奔跑等异常的举动）。即便孩子熟睡，也要时时留意孩子的状况。

腹泻、便秘

食物经由胃和小肠分解、吸收，化成身体所需的养分。没有被吸收的部分则被运送往大肠变成粪便，通过直肠排出体外。

因此，要了解身体内部健康与否，观察粪便状态是很重要的一环。因此，当宝宝出现"拉稀便、次数过多"等不同于平常排便的症状时，爸爸妈妈要能迅速掌握宝宝生病的讯息。

确认平时的粪便状况

月龄尚低的宝宝，粪便本来就软，排便的次数又多，母乳宝宝的粪便甚至会更稀。

排便的次数从 2 ~ 3 天 1 次、1 天 1 次、1 天 10 次等，因宝宝而有所不同。爸爸妈妈要掌握体重稳定增加、心情好、食欲佳的健康状态下，宝宝或幼儿的粪便量、颜色、硬度和次数。

便秘

粪便在大肠内停留太久，水分会被过度吸收，导致粪便变硬、排便次数减少，就算次数足够也呈现硬块状，宝宝排便时感到疼痛就称为"便秘"。

拉肚子

食物未经肠胃充分吸收，粪便较平常要稀、排便次数也比较多。有的宝宝因体质因素，天生粪便就较稀而导致误会，平常要观察宝宝粪便量、硬度、次数、气味及与吃下肚食物的关系等。

粪便检查
这些状况更要看医生

大便时，
硬便的周围有血

➤➤➤ 因为便秘而擦伤肛门，所以带有鲜血。

如米汤状白色
的水便

➤➤➤ 有类似感冒的症状，同时觉得恶心或腹泻不止的话，可能是轮状病毒引起的胃肠炎。

腹泻持续数日

➤➤➤ 腹泻不止、情绪也不佳的话，需带宝宝去医院。

腹泻且粪便中
混有血丝

➤➤➤ 可能是因为细菌所引起的食物中毒。

※ 不光是粪便，谨慎分辨发热、食欲、情绪好坏等状况是相当重要的。

不过分依靠止泻药

　　腹泻是身体将肠道中不好的东西，排出体外的一种生理反应，尤其是由细菌引起的肠胃炎，若使用止泻药，会使细菌留在体内，反而使身体的状况恶化。父母不应该擅自喂宝宝吃止泻药，需要请医生诊断才能使用。

让人担心和可以放心的腹泻

可以放心的腹泻，就先观察一下吧！

虽然宝宝拉稀便，但还是很有精神、食欲也没问题，没有其他症状，还是持续喂母乳或配方奶，观察一下状况吧！

体质引起的腹泻

因一时摄取过多水分、吃了不易消化的食物或者肚子受凉等引起的腹泻。

若腹泻频繁，或认为与特定的食物有关，也可能是食物过敏。

如果腹泻反复发生，就要带去看医生，做详细的检查。

母乳宝宝

每天喝母乳的宝宝，可能1天会拉许多次黄色的稀便或白色颗粒状及混有透明黏液的绿色粪便，这称为"单一症候性腹泻症"，只要宝宝情绪稳定、成长顺利的话，就不需要担心。

感冒引起的肠胃炎

一般来说，会引发咳嗽、流鼻水的感冒病毒，若进入肚子就会导致肠胃炎，并引发腹泻。若伴随着强烈呕吐或发热等症状时，就要请医生诊断。

让人担心的腹泻，请立刻去看医生

细菌引起的食物中毒

吃下沾有细菌的食物，引起的急性胃肠炎（食物中毒）；会引起食物中毒的细菌有葡萄球菌、沙门氏菌、肉毒杆菌、病原性大肠杆菌等。

不管是哪种食物中毒的症状，都会伴随腹泻、发热、呕吐，婴儿或幼儿即便症状不严重，也要去看医生，才能安心。

在婴儿的肉毒杆菌食物中毒里，蜂蜜是已知的感染源，所以 1 岁前不要让宝宝吃蜂蜜。

不管在卫生方面多么谨慎，食物在烹饪好后，随着时间增加，食品中的细菌也会变多。婴幼儿的饮食一定要经过烹调且做好后马上食用。

乳糖不耐性腹泻

因为体内分解乳糖的消化酶缺少或不足，会导致吃下奶类食品后产生腹泻或呕吐的症状。乳糖未经分解在大肠内发酵，会形成带有酸味的稀便，虽然有的宝宝是先天性乳糖不耐症，但大多是因感冒引起的胃肠炎，为后天所导致。

这种症状若是持续过久，会使体重减轻，对成长造成影响。若胃肠炎伴随发热、腹泻、呕吐后，腹泻仍持续不停，要再去看医生，接受适当诊断。因乳糖不耐症而引起的腹泻，有时只要将牛奶调稀一点，或改成喝豆浆就能改善。

细菌性肠胃炎

藏在生鸡肉或狗、猫、小鸟等宠物身上的细菌入侵体内所引发的肠炎，不仅会拉肚子，同时也有腹痛及发热症状。1 天会拉好几次肚子，味道浓烈且混合黏液，有时会出现血便。

饲养宠物的家庭，绝对不可以用摸过宠物或其粪便的手，直接去照顾婴幼儿。在接受医师诊疗时，也请一定要告知医生，家里有养宠物。

此外，患此病的宝宝，便便也携带病菌，换尿布后一定要记得洗手。

轮状病毒肠胃炎

天冷时特别容易发作的腹泻，也叫"白便性腹泻症"。便便会呈淡黄色，或为像洗米水般白白稀稀的水状，量多到会流出尿布外；拉肚子的次数也很多，便便的味道微带酸味，会出现呕吐，甚至引起脱水。请务必带宝宝前往医院就诊，要记得帮宝宝补充水分及电解质。

另外，轮状病毒会藏在呕吐物或便便里扩散，洗过尿布或脏衣服的洗脸台，或处理过的手都有可能成为传染媒介。换过尿布后，一定要勤洗手，避免扩大感染。此症状好发于断奶期到 2 岁的孩子，宝宝若有兄弟姐妹，得特别小心！

腹泻时的
照顾重点

用温水轻柔的清洗

　　如果持续腹泻，会使小屁屁的皮肤红肿疼痛。更换尿布时，要用温水清洗来替代卫生纸擦拭，再用柔软的毛巾吸干。

　　用湿布或湿纸巾擦拭时，动作要尽量轻柔，避免伤害皮肤。已经不用包尿布的幼儿，也要以淋浴的方式清洗屁股。

配方奶、食物要少量多餐

　　母乳宝宝就算腹泻，仍可以持续喂母乳；喝配方奶的宝宝腹泻严重时，配方奶需要泡的比平常稀数倍，或改成喂婴儿用电解水，并持续观察状况。

　　刚开始吃辅食的婴幼儿，若腹泻情况严重，只能吃米汤或蔬菜汤，逐渐复原后，才可以慢慢改成喂粥、乌冬面、白肉鱼、煮到软烂的蔬菜等容易消化的食物。

　　有时腹泻会复发，因此要暂时停止喂食含油多或凉性的食物。

勤快而足量的补充水分

　　婴幼儿腹泻，最危险的是身体流失过多水分，引发脱水症状。严重时甚至可能危及性命，因此要多加留意，多补充水分。

　　有人认为若给予宝宝水分，反而会加剧腹泻及呕吐，即便如此，水分也不会全部排出体外。请给宝宝喝充足的开水、大麦茶或婴儿用电解水。

　　牛奶若消化不全，反而会使胃肠炎恶化，因此要尽量避免。

宝宝便秘的对策

　　粪便中的含水量少、硬，排便次数少或宝宝在排便时露出痛苦的样子，就是便秘。

　　而当宝宝 2 ～ 3 天才排一次便，但是硬度普通，不需要太用力也能排出时，就不需要担心是便秘。

用浣肠一次畅通

　　用婴儿乳液或药用橄榄油沾湿棉花棒，轻轻刺激宝宝肛门的四周。有时只要这样做，宝宝便能排便。

　　如果还是无法排便，则将棉花棒前端 1.5 厘米左右插入肛门中慢慢旋转。

　　如果对象是幼儿，棉花棒无法发挥功效时，也可使用市售的开塞露。这是能把软化粪便的甘油，从肛门挤入体内的工具。浣肠后，用卫生纸暂时压住肛门。

　　使用开塞露有可能会因为受到刺激导致粪便猛烈排出，要先铺好报纸后再进行。

　　容易便秘的婴幼儿的肌肉，会随着成长逐渐发展成熟，就能渐渐以自己的力量排便了。

围绕肚脐按摩

　　为了帮助宝宝蠕动肠胃，以顺时针方向帮宝宝按摩肚子吧！

　　以肚脐为中心，如画圈般用指间轻压按摩。刚开始时划小圈，再渐渐画大圈。

　　由于是不需要服药的安全方法，也推荐孕妇或长期便秘者使用。

检查饮食与生活

　　容易便秘的婴幼儿，可能是饮食或水分摄取不足导致的。有没有规律地吃三餐呢？断奶后的幼儿，可以多摄入南瓜、胡萝卜、地瓜、菌类等膳食纤维含量高的蔬菜。

　　其他如麦芽糖、枣和菠萝，也具有软化粪便的功效。喂果汁或糖水，或让孩子多吃蔬果也有帮助。

果汁or
砂糖水

呕吐

宝宝常常会发生呕吐，但是呕吐不一定代表生病，当宝宝呕吐时，请先静下心来，回想宝宝当天的状况，或观察是否有其他异常。

宝宝的胃尚未发育完成，容易吐奶

宝宝的胃呈壶状，但贲门（胃的入口）周围的肌肉尚未发育完成，所以进入胃中的奶，常会因轻微的刺激便逆流出来。

因此出生2～3个月的宝宝，给人总是在吐奶的印象；即使宝宝常呕吐，但体重稳定增加、无其他异状，可视为生理性呕吐，不用太紧张。约6个月后，因为贲门肌肉渐渐成熟，大部分宝宝的吐奶状况会减少。

宝宝在喝奶时也喝下大量空气，当空气以打嗝的方式被排出时，奶也会不小心一起吐出来。

喂奶后，不要太快让宝宝躺卧，暂时将宝宝直立抱着，让他的下巴靠在爸妈的肩膀上，轻轻拍打宝宝的背部，在打嗝排出空气后，就比较不易吐奶。

喝完奶后，有时会有奶从口中倒流出来，称为"溢奶"，这是生理性的反应。也可以代表宝宝吃饱了，不需要过于担心。

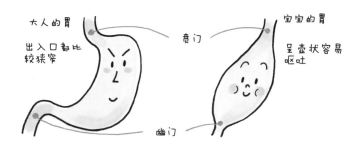

呕吐时的
照顾重点

让肠胃好好休息

因肠胃炎等引发呕吐时，1～2小时不要让宝宝吃东西，让宝宝在被窝里温暖地慢慢休息吧！

仰卧时也有可能呕吐，呕吐物若不小心进入气管，可能会阻碍呼吸，发生危险。为了避免这个风险，要让宝宝侧着睡。

建议把贲门尚未发育完全、会吐奶的宝宝抱起来，维持上半身较高的姿势。

补充水分也很重要

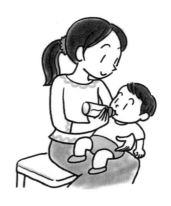

呕吐容易引发脱水，所以补充水分相当重要。

从1汤匙的分量开始，保持观察宝宝的状态，每隔15～30分钟，就让宝宝喝水一次。也可以让宝宝喝婴儿用的电解水、大麦茶、开水、稀释的苹果汁等，要避免柳橙汁、柠檬汁等酸的饮料。

不要因为呕吐停止就马上恢复平日的饮食，要边观察状况边少量喂容易消化的东西，如果是已经开始吃辅食，则要稍微回到前一个阶段，再重新开始。

保持口腔四周清洁

宝宝呕吐后，请将口腔四周擦干净，若呕吐物附着于皮肤上，有可能导致过敏。

口腔中残存呕吐的气味，导致再度呕吐的情形常常发生，所以要用沾湿的纱布，帮宝宝轻轻擦拭口腔内部以去除气味。已经会漱口的孩子，就可以通过多漱口来保持口腔清洁，同时也能够预防蛀牙。

不仅是呕吐，有这些症状时该迅速就医

若不仅是呕吐，体重并未稳定增加、发热或情绪不佳，就会令人担心。
这些症状可能会影响健康状态，请及时带宝宝去医院吧！

呕吐
+
体重未增加

先天性贲门发育迟缓症

 症状　　有的宝宝天生贲门（胃的入口）四周肌肉就比较弱。

一般到了6个月左右，宝宝贲门四周的肌肉就已发育健全，渐渐变得比较不容易吐奶了。然而，常将喝下的母乳或配方奶大量吐出，体重也没有稳定增加时，可能是先天性的贲门发育迟缓症。

对策　　早点与医生讨论，找到对应的解决方式。医生会提出许多建议，例如将母乳或配方奶以少量多餐的方式喂食、喂完奶后暂时抱着预防胃逆流等，来帮助缓解症状。

呕吐
+
体重未增加

肥厚性幽门狭窄症

症状　　有的宝宝在出生后2～4周开始，每次喝完母乳或配方奶，会以喷射的方式呕吐。而且不光是从嘴巴，甚至会从鼻子喷出来。这称为肥厚性幽门狭窄症，是一种因幽门（胃的出口）周围的肌肉天生肥厚，导致内侧狭窄，食物不易通过的疾病。

对策　　如果放任不管，配方奶和母乳几乎无法进入体内，宝宝无法吸收营养，体重也无法增加，请尽早前往医院接受医生诊断，共同商讨治疗方式。

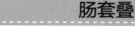

症状　健康的婴幼儿突然激烈哭闹，持续 2～3 分钟后虽然稍微停歇，但没过多久又开始激烈哭闹，每次间隔 15～20 分钟，反复哭闹后有呕吐的情形，脸色发青，四肢无力，检查尿布发现草莓果酱般的血便。若有上述的症状，就可以判定为肠套叠。肠套叠简单而言，就是肠子套进肠子内，造成坏死的疾病。

对策　肠套叠在临床诊疗上，是分秒必争的一种疾病。不管发作的时间是深夜或假日，都要立刻前往医院。好发于出生后 4 个月至 2 岁的幼儿，如果发作后 24 小时内，施以适当的治疗，大多不需手术即可痊愈。

肠套叠虽然会引起剧烈腹痛，但婴幼儿无法顺利用言语表达，因此爸妈如果可以尽早发现，将会有助于之后的治疗，请时时注意孩子脸色和情绪的变化。

其他可能造成呕吐的原因

呕吐不一定只与胃肠有关联，人类的脑部也有呕吐中枢，所以呕吐可能是因为脑部受疾病或受伤的刺激而发生。例如跌倒撞到头引发内出血时，过了一段时间后会突然开始呕吐。

另外，如果呕吐和发热同时发生，也有可能是脑炎、脑膜炎或中耳炎。

无论是上述哪种情形，都要尽快请医生诊治。

原因不明的神经性呕吐（自体中毒症）

有一种名为"周期性呕吐症"的疾病。感冒、疲劳、暴饮暴食、孩子感受到压力时，都会引发剧烈的呕吐症状，常发生于较神经质的孩子身上。从 2 岁左右开始，会在一段时间内反复发生，等到上学以后，自律神经及脑部发展完全，就会自然痊愈。

爸妈一方面要咨询医生，一方面则要温柔守护。父母也不要过于神经质，以温和从容的心情对待孩子，并为孩子打造能安心熟睡、消除疲劳的环境吧！

抽搐（痉挛）

出生 6 个月到 6 岁左右的宝宝或幼儿，在发热时有时也会伴随抽搐（痉挛），新手父母面对这突如其来的状况，都很容易陷入恐慌。但若只是暂时性抽搐，就不用太过担心。

抽搐（痉挛）的婴幼儿会出现什么症状？

为了能够冷静以对，先了解一下抽搐的样子。虽然每个孩子的情况不尽相同，但大都是以下 3 种形态。

① 手脚会用力顶推，疑似呼吸暂停，眼睛直视某处。

② 手脚或下巴会颤抖，眼睑一下张开一下闭上，反复眨眼。

③ 有时是①和②的症状同时出现，有时是出现①的现象后，才出现②的症状。

这种情况下的抽搐不用担心

愤怒痉挛
（哭后抽搐）

无须担心的痉挛之一，就是婴幼儿哭后所引发的"愤怒痉挛"。在婴儿 6 个月到 1 岁半最常见，之后这种抽搐便会自然消失。

症状　不管是激烈大哭也好、抽抽搭搭地哭也罢，孩子有时会因此憋着气，忘了呼吸，就会陷入脸色变差、嘴唇泛紫的"发绀症"，甚至因此不省人事。过一会儿后，才又开始吐气、哭，脸色随之恢复红润。

症状一旦引发，可能会反复好几次，请带宝宝就医，确认是否为癫痫等疾病。

热痉挛

出现在婴幼儿身上的抽搐，几乎都是热痉挛引起。发热超过 38℃ 时特别容易引发，有时抽搐过后发热得更厉害，甚至有些婴幼儿一旦引发一次热痉挛，往后每次发热都会发作。

症状　双手双脚会用力蹬踏，失去意识，叫名字也没有反应。这种症状一般于 2 ～ 3 分钟便会消失，就算时间长一点，也不会持续超过 10 分钟。

热痉挛一般不会危及生命，做父母的首先要冷静下来，仔细看清楚宝宝的情况，记得记录发生抽搐的时间，借此判断是否为其他疾病所引发的抽搐。

抽搐时的 照顾重点

解开衣物

发生抽搐现象时，先让宝宝安静地躺下，帮他把脖子周围的衣物解开。

确保呼吸道畅通

帮宝宝在脖子下方垫东西，例如折好的毛巾，并且头往后仰让宝宝保持呼吸顺畅。这时，吐出来的东西不小心会堵塞住气管，所以也要让宝宝侧着脸。

量体温

抽搐时，是否发热是诊断的关键，所以请记得量体温！若有发高热，给宝宝水枕或冰枕，会比较舒服。

这些动作，绝对不能做

绝对不要摇、不要压！

发生抽搐状况时，当务之急是让宝宝安静下来，绝对不可以边呼喊名字边摇他，更不可以为了抑制宝宝痉挛而按压他的身体！

绝对不要塞东西到宝宝嘴里！

发生抽搐时，家长们总是担心宝宝会咬到舌头，而在宝宝嘴里塞东西或让他咬毛巾，其实这是绝对不可以的！因为塞了毛巾反而可能造成宝宝窒息或口腔受伤，相当危险！

宝宝周围绝对不可以摆东西！

发生抽搐现象时，若宝宝附近刚好有热水瓶或暖炉等用品，不小心碰到可相当危险，所以记得要收拾干净。另外，若让孩子睡在沙发等地方，也有掉下来引发抽搐的可能！

抽搐时绝对不要乱动！

抽搐现象几乎都会在 2 ~ 3 分钟内便缓解，做父母的千万别慌张，等到宝宝的状况稍趋稳定后，再带往医院就诊。若担心感染脑炎或脑膜炎，也可以立刻叫救护车！

这些情况下的抽搐请立刻就医!

没发热却开始抽搐、发热同时反复抽搐，或抽搐现象持续 20 分钟以上时，是紧急状况，请立刻就医!

出生后立即发生抽搐现象。

抽搐时，左右两边的力道不同。

就算已停止痉挛，但宝宝却意识不清。

没发热却发生抽搐。

宝宝对于声音及光线感到畏惧，全身痉挛。

发热时，短时间内抽搐好几次，或持续抽搐 20 分钟以上。

痉挛背后可能隐藏的疾病

脑膜炎

　　大脑或脊髓的表面膜（脑膜）发炎，伴随头痛或呕吐等症状，同时产生 20 分钟左右的长时间抽搐现象。

　　主要原因虽然是病毒或细菌感染，但也不是一旦感染立刻就严重到变成脑膜炎，通常是感冒拖很久，或流行性腮腺炎等让宝宝的抵抗力下降造成的。

　　若是病毒引发的脑膜炎，虽然几乎都能痊愈，却要特别注意愈后的后遗症，有可能会造成宝宝智能发育迟缓。

　　脑膜炎这种疾病，年纪越小越难发现，请家长们千万别忽视婴幼儿发出的不舒服讯号！

脑膜炎症状如下

- 发热
- 头痛
- 呕吐
- 精神不稳
- 易昏睡
- 头盖骨肿胀

癫痫

　　癫痫，是因为大脑神经细胞紊乱失序，脑波产生异常，于是发作为抽搐的疾病。

　　此症好发于不满 3 岁的婴幼儿，随着成长发育，发作的次数会降低，甚至有人不用吃药便会自然痊愈。

　　癫痫只要早发现，早治疗，就算发作也大多能获得控制。就治疗方法来说，由于皆需长期用药，所以尽量找熟悉的医生，遵从医嘱，好好吃药！一旦自行断药或减药，反而会更加严重。

脑炎

　　主要是病毒感染引起脑部水肿或发炎，进而导致抽搐或意识不清。有时是感染麻疹等疾病后才出现的症状，最好尽早发现与治疗。

脑膜炎症状如下

- 发热
- 易昏睡、失去意识
- 有痉挛现象
- 头痛
- 呕吐

出疹

痱子、尿布疹、麻疹或德国麻疹等都长在皮肤上，一颗一颗、一粒一粒的症状，称之为"出疹"。其中包含会痒的、长得像水泡的、会传染的等各种形态，而湿疹更是公认包含在出疹里的一种皮肤病。

长疹子的时候，重要的关键之一，在于确认是否会传染。以下列出好发于婴幼儿的出疹类型，供家长参考。

不会传染、皮肤问题所引发的出疹

婴幼儿的皮肤极其脆弱，排汗作用尚未成熟，和身体的大小相比，汗腺及皮脂腺的数量也很多，所以容易产生皮肤问题所引发的出疹。

痱子

汗腺堵塞

症状 湿气和温度特别高时，婴幼儿的额头、脖子周围、腋下等容易积汗处的皮肤会红肿，长一颗一颗的疹子。这是婴幼儿汗量增加，堵住汗腺所引起。

处理 增加洗澡或冲澡的次数以保持皮肤干净，尽量让宝宝处于不易流汗的凉爽环境，2～3天便可自然痊愈。

宝宝若去挠痱子，可能会感染细菌而化脓，伤处会形成疙瘩，再严重一点还会发热、淋巴结肿大。请记得帮宝宝剪指甲，并防止他们挠痱子。若痱子有化脓的征兆时，请尽早就医！

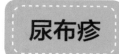

尿布疹

就算是纸尿裤也
别大意

症状　包尿布的地方红肿溃烂且伴随痛痒。一整天都包着尿布的宝宝由于便便或尿尿的关系，让整个小屁屁闷热难耐，从而使屁股受到刺激而引发尿布疹。

就算是号称"绝不闷热"的纸尿裤，也不能够长时间不换，如果长时间包着不管，是会长尿布疹的。

处理　依屁股红肿的情况而定，可用蘸热水的毛巾帮宝宝擦一擦，但别用力，轻轻地按压就好。

红肿溃烂时

若尿布疹已红肿溃烂，请前往医院就诊，遵医嘱拿药膏擦很快就会痊愈。另外，换尿布时也可以顺便帮宝宝来个坐浴（只用热水洗屁屁）或冲澡，把小屁屁彻底洗净。偶尔把尿布脱掉，让小屁屁保持干燥也很好。

尿布疹长久不愈时

就算已经好好照料，却仍然不见好转时，就有可能是皮肤念珠菌症，请尽早就医。

婴儿脂溢型湿疹

黏糊、干燥都不需要担心

症状　出生后 1 ~ 2 个月的宝宝，头部或眉毛等会长毛发的地方，有时会长出像黄色头皮屑般的疮痂，这是皮脂堆积的结果，虽然看起来黏糊糊的，但并不会痒。

长毛发的地方相对的皮脂腺也多，所以会长这种湿疹。好发于出生后 6 个月以内的宝宝，不必太担心，保持清洁就行。

药疹

仔细确认药名

症状　吃药、打针时，有时候会因为药剂而长出有瘙痒感的红疹。

处理　若宝宝吃药后便开始长疹子，请马上联络医生并听从指示。请记得确认并记录是哪种药造成出疹。

皮肤念珠菌感染

和尿布疹大不相同

症状　念珠菌是一种霉菌，喜欢在温暖、潮湿处繁殖，身体抵抗力降低时，容易附着在皮肤上而引起发炎。宝宝屁股由于尿布而容易闷热，从而成为念珠菌繁殖的温床。

处理　请医生开具药方，涂药后大约 2 周便能痊愈。
　　念珠菌症一旦涂上含有类固醇的软膏，就反而会更加恶化，请留意药膏成分，尤其是特异性皮肤炎使用的含类固醇药膏更要小心！

预防　和对付尿布疹一样，帮宝宝换尿布时，顺便洗一下小屁屁，常保洁净。小屁屁确定擦干后再包上尿布。

和尿布疹的差异

　　念珠菌感染和尿布疹的不同点，在于念珠菌感染的疹子甚至会长到皮肤皱褶，而尿布疹不会传染，是皮肤问题所引发的出疹。大部分的爸妈通常都搞不清楚这两者的差别，要是尿布疹一直治不好，就要及时带往医院就诊！

因传染而引发的出疹

出疹的时间点因人而异，有时是发热同时出疹，也有的是发热后几天才出疹。伴随发热的出疹几乎都是感染所致，请务必遵守疾病疫苗接种的时间，确定按时打疫苗，才能确保宝宝的健康。

麻疹

高热及柯氏斑点

症状　麻疹病毒借由患者的咳嗽或喷嚏传染，由于传染力极强，对免疫力尚未发育完全的婴幼儿来说，一旦和患者接触，就一定会被传染。

遭传染后 10 ~ 12 天开始出现症状，除了发高热、流鼻涕、咳嗽、眼屎（结膜炎）等，口腔黏膜有小白斑（柯氏斑点）。发热 3 ~ 4 天后全身长疹子，长疹子后 4 ~ 5 天即退热。

处理　疹子会转变成褐色，从第 7 ~ 9 天便会开始痊愈，但有并发肺炎或脑炎的可能，请小心。除了要记得给孩子补充水分，也要尽量给他安静且舒适的养病环境。孩子发高热而造成食欲减退，可以给他们吃冰淇淋、优酪乳、汤品等容易吞咽的食物。

预防　接受预防接种前，若是已知和罹患麻疹的孩子一同游玩过，在 4 天内注射 γ 球蛋白也能抑制发病。另外还有一种方法，适用于交给托儿所照顾的宝宝，那就是在宝宝出生后 6 个月左右时接受第 1 次预防接种，过了 1 岁再追加一剂。

突发性出疹

首次发热及出疹

症状　在出生后 5 个月到 2 岁之间发病，由于出生后第一次发高热，所以总是吓坏不少新手父母。39 ~ 40℃的高热会持续 3 天左右，一旦退热，便会在胸口或肚子等地方长出红疹。

德国麻疹

又称三日麻疹

症状 出疹的情况和麻疹极为相似。由于不会发热，有时在没发现是德国麻疹前，就已经痊愈了。

孕妇一旦在怀孕初期染上德国麻疹，有时会让肚子里的胎儿留下后遗症。所以如果真的周遭出现已患德国麻疹的婴幼儿，请留意别让他们靠近孕妇。

记得让1岁以上的宝宝打预防针，避免染上德国麻疹。

溶血性链球菌感染

喉咙疼痛不已

症状 由于"溶血性链球菌"附着在喉咙上，造成喉咙或扁桃腺红肿并发热，有时身体或手脚也会长出小小细细的疹子。

处理 服用10天的抗生素即可。就算已退热或喉咙不痛了，仍得继续服药，避免因细菌残留而复发，甚至可能引发肾炎或风湿热。如果爸妈也有相同症状，为避免家庭内部交叉感染，请尽早寻求医生帮助。

水痘

非常容易感染

症状 这是水泡病毒引发的疾病。传染力极强，一旦和患者有接触即等于被传染了。发病后，小小且会痒的红疹便稀稀疏疏长出来，过半天到1天就转变成水泡。再过2～3天结痂，1周便痊愈。

处理 为了避免水泡被挠破化脓，请记得帮宝宝剪指甲！若不小心挠破，要赶快消毒以免化脓。若发热不太严重，可以帮宝宝洗温水澡，以舒缓水泡带来的瘙痒感。依情况不同，有时医生会开立处方笺。

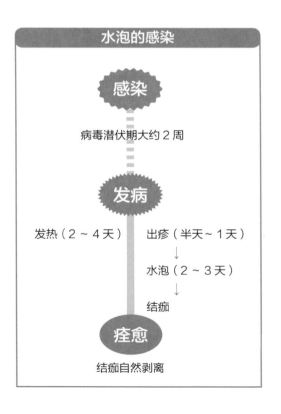

水泡的感染

感染

病毒潜伏期大约2周

发病

发热（2～4天）　　出疹（半天～1天）
↓
水泡（2～3天）
↓
结痂

痊愈

结痂自然剥离

水疱疹

因蚊虫咬或小伤口感染

症状　挠湿疹或蚊虫叮咬处，留下伤口后让葡萄球菌进入体内而感染，进一步演变成会痒的水疱。这水疱一旦破掉，细菌便飞散出来造成更多水疱。

直到痊愈前，让孩子忍耐一下不要泡澡，用冲澡的方式洗净汗水即可。

处理　医院会开含抗生素的药水或软膏。由于含类固醇软膏会让水疱疹更加恶化，所以请不要购买含类固醇的成药涂抹。

肠病毒

水泡长在嘴巴里

症状　感染Ａ型克沙奇病毒所引发的病症，孩子的手、脚、口腔都会长疹子、轻微发热，1～4岁的孩子最容易感染。长在手脚上的疹子虽不会痛，但有时那些小颗粒会演变成水疱。

处理　长在嘴里的疹子若是变成水疱，就尽量给孩子柔软、温和的食品当三餐。

肠病毒一旦罹患一次，就有可能患第二次，请家长多留意孩子的手、脚的小变化。

传染性软疣

1年便自然痊愈

症状　病毒感染所导致的疣，传染性极强，放着不管便会扩及全身。疣破掉，便会流出白白的东西，而这白白的东西流经之处，又会长出新的疣。
1～6岁的孩子最容易感染，有时在泳池或公共澡堂等地方，也会被传染。

处理　扩及全身的软疣，可前往皮肤科请医生摘除。可是就算不摘除，身体也会产生对抗病毒的免疫力，经过数个月至1年，也会自然痊愈。

过敏性疾病

基于环境或饮食生活的变化，为过敏性疾病所苦的人越来越多。就婴幼儿来说，因为皮肤特别敏感以及肠胃消化能力尚未健全，特异性皮肤炎、支气管气喘等过敏性疾病可谓屡见不鲜。

曾罹患过敏性皮肤炎或支气管病的婴幼儿，如果能通过调整生活环境增加抵抗力，症状也会渐渐减轻，甚至抑制发病。

因免疫反应异常而引发的过敏性疾病

人体里有"抗原抗体反应"的机制，可保护身体不受病毒或细菌等异物（抗原）的侵袭。可是，有时身体的免疫力异常激烈，反而伤害身体，即产生"过敏反应"，引起过敏反应的抗原，就称为"过敏源"。

会被冠上过敏性疾病的病症有过敏性鼻炎、花粉症、支气管气喘、特异性皮肤炎、过敏性休克、荨麻疹、接触性皮肤炎等。

过敏性体质容易遗传

若调查罹患过敏性疾病的婴幼儿家人，发现有人罹患这类疾病。过敏性疾病本身并非完全归因于基因，而容易引发过敏反应的体质却很容易遗传。但有过敏性体质未必会患病，过敏性疾病也未必是体质引起。

如果真的很担心过敏症状出现，可以经常打扫，把室内的可能过敏源（霉菌、壁虱、人类毛发、动物毛、头皮屑等）清理干净。再者，尽量不让宝宝穿太多、睡眠充分等，便可以提高宝宝对抗疾病的免疫力。

过敏的基本对策
把房间打扫干净!

　　避免过敏的基本对策就是"除掉过敏源"! 因此,重要对策之一便是保持房间清洁。下述各点请各位家长看看,有没有遗漏?

橱柜或书柜要
用蘸水抹布擦拭。

经常使用吸
尘器清理灰尘。

留意地毯中的灰尘
或污垢。

棉被要常晒太阳,或用棉
被干燥机杀菌。

棉被、抱枕或沙发,
要用吸尘器仔细地吸。

清洁空调。

尽量别摆放长毛
的填充玩具。

容易引发的过敏性疾病及预防方法

特异性皮肤炎

控制发痒很重要

症状 痒度甚高的湿疹会长在头部、脸部、脖子、手肘内侧、膝盖内侧等，只要是皮肤较嫩的部分都无法幸免。继而，它还依季节或各人身体状况时好时坏、反反复复，会拖很长一段时间。

长湿疹的部位及症状也会依年龄而有所不同。宝宝的头部或脸部的症状会比较严重，湿漉漉的，有时还会结痂。

由于和脂溢性湿疹的症状很类似，或许会让新手父母搞不清楚。

随着宝宝成长，从宝宝1岁左右起，湿疹便开始从手腕、脚踝往手肘内侧、膝盖内侧大肆进攻。有时，它还会渐渐干燥，变成像撒过粉后的样子。

湿疹虽大多在长大成人前便会痊愈，但最近直到成人才发病的特异性皮肤炎也越来越多了。且让我们对症治疗、好好控制病情吧！

 伴随瘙痒的湿疹一旦去抠抓就容易恶化，所以家长要记得帮孩子剪指甲，另外，也得想办法让家里婴幼儿别去抓或抠。

会和皮肤直接接触的内衣或寝具（床单等），要选择吸湿性及透气性较佳的天然材质产品！而由于毛或化学纤维包含会刺扎的材质产品，所以经常抱孩子的家长的衣服，也得经过挑选。

如果经过检查，知道是什么食品或材质引发湿疹，请遵照医嘱，避开这些过敏源！

帮孩子洗澡时，请使用温和不刺激的香皂或洗发精，让孩子皮肤常保洁净。汗、污垢或食物汤汁等会刺激皮肤，造成湿疹恶化。

医生会根据症状开给保湿药或含类固醇的（副肾皮质素）软膏。另外，有时也会开不易引发过敏的抗过敏药。若担心副作用而擅自更改用法或用量的话，反而会让症状更加恶化，所以请务必遵照医嘱使用！

突如其来的瘙痒和红肿

症状 是皮肤会肿起来，长出一大片犹如地图般的疹子，且会有强烈痒感的疾病。多由于食物引发，但病毒感染、药品、温差、食品添加剂、压力等也都可能是荨麻疹发病的原因。

荨麻疹虽不好发于婴儿，但 2 岁以上的幼儿却经常为此所苦。荨麻疹又可分成过敏性及非过敏性两种，症状严重时，连嘴唇、喉咙、眼睛都会肿大瘙痒，甚至导致呼吸困难。

处理 要舒缓荨麻疹的瘙痒感，可用拧干冷水的毛巾或冰袋冰敷，效果还不错。另外，要避免让房间温度太高，以及用温度较低的水泡澡或冲澡。

荨麻疹发病时，请先就医确认过敏源。因为原本认为是食物引起，后来却发现是动物毛发、蚊虫叮咬或药物所致的情况，也不在少数。

另外，请一定遵守医生告知的禁止事项列表！

干燥发痒的颗粒为什么不能放着不管呢？

一旦干燥皮肤放着不管……

干燥皮肤

↓

润肤功能变差

↓ · · ·

用手抠抓

瘙痒、抓破皮肤的恶性循环

湿疹反应
色素沉淀

妥善处理，帮孩子及时控制特异性皮肤炎或荨麻疹的瘙痒症状！

支气管气喘

半夜发作可不得了

症状 孩子突然发出咻咻咻、呼噜噜的声音，呼吸困难且咳得很厉害。支气管气喘，有时会发生在天气变化或精神压力过大的时候，而室内灰尘、花粉、食物、流行性感冒等病毒感染，会让症状更加恶化。

多在孩子 4～5 岁前发病，很少有不满 1 岁的宝宝的病例，但患有特异性皮炎，或一感冒喉咙就呼噜响的宝宝，过了 1 岁之后，就容易移成支气管气喘。

一旦发作，支气管的黏膜便肿大，导致空气不易流通。再加上痰很多，空气就更难通过，严重的甚至有窒息的危险。

严重发作时，嘴唇会发紫、痉挛且意识模糊。此时，就算是半夜，也请赶紧就医！

不光是感冒或食物等影响，有时因为温差或吸入冷空气受到刺激，也会导致呼吸伴有咻咻作响且开始呼吸困难，这样的孩子大多都属于特殊性体质。

当出现疑似支气管气喘的症状时，为了要在医院查明原因，请接受必要检查，并听从医生建议。此时，要仔细记录发作的状况及次数、宝宝脸色等信息，提供给医生参考。

发作情形不严重时，可以松开宝宝的衣物，让他大量喝水，以便把痰咳出来。试着让宝宝腹式呼吸，就会比较舒服。

如此仍无法舒缓时，请遵照医嘱，使用吸入性药物或药水。

支气管气喘多在半夜发作，所以若发现宝宝已经感冒，请趁白天观察一下情况，尽早带往医院就诊。

由于半夜发作会让宝宝睡不好，所以宝宝早上没什么精神，最好尽早带去医院接受诊疗！

另外，若被诊断出是支气管气喘，就得长期使用类固醇吸入性药剂。务必先找好信任的医生，在流感等传染病流行的时期里，需要特别做好健康管理！

食物过敏

正确的饮食管理

症状 吃特定食物就会引发过敏症状，我们把这些食物称作"过敏源食品"。症状包括荨麻疹、呕吐、腹泻、皮肤炎等，不一而足。

食物过敏通常是吃下特定食物后立刻或 2 小时后开始出现症状。可是，也有些经过数小时后才发病的情况。其中，甚至有因为食物过敏而陷入休克，最后危及性命的病例。严重过敏的孩子，就算仅仅只有一次发病经历，也务必去儿科咨询。医院通常备有引发休克时的急救针等。

处理 当家长觉得某样食物很可疑时，不妨一个一个地、按照顺序地不让孩子吃，持续 2 ～ 3 周观察孩子过敏的情况。

再把列为黑名单不让孩子吃的食物再让孩子吃一次，确认是否有过敏反应，就可以确切指认过敏源食品。

家长们一般有类似"会过敏，蛋不要吃"的偏颇想法，但如果限制食物，孩子成长所需的营养便吸收不到。请各位家长们向过敏专科的儿科医生咨询，遵从医嘱，医生会告知如何排除过敏源食物并提供相关的营养指导。

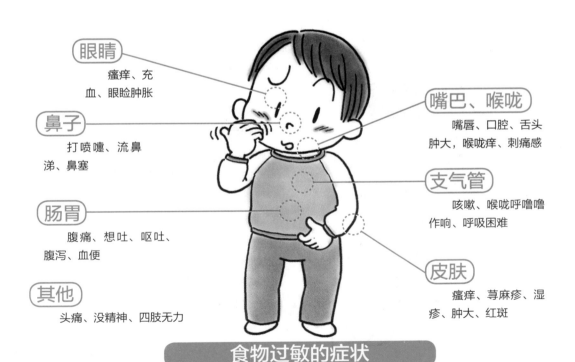

眼睛 瘙痒、充血、眼睑肿胀

鼻子 打喷嚏、流鼻涕、鼻塞

肠胃 腹痛、想吐、呕吐、腹泻、血便

其他 头痛、没精神、四肢无力

嘴巴、喉咙 嘴唇、口腔、舌头肿大，喉咙痒、刺痛感

支气管 咳嗽、喉咙呼噜噜作响、呼吸困难

皮肤 瘙痒、荨麻疹、湿疹、肿大、红斑

食物过敏的症状

咳嗽、流鼻涕、喉咙疾病

晚上，沉睡中的婴幼儿不断地咳嗽，呼吸道传出呼噜噜、咻咻咻的声音，痛苦不堪，做父母的一定很担心。咳嗽或流鼻涕可是分辨是否罹患呼吸器官疾病的重要线索。依病情发展，咳嗽的情况更是千变万化。家长务必仔细检视婴幼儿呼吸的情况！

宝宝的呼吸器官很纤细

婴幼儿的呼吸器官很小，呼吸道又细，约为成人的三分之一。因此，呼吸器官黏膜相当敏感，微小的温差或湿度变化便会喷嚏打不停，鼻塞。

宝宝对灰尘及烟雾的敏感度也比成人高，也会因此咳嗽。如果只是轻轻地咳几声，或持续咳嗽后宝宝脸色还很红润、精神也很好，就不需太担心。

咳嗽是为了把进入喉咙的异物弄出来的反射作用。轻微的咳嗽通常是为了把痰或掉进喉咙的鼻涕、水等分泌物排出体外。

由于病毒及细菌多从喉咙或鼻腔深处的黏膜进入体内，所以喉咙或鼻子易感染的疾病很多。

宝宝无法用语言告诉父母喉咙或鼻腔的疼痛感及异常感，所以有时会心情不好或食欲不振。家长若注意到异状，可以通过看孩子的喉咙来确认。

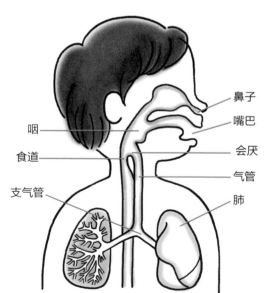

鼻子
嘴巴
会厌
气管
肺
咽
食道
支气管

创造一个让咳嗽快快好的环境

清洁空气

灰尘是咳嗽猖獗的元凶，请仔细打扫家里，想办法让灰尘销声匿迹。香烟的烟雾当然也不可以有哦！

把痰咳出来

帮孩子把身体转向，轻轻拍打他的背部，痰就比较容易咳出来。让孩子趴着也同样有效果！

补充水分

请给孩子喝大量温开水或大麦茶，以咳出卡住的痰。

室温要固定

室温如果突然改变或变动幅度很大，就有可能让孩子咳个没完。另外，尽量避免让婴幼儿直接面对户外的空气也很重要！

让空气保持湿润

请加装加湿器予以调节，湿度请不要低于 50%。如果没有加湿器，在房间里晾个湿毛巾也可以。

湿度 50% 以上

婴幼儿的呼吸有呼噜噜的声音时

宝宝的鼻子或喉咙黏膜相当敏感，就算没发炎，咳嗽、打喷嚏、流鼻涕等也绝对跑不掉。例如，早上或刚入睡时相对来说容易咳个不停，那是气温变化形成刺激所致。

另外，鼻腔黏膜敏感的孩子，只要一点点刺激便会咳嗽。有时则因为鼻涕流入喉咙才引发咳嗽。

先天性哮喘

感冒时要特别小心

症 状　吸入空气时，气管轻轻地紧缩，发出像小鸡叫的声音。这是由于宝宝的喉咙（喉头）软骨仍很脆弱。

满 6 个月左右便较不常发病，甚至满 1 岁后就会痊愈，所以家长不需要过于担心。

处 理　宝宝感冒时，呼吸变得困难，有时会因此很难吸到母乳或配方奶，所以要赶快进行治疗。

但是偶尔会有即使症状相同，检查后却发现是先天性气管狭窄症的病例，这点还请多加注意。

好发于婴幼儿的呼吸器官疾病

务必冷静观察婴幼儿的咳嗽或呼吸的情况。"什么样的咳嗽？咳多久？""和昨天有没有不一样？""除了咳嗽外，还有什么症状？"看清楚咳嗽的特征，正确就医或联络家庭医生。

感冒

轻微咳嗽、打喷嚏

 症状 病毒让鼻子到喉咙黏膜全部发炎，会出现打喷嚏、流鼻涕、轻微发热等症状。

处理 多数情况会自然痊愈，所以并不需要特别的治疗。只不过，就如同"感冒为万病之源"所述，一旦疏忽，可能会酿成大病。若高热 38℃以上且特别是 4 个月以上的宝宝，请务必前往医院就诊。在家里时请留意帮孩子补充水分，让他们安静养病。

流行性感冒

高热、喉咙痛、肌肉疼痛

 症状 流感病毒所引发的感染，感染力极强，症状比一般的感冒来得更严重。除了高热、咳嗽、喉咙痛外，婴幼儿甚至多伴随呕吐、拉肚子，所以相当耗损体力。

处理 流行性感冒偶尔会恶化成肺炎、中耳炎或急性脑炎等。
特别是已罹患支气管气喘等疾病的幼儿，会因为流感而让症状更加雪上加霜。请务必在发病 48 小时以内前往医院就诊，建议请医生开具抗流感药物处方。就医后便可以视为一般感冒，回家静养。

急性鼻炎

鼻塞好痛苦

症状　即鼻腔黏膜发炎。打喷嚏、流鼻涕、鼻塞等三大症状，是感冒及流感等固定上演的戏码。鼻塞会导致宝宝没办法顺畅地喝到母乳。

一开始只是清水样鼻涕，一旦受到细菌感染，便会变成黄黄、绿绿的脓性鼻涕。

处理　鼻塞可用棉棒刺激鼻腔，促使孩子打喷嚏，或用温毛巾热敷鼻子，如此一来便可疏通呼吸道，让呼吸顺畅些。

由于幼儿无法擤鼻涕，于是鼻水便掉到喉咙里，演变为后鼻漏，进而成为咳嗽的帮凶。若是变得严重而近乎无法呼吸时，请遵照医生指示，使用鼻腔喷剂等药品。

由于很容易演变成中耳炎，所以家长若发现宝宝鼻涕变黄，应立刻就医。

哮喘

尖锐高亢的咳嗽

症状　感染病毒以后，喉头黏膜开始发炎。就算是气管发炎，由于喉头相当狭窄，所以一旦这里发炎，便会造成呼吸困难，于是出现咳嗽。

另外，由于声带在这里，也会伴随声音沙哑的症状。起初会出现发热、喉咙痛等症状，像是感冒般地开始咳嗽。渐渐地，呼吸时，开始出现咻咻的剧烈的咳嗽。

严重一点的话，咳嗽后，脖子下方或胸部会似痛苦状地同时下陷，有时会引发呼吸困难。

处理　感冒后，若孩子出现哮吼症的尖锐咳嗽，请尽早就诊，避免让孩子在半夜时咳得更严重。

即便如此，若孩子咳到肋骨间凹陷时，不管是半夜还是假日，都请立刻就医。

婴幼儿一哭闹，呼吸就更加困难，所以也请尽量别让宝宝哭。

急性支气管炎

咳嗽咯痰

症状　这种疾病的状况是，一般的感冒一直未痊愈，到最后连支气管黏膜都发炎了。

发热越来越严重，咳嗽也从轻轻的、干干的，渐渐演变成卡着痰似的呼噜噜、咕噜噜的沉重咳嗽。

处理　一旦这种咳法持续太久，会相当耗费体力。请遵照医生处方让孩子吃止咳或化痰药。

细支气管炎

咻咻咻、呼噜噜

症状　感染呼吸道病毒等所引发的疾病。好发于不满 2 岁的婴幼儿，而不满 6 个月的宝宝也有可能感染。

由于这病症发生在支气管深处的细支气管，所以空气变得不易流通，最后酿成严重咳嗽或呼吸困难。

虽不至于发高热，但因呼吸变得困难，相对地也变得急促，咕噜噜或咻咻咻声不断，会让宝宝很痛苦。

处理　这种疾病大多会突然加重，发现孩子呼吸困难，甚至肋骨间凹陷时，请尽快就医。

呼吸道融合是什么？

是一种分布于世界各地的病毒，2 岁前的孩子几乎都感染过 1 次，特别是出生后数周到数个月间，一旦感染就可能转为细支气管炎或肺炎等严重疾病，绝对不可掉以轻心。

细菌性肺炎

呼吸伴随咔啦咔啦的声音

症状 感冒或支气管炎拖太久时，就会感染细菌进而引发这种疾病。刚开始就像一般感冒，却持续高热长达 4 天以上，咳嗽也咳痰。导致孩子脸色变差，食欲也减退，精神不济。

医生用听诊器贴在孩子胸口时，会听到"咔啦咔啦"等的声音，也可让孩子照 X 光加以诊断。

处理 细菌性肺炎有时会病情突然加重而让宝宝呼吸困难。感冒或支气管炎久病不愈或高热持续不退时，为预防万一，还是尽快带孩子去医院就诊吧！

小婴儿有时就算没发高热或咳嗽，也依然会引发肺炎。当发生感冒总是无法痊愈、呼吸急促或食欲减退等情况时，请带孩子去医院接受诊疗。

病毒性肺炎

剧烈咳嗽、发绀症

症状 孩子感染麻疹或水痘后伴随的并发症。比细菌性肺炎的症状略轻一些，但还是会发热及剧烈咳嗽。呼吸也会变得困难，甚至有时会引起发绀症（指甲或嘴唇呈紫色）。

处理 就算医生诊断出是麻疹或水痘，但家长如果对症状还是不放心，可请医生再检查一次！

好发于宝宝或小孩子的肺炎

细菌性肺炎……**好发于宝宝，1 岁以下容易重症化**

霉浆菌肺炎……**好发于 5 ~ 10 岁的孩子**

病毒性肺炎……**一旦并发麻疹等便可能形成重症**

霉浆菌

干咳长久不愈

症状　由一种名为"肺炎霉浆菌"的细菌感染所引发的呼吸器官感染症。其中大约 8 成好发于 14 岁以下的孩子，而且霉浆菌肺炎有时会形成周期性的大流行。

这疾病是借由吸入病患的咳嗽飞沫或近距离接触病患而传染。受到感染后直到发病的潜伏期相当长，为 2 ~ 3 周。症状有发热、全身倦怠感（四肢无力）、头痛、没有痰的干咳等。有时咳嗽症状会晚点才出现，退热后仍会长期持续咳嗽（3 ~ 4 周）是该病的最大特征。部分的人会转为肺炎甚至重症化。

处理　可用抗生素等加以治疗。大多数的人会在轻症时就痊愈，但若是不幸重症化时，建议住院接受专门治疗。

出现咳嗽长时间不愈的现象时，请尽快就医接受医生诊治！

百日咳

咳咳咳咳咳

症状　受到百日咳杆菌感染的一种疾病，多是借由罹患百日咳病患咳嗽的飞沫或喷嚏散播。

受到感染后经过 1 ~ 2 周才会发病。由于宝宝并不会从妈妈身上继承对抗该病菌的免疫力，所以出生不久就可能被传染，但一旦发病，就会产生免疫力了。

刚开始时会出现和感冒相同的咳嗽、打喷嚏症状，但经过 1 周左右，会转变成剧烈的咳嗽，并在吸气时发出吹笛般的"啸鸣"音，而在吐气后又会立刻倒抽一口气。

处理　感染初期即就医，可在恶化前将病情控制在某个程度。

由于未满 1 岁的宝宝会因此而呼吸困难或抽搐，所以得尽快就医。可以接种时，就尽早接种百白破三联疫苗（可以同时预防白喉、百日咳、破伤风的疫苗）。

会引发喉咙痛或红肿的疾病

　　一旦演变成扁桃体炎，喉咙就会红肿。出现扁桃体炎或慢性腺样体炎时，请立刻前往医院就诊。

扁桃腺炎

喉咙红肿、发高热

症状　喉咙两边的扁桃体发炎。主要原因是葡萄球菌等细菌或病毒感染。和腺样体一样，扁桃体也会在幼儿期成长，所以才容易发炎。发病时会出现 38℃ 以上的高热，喉咙红肿，相当疼痛。严重时，扁桃体会蓄积黄白色的脓，脖子的淋巴结也会肿起来。

处理　有些幼儿会反复罹患好几次扁桃体炎，这种情况请家长带宝宝到医院进行彻底治疗。

　　并非扁桃体比其他的孩子大就比较容易发炎。如果没出现睡眠时无呼吸，或吞咽食物困难等现象，只要多加观察，直到 9 ~ 10 岁。

腺样体炎

打呼噜等症状

症状　所谓腺样体，也叫咽头扁桃体，位于鼻咽顶部与咽后壁处。腺样体的主要功能，是阻止细菌或病毒从嘴巴或鼻子入侵人体。

　　腺样体在幼儿期会开始变大，到 6 ~ 7 岁达到高峰，之后又会开始渐渐变小。

　　每一个人在幼儿期时腺样体都很大，因此，常会出现打呼或罹患中耳炎的情形。

处理　若腺样体有点大，但若打呼不严重，不妨加以观察，直到 6 ~ 7 岁。不过，如果出现睡眠时无呼吸，或较严重的分泌性中耳炎时，还是建议前往医院诊疗。

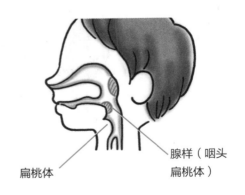

扁桃体

腺样（咽头扁桃体）

腹痛

2 岁之前，幼儿都基本还不会讲自己肚子痛。新手父母只能靠孩子的哭法、表情、身体的状况来判断是不是肚子痛。

虽然后来发现几乎都是想便便前的肚子痛，不需担心，当中却也可能有隐藏重症前兆的情况，所以请父母留意孩子便便的变化。

"肚子痛"也有很多原因

孩子的脚弯成"く字形"，并哭个不停，一碰他的肚子就哇哇大叫，就表示宝宝正在肚子痛。

到了 2 岁左右，宝宝大概就会表达"肚肚，痛痛"的意思，但这可不能照单全收，因为有些宝宝不管身体哪里痛，都会说"肚肚"。

过了 4 岁以后，明明内脏没什么问题，有些孩子却常常闹肚子，也就是所谓"反复性腹痛"，有时是"过敏性肠综合征（ＩＢＳ）"（肠躁症）所致。

这种腹痛没问题?

不需要担心的腹痛

● 有时宝宝想便便或便秘时,会说"肚子痛"。这时请以肚脐为中心帮他们打圈按摩肚子,应该会比较舒服,接下来要排便或放屁就可以放心。

● 肚子明明很健康,但有些孩子总是在饭后或排便前对肠子蠕动感到不舒服。要是感染病毒性肠炎,治愈后偶尔还会肚子痛,就有可能是"过敏性肠综合征"在作祟。新手父母们不需要太神经质,尽量在第一时间让孩子的心先安定下来!

需要担心的腹痛

　肚子痛的同时还伴随流鼻涕、咳嗽、发热、拉肚子中的某一种症状时,那就可能是疾病正在发作了。

滚来滚去哭个不停、发热、越来越痛、想吐。

反复地哭着说肚子很痛,哭一下就停。

　这种情形有可能是急性阑尾炎。若是阑尾炎,不能热敷肚子,必须赶紧去医院就诊!

　这种情形极可能是宝宝腹痛中最令人担心的肠套叠,请务必赶快去医院就诊!

头痛

　　宝宝并不常头痛，一旦头痛，就有可能是某种疾病的缘故。除了头痛外，如果还伴随恶心、无精打采、想吐或呕吐、发热或抽搐、脖子无法转动等症状时，务必前往医院就诊。

　　另外，跌倒撞到头后喊头痛时，也得赶快送医。房间空气不佳也会引起头痛，特别是冬天待在有暖气的房间时，请注意空气是否流通！

是什么情况的"头痛"？

出生后 2 ~ 3 个月

　　出生后 2 ~ 3 个月的宝宝头经常动来动去，好像很不舒服，爸爸妈妈去碰他还会不高兴。

3 个月以上

　　除了食欲减退、闹脾气外，还会晃脑袋，脖子硬而无法向前弯曲。其中，还会伴随呕吐、额头上方头盖骨肿胀等症状。

1 岁以上

　　虽然渐渐开始会讲"头痛痛"，有时会用头撞墙，借此告诉爸妈很不舒服。不过，有时也只是孩子觉得好玩，等到真的伴随无精打采或食欲减退等症状，再担心也不迟。

"头痛"有可能是这种疾病!

　　下述疾病可能是造成孩子头痛的原因,但是非常罕见。若伴随发热、想吐、抽搐等其他症状时,请尽早前往就医!若孩子一直说"头痛",最好还是带往医院接受检查。

脑肿瘤

头痛、走不稳、呕吐等症状

　　脑肿瘤就算不是恶性肿瘤而是良性,也会因为压迫头盖骨内侧而出现严重的症状。最常见的症状是早起时的头痛、不舒服、食欲减退、呕吐。另外,根据肿瘤所长的位置不同,孩子也会出现走路不稳、手脚运动麻痹、对于冷热等知觉变钝等症状。可通过脑部计算机断层扫描(CT)得知异常。

视力异常

　　有时近视或弱视等视力异常,也会造成孩子眼睛疲劳、感到头痛。

脑膜炎

　　包覆脑部的脑膜及脑部发炎,就是所谓的脑膜炎,会出现发热、呕吐、抽搐及头痛等明显症状。

　　※ 稍微大一点的幼儿,也会因为慢性鼻炎或蛀牙而引发头痛。

给孩子宽敞、舒适的环境

　　出门前往人多的地方,或者离开父母身边和不太熟悉的人在一起之类的情况,对于婴幼儿来说,都是一件精神压力很大的事,压力或疲劳有时也会导致头痛。

　　请抱着孩子,或陪孩子睡,来舒缓他们的不安与疲劳。

眼疾

由于宝宝串连眼睛及鼻子的管子（鼻泪管）还很短或是阻塞，所以容易有眼屎或眼睛充血，问题总是不断。要清楚宝宝的眼睛特征，保证他们灵魂之窗的健康！

宝宝的视力从 2 ~ 3 个月，开始一路成长到 3 岁

小孩子的眼睛在出生后，马上会感光并能分辨出爸爸妈妈的表情。视力从 2 ~ 3 个月开始，会一路渐渐成长到 3 岁左右。

一旦在婴幼儿时期产生视力异常（远视、近视、弱视），视力的发展便会受限，无法发育完全。

若孩子真的有"明明要看图画书，却好像歪着脸看"等情况时，请带往眼科接受诊疗。

鼻泪管闭塞

睡醒时眼屎很多

症状　眼睛所分泌的泪液，会经由眼睛直通鼻子的鼻泪管排出体外。由于眼泪分泌在出生后 3 个月左右会渐渐增加，所以一旦发生鼻泪管堵塞，眼屎便自然会增加。

处理　若孩子早上起床时，眼睛有眼屎，可用蘸温水的干净纱布轻轻擦拭。要是眼睛肿大、变红、挤眼头会有脓水，请带往眼科就诊。

睫毛倒插

长很多眼屎

症状　由于宝宝的脸颊圆鼓鼓的有不少脂肪，所以睫毛很容易往内长。也由于宝宝的睫毛柔软，就算睫毛倒插而长出很多眼屎，也不会伤害到眼角膜，不必太担心。宝宝 1～2 岁时，脸颊脂肪变少，睫毛倒插的情况也会获得改善，就不会再刺激眼睛了。

处理　如果宝宝 3 岁后，睫毛倒插的情况仍未见改善，不妨动手术改变睫毛生长的方向。有极少部分的宝宝会因为睫毛倒插而伤到眼角膜。若孩子的眼屎多，看阳光时感到异常刺眼，就得马上动手术。

结膜炎

眼睛充血、眼屎多到夸张

症状　眼结膜担任着隔绝细菌或病毒的角色，保护眼睛不受外来的刺激而导致感染。眼结膜会受到超强感染力的细菌或病毒侵袭而发炎，这就是结膜炎。

感染后，眼睛会充血变得很红，早上醒来时，眼屎会多到睁不开眼睛。细菌或病毒藏在眼屎中，传染力超强，有时甚至会通过宝宝摸了眼睛的手传染给爸爸妈妈。

处理　所以一旦患上结膜炎，只要摸过宝宝就一定要洗手，毛巾也得分开用。

去眼科就诊时，医生会开含抗生素的眼药水或软膏。市售的眼药水由于含有防腐剂或刺激性的药剂，所以请不要买来给婴幼儿用。

耳疾

孩子常常用手碰耳朵、哭闹不休时，有可能是耳朵里有什么异常。罹患中耳炎时，有时甚至会发高热。要是孩子好像对于周遭的声音没什么反应，就表示耳朵有听力上的障碍。

外耳炎

一拉耳朵就痛

症 状　外耳道受到细菌感染而发炎，多是因为挖耳屎时，挖耳勺伤到外耳道所致。由于外耳因发炎而肿大，所以拉或压耳朵时就会奇痛无比。这就是和中耳炎最大的不同点。

处理及注意事项　只要带去耳鼻喉科就诊，开个含抗生素的软膏加以治疗，1周就能见效。发炎的这段时间，注意先别让孩子去泳池玩水。

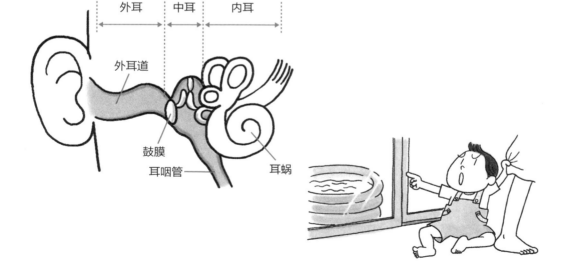

外耳　中耳　内耳

外耳道

鼓膜

耳咽管

耳蜗

中耳炎

来自喉咙的细菌才是主因

症状 感冒时，藏在鼻涕或痰里的细菌或病毒，跑到中耳而引起发炎，严重时甚至会化脓。

　　婴幼儿的耳朵构造特别容易引发中耳炎，感冒就医时，最好请医生顺便检查一下耳朵。一旦高热、发炎情况恶化，蓄积在中耳里的脓会冲破耳膜，于是形成耳漏。

　　医生开的抗生素处方或许可消炎，去脓后疼痛感便获得缓解，但中耳炎是否已经痊愈还要请医生确认。

处理及注意事项 只去一次医院或不按照医生指示吃药，有可能转成慢性中耳炎，这点务必注意。

分泌性中耳炎

有时会造成听力减退

症状 中耳有积液，造成听力减退，好发于急性中耳炎尚未治愈时。就算有些听不清楚，由于不会痛，经常很晚才发现。周遭的人讲话时，孩子会不太有反应或把电视音量转很大声，通常是到了发生上述情形时家长才发现。

处理 这种疾病需要长时间治疗。得沉住气，长期奋战，才能打败病魔！

流行性腮腺炎
（流行性耳下膜炎）

有时会造成重听或脑膜炎

症状 因感染腮腺炎病毒所引发，双颊或耳下会鼓鼓地肿大，有些宝宝就算被传染也不会发病，而且只要感染1次，便终生免疫。耳下肿大2～3天前，到发病后10天左右，这段时间的传染力最强。

处理 在孩子的脸颊或耳下贴退热贴，安静养病。流行性腮腺炎有时会引发无菌性脑膜炎、重听、睾丸炎、卵巢炎等其他疾病。只要怀疑是流行性腮腺炎，就算症状尚不严重，也还是前往医院求诊较为妥当。接受预防接种，做好预防工作是相当重要的。

健康检查及预防接种

健康管理

妥善做好健康检查，让孩子健康成长

婴幼儿体检该什么时候去？在哪里做？

中国各地区婴幼儿体检所实施的时期、次数、费用等都各不相同。1个月宝宝的体检，通常在宝宝出生的医院检查。3～4个月宝宝、6～7个月宝宝、9～10个月宝宝、1岁6个月宝宝、3岁幼儿的体检，基本上都在其居住地的医院保健科进行。接受体检时，请别忘了携带户口簿、宝宝的出生证明、父母的身份证、宝宝的病历本等，有的地方还需要带疫苗接种记录等。妈妈最好随时记录下宝宝平时在家的详细健康状况，宝宝年龄越小，记录就应越详细，比如宝宝的胃口情况、大便情况、有无腹泻等，方便医生询问时回答。

婴幼儿体检要配合其成长状况

家庭育儿，孩子的智能、行动发育方面的疑问等，也可以从负责检查的医生那里获得解答。各月龄段宝宝的主要体检内容如下。

1个月宝宝体检

身高、体重、有无黄疸、有无先天性代谢异常、腹部、心脏（心跳数）等，帮宝宝做全身检查。根据身体测定的结果，院方也会做出一些关于母乳或配方奶的营养指导。若在此时发现像斜颈等特别疾病，院方也会协助介绍相关专科医生。妈妈的产后体检也可在同一天前往妇产科就诊。

3~4个月宝宝体检

测量身高、体重，检查宝宝体重增加的情况，看看宝宝脖子转动的感觉，观察宝宝运动机能的发达度，指导辅食的吃法。

6~7个月宝宝体检

测量身高、体重，内科体检，检查宝宝健康状态。看看宝宝翻身、坐着的感觉，观察其运动机能的发达度，开始指导宝宝牙齿保健。

9~11个月宝宝体检

除了身高、体重、内科体检，也检查宝宝抓东西、学站的情况，并指导如何预防意外的发生。

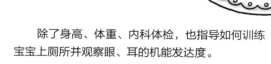

1岁6个月宝宝体检

除了身高、体重、内科体检，也会观察宝宝是否有身心障碍及其运动机能的发达度。

3岁幼儿体检

除了身高、体重、内科体检，也指导如何训练宝宝上厕所并观察眼、耳的机能发达度。

预防接种能保护孩子不生病

接种计划内疫苗是"该尽的义务"

预防接种分成计划内疫苗（一类疫苗）及计划外疫苗（二类疫苗）两大类。

计划内疫苗（一类疫苗）是国家规定纳入计划免疫，属于免费疫苗，是从宝宝出生后必须进行接种的。只要宝宝符合国家规定的年龄，便可在公费补助下接受定期接种。

计划内疫苗（一类疫苗）有 7 种：卡介苗、乙肝疫苗、脊髓灰质炎疫苗、百白破三联疫苗、麻疹疫苗、乙脑疫苗、流脑疫苗。

疫苗的种类

疫苗可分成以下 3 种：

活性减毒疫苗

把病原体的病毒或细菌削弱毒性后，直接注射以阻止身体发病。一旦接种，体内的病原体会增加，1 个月左右后便产生免疫力。

非活性疫苗

仅使用去除病原后的部分细菌或病毒，要获得完整免疫力，得接种好几次。

类毒素

萃取出细菌所制造的毒素制成的疫苗，具有免疫力却没有毒性，有时也被分类在非活性疫苗里。

接种计划外疫苗可交由家长判断

在婴幼儿时期纳入自行接种的有水痘疫苗、肺炎疫苗、流感疫苗、甲肝疫苗等。这些可在家长判断下自行接种，基本上都是自费。

请家长仔细阅读乡镇或医院发行的手册，提高对于预防接种的理解度与认识！

对预防接种的效果或副作用若有不懂的地方，请咨询各地区的保健中心。因为知识不足或误解而拒绝预防接种，结果让病情加重的情况，请千万要避免。

别勉强，身体状况好时才接种

预防接种尽量在婴幼儿身体状况佳时进行。

就算孩子本身很健康，爸爸妈妈却感冒，或周遭正有传染病流行时，先别勉强接种。

另外，预防接种后，要尽量让孩子处在可舒缓身体、安静生活的环境。就算孩子的状况很好，也别带往人多的地方玩或出门旅行。

别过度担心副作用

接种的状况因人而异，有些宝宝接种的地方会稍稍红肿，有些则会轻微发热。

有些活性减毒疫苗在接种后，会产生和该疾病相同但是较轻微的症状，称为"副作用"，不需要太过担心。

若真的担心，可在宝宝接种后，在医疗机构待 30 分钟左右，观察孩子的状况，万一有什么紧急的反应也较好应对。

小儿预防接种种类

乙型肝炎疫苗	可预防乙型病毒性肝炎。出生 24 小时内接种第 1 针，满 1 个月时接种第 2 针，满 6 个月时接种第 3 针。
卡介苗（BCG）	可预防结核病。出生满 24 小时后接种，满 12 岁加强 1 次。
脊髓灰质炎糖丸	可预防脊髓灰质炎（小儿麻痹）。该疫苗为口服疫苗，出生满 2 个月接种第 1 次，满 3 个月接种第 2 次，满 4 个月接种第 3 次，1 岁半至 2 岁期间加强 1 次。
轮状病毒疫苗	轮状病毒传染性强，一旦感染便会剧烈呕吐、拉肚子、发热等。该疫苗为口服疫苗，主要用于 2 个月~3 岁的婴幼儿。
百白破三联疫苗	可预防白喉、破伤风、百日咳。出生满 3 个月接种第 1 次，满 4 个月接种第 2 次，满 6 个月接种第 3 次，1 岁半至 2 岁期间加强 1 次。接种后有时会出现发热现象。
流脑疫苗	可预防流行性脑脊髓膜炎。出生满 6 个月接种第 1 针，满 9 个月接种第 2 针，满 3 岁接种第 3 针，满 7 岁接种第 4 针。
流感疫苗	可预防流感。6 个月以上、抵抗力差的宝宝可以接种，最好在流感流行季节前或期间进行接种。
麻疹疫苗	可预防麻疹。出生满 8 个月接种第 1 针，满 7 岁加强 1 针。
甲肝疫苗	甲型肝炎又称急性传染性肝炎，其病毒通过消化道传播，流行范围较广。满 1 岁的宝宝可以接种。
乙脑疫苗	可预防流行性乙型脑炎。出生满 1 岁时接种第 1 次，1 岁半至 2 岁期间加强 1 次。
水痘疫苗	1 岁多的婴幼儿一旦感染水痘，容易并发脑炎、肺炎、皮肤严重细菌感染，成人感染也可能变成重症。1 岁至 1 岁半的宝宝可以接种。

※ 水痘疫苗、甲肝疫苗、流感疫苗、轮状病毒疫苗为自费接种的疫苗。

第 6 章

受伤或事故的预防及紧急处理

褓褓时期千万别大意
床上事故不可轻忽

重新审视宝宝的睡眠步调

大人们通常会觉得"宝宝只是在睡觉"，其实孩子睡觉时仍然动个不停呢！

脚踢来踢去，身体不知不觉往上跑，头常常因为这样而碰撞婴儿床的栅栏。为此，最好让宝宝的睡眠步调保持简单。

另外，就算只是一瞬间，也不能让宝宝单独睡在成人的床铺或沙发上，因为这一瞬间极可能造成终身遗憾。

婴儿床上不要放玩具及毛巾等物品，尽量保持清爽。

陪睡时要小心别让宝宝窒息

有些家庭会给宝宝一个专属的房间，晚上和父母分开就寝，但从现实层面来讲，亲子几乎都同房睡。当宝宝夜哭时，马上查看情况非常重要，但直到宝宝会自己翻身为止，采用和父母同房异床的方式会比较安心。

并非绝对不能陪宝宝睡。但若是和宝宝一起睡时，偶尔会发生棉被或大人的身体堵住宝宝口鼻，酿成宝宝窒息的意外。

甚至发生过哺乳的妈咪们让宝宝吸着奶睡觉，妈咪的乳房意外让宝宝窒息的事情。

一睡着便叫不醒、睡相不佳、过于疲劳的人以及极有可能把宝宝当床垫的人，请特别小心。

睡觉时的宝宝实际上也还是动来动去。婴儿床的栅栏会不会掉下来呢？

棉被或枕头也可能堵塞气管

给宝宝睡觉用的棉被或毯子，最好不要选择太过柔软的，由于枕头有时会压迫到宝宝的脸或鼻子，所以也可以不用。

就算是已有翻身能力的宝宝，也不要选择太过松软的棉被和枕头，免得堵住口鼻。

填充布娃娃等小玩具，宝宝睡觉时要记得拿走。

过于柔软的棉被或枕头也具有危险性。

预防日常 生活的事故 宝宝会爬后更要寸步不离
行动范围越大，事故的概率越大

家里有没有潜藏危险的地方？

和宝宝一起生活的大人们，得预想任何事故并加以预防。就算周围没有什么危险物品，但宝宝一下爬来爬去、一下扶东西站起来，这些日常动作有时便和事故画上等号。

浴室、厨房、阳台及楼梯等危险场所，大人要一一仔细检查，而客厅或寝室，也别忘了要好好整理。首先，对宝宝而言，碰得到的东西等同危险物品，必须收拾且放在他们拿不到的地方。

宝宝日渐成长，昨天还做不到的事，也许今天就能轻易办到。"应该还拿不到，没问题啦"，可千万别这么想，要预知宝宝接下来的行动，巨细靡遗地检查是否有危险物品。

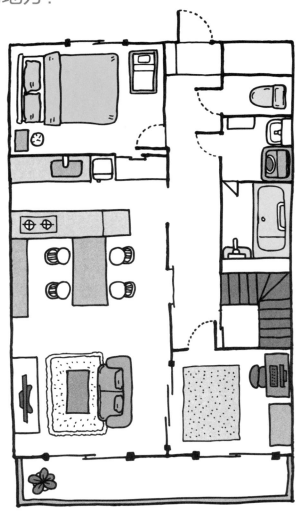

仔细检查家里是否有危险场所。

让宝宝穿不易受伤的衣服

想让宝宝穿些可爱的服装是人之常情，但身为父母的您也得知道，衣服、饰品或鞋子等有时也是引起事故的要因。不要让宝宝穿太多，要选择合脚的鞋子，服装尺寸要合乎宝宝身体。因为如果衣物不合身，会造成宝宝不易行动，便容易酿成事故。

有坠饰、小包包或带子的衣服都有可能缠到宝宝，让宝宝跌倒。

选择合身的尺寸。

跌倒、碰撞

宝宝爬来爬去，难免会碰撞到家具，经常发生连大人们都意想不到的伤害。这时，不妨站在宝宝的角度，依婴儿的视线，重新审视家里的危险之处。

宝宝有可能在玄关踏垫、厨房踏垫上滑倒而发生意外。可以用胶带或黏土把踏垫黏在地板上固定。

宝宝跌倒时有可能会撞到头，因此得留意家具等的边边角角，建议可以用软垫贴（防撞角）粘贴起来。

宝宝如果在浴室或脱衣室滑倒，严重时，可能会危及性命。记得要把香皂等用品收好，宝宝洗澡时绝对要寸步不离。

受伤或事故的预防

摔落

脚步蹒跚、头又重的宝宝，只要稍微重心不稳，就有可能摔落。"摔落"本身就是宝宝在家里最容易发生的事故。就算是认为宝宝绝对跨不过去的地方，也不能掉以轻心哦！

危险场所对策

在不让宝宝进入的地方设栅栏

在楼梯或玄关前、浴室、厨房入口等设栅栏，别让宝宝轻易跨越。

婴儿床

一旦宝宝开始扶着东西学站，就有可能发生跨越栅栏倒栽葱摔下床的情形。宝宝一旦起床，就别让他一个人在床上。

阳台

在阳台上摆东西，等于让摔落事故发生。千万记得，阳台要永保干净整洁。另外，一旦阳台的栅栏缝隙过大，就有可能发生摔落或夹住头的危险。新手父母们不妨养成将阳台上锁的习惯，或在阳台栅栏上安装防护网，以防宝宝轻易出入阳台发生意外。

万一宝宝真的摔伤？

1
万一宝宝真的从高处摔落，或严重跌倒时，要赶紧确认有没有撞到头。

2
若宝宝一副很痛的样子，就有可能已经骨折。此时，尽可能地别让宝宝再动来动去，赶紧呼叫救护车。

3
就算宝宝事后没有异状，也还是要持续观察个一两天。若出现呕吐、发热等症状，要赶紧就医。

拉扯、夹手、开启

厨房或客厅里的家具、家电、电线类等，都是宝宝觉得很有兴趣，且视为乐园的地方。昨天还做不到的事，今天也许就能轻松办到，这就是宝宝正在成长的证明。别大意地想说"宝宝还小，应该拿不到"，应该要了解宝宝成长的下一步，并且采取对策，防止宝宝受伤。

刚开始学习扶东西站立的宝宝，总是看到东西就抓。一旦拉到桌布，那桌上的烟灰缸，或装有热茶的杯子就会掉到宝宝头上，这怎么得了？在宝宝学站的这个时期，应该先把桌布拿掉。

电风扇也要下点功夫，帮它装上罩子。

插头要加盖，电水壶、平板电脑等家电用品的电线，绝对不要搁在地上，因为有可能会绊倒宝宝！

宝宝会一直想打开橱柜的门或抽屉，为了避免宝宝的手被夹到，不妨活用市售的安全锁等，绝对不要让宝宝轻易地打开。

容易出意外的地方，还有厕所和浴室，宝宝会跑进去，然后将自己反锁在里面。任何担心宝宝会不小心跑进去的地方，都可以加装门锁或栅栏，以防万一。

被门缝不小心夹到手、原本开着的门被强风吹到关起来而夹到宝宝的手，这些危险也得预防。开关门的时候，请小心留意宝宝是否就站在旁边。

触电

宝宝很有可能会把发夹等金属插进插座里，别忘了没有使用的插座都要加盖。

宝宝总是对电线或插头兴趣盎然，除了要记得给不用的插座加盖，小心使用电器用品这个动作，更得从平常做起。

曾发生过宝宝钻到小缝隙里，去玩冰箱或电视等的插头而发生意外。千万不要心存侥幸，务必确认电器和插座的状况。

一旦不幸触电……

1 马上切断电源，如果是在屋内，就关闭总电源并拔除电器用品的电线。

2 若无法关闭电源，请戴上不通电的橡皮手套，把宝宝抱离电源处。

3 包含烧伤在内，仔细检查宝宝全身状态。只要宝宝有任何一瞬间失去意识，就要立刻送医。

4 触电导致的烧伤，虽然看起来只是一点点红肿，但有时已伤及身体深处。除了要紧急处理烧伤，也要赶快叫救护车，送医接受检查。

5 若没有烧伤或其他外伤，只是被吓了一跳，请轻轻地安慰宝宝。

溺水

在婴幼儿遭遇的有关水的意外事故中，高达八成是发生在家里的浴缸。要记住，越是危险的地方就越要寸步不离，浴室不要放任何可让宝宝踏上去的东西，时时刻刻都得小心。

孩子会在不可预料的地方溺水

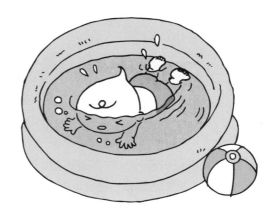

除了浴缸，马桶、洗衣机、玩具泳池、水桶、洗脸台等，这些地方就算水深仅 10 厘米，还是有可能让孩子溺水。

万一真的不幸溺水⋯⋯

如果从水里抱起来时，宝宝正大声哭泣，表示没有什么大碍。但为防万一，还是尽快送医确认气管是否有进水。

若是婴儿，可以抓住双脚，状似倒吊地保持一段时间。

进行催吐时，父母先采取坐姿，弓起膝盖，把孩子放在膝盖上，顶着宝宝的胃部，压迫肚子，压低头部，再拍背。

马上把孩子抱起来，确认呼吸及心跳数。如果有喝到水，就马上进行催吐。

没有呼吸时得马上送医

若孩子失去意识、意识模糊，请马上叫救护车。没有呼吸或心跳时，请持续进行人工呼吸等措施，直到救护人员到达。

烫烧伤

客厅、寝室
也要小心

已点火的香烟，或装着热饮的杯子，不可以放在宝宝的手够得到的地方。

宝宝并不会知道什么东西烫不烫。对宝宝而言，只要对烤箱、电熨斗有兴趣，就会马上去碰，在不注意的时候便有可能发生烧烫伤的意外。新手父母切记，千万不要一边抱着宝宝一边拿着热饮。

暖炉的周围可以设栅栏，防止宝宝靠太近。

正在用电熨斗时，绝对不可以把孩子单独留在现场。

在厨房
更要小心

开火煮饭的厨房是最容易酿成烧烫伤意外的地方。着手做炸虾、炸肉等油炸食物，或烧开水时，要防止宝宝靠近。孩子也极有可能被电饭锅所冒出的蒸汽烫伤，当宝宝企图扶着热水瓶站起来的时候，也有可能不小心按到压钮，而造成严重烫伤。

设个栅栏之类的障碍，阻止宝宝跑进正在做饭的厨房。

上锁

装着热食的锅子或餐具、电饭锅或烤面包机等家电，记得要放在宝宝的手够不到的地方。煤气灶的点火装置，要养成用完即上安全锁的习惯。

只要扳上拉把用按钮控制便会流出热水的供水设备已经慢慢普及，让宝宝能轻松地洗个热水澡。另外，宝宝爬到浴缸的盖子上，却整个跌进热水里的意外，依然层出不穷。

就算浴缸里没有水，也要记得把浴室门上锁，以免宝宝轻易地进出浴室。

也经常发生和妈妈一起洗澡时，宝宝竟调皮地去转水龙头而被莲蓬头的热水烫伤的意外，新手父母请小心设定温度。

夏天的晒伤也算是烫伤

宝宝的皮肤很薄，一旦接触到夏天强烈的紫外线马上就会变红。这几乎等同于烫伤。幼儿时期所接触到的紫外线照射量，和皮肤癌的关系更是众说纷纭，总之小心为妙。

享受户外生活的同时，也别忘了保护皮肤，外出请尽量避免日照强的时段，挑选上午或傍晚等凉爽时间，会是不错的选择，也别忘了帮宝宝戴上帽子或多加衣服好好保护皮肤。

● 未满 6 个月的宝宝，应该尽量避免在盛夏前往海边或山上。
● 可以多加利用儿童防晒乳等用品。
● 要用玩具游泳池给宝宝玩水时，尽量在阴凉的地方。

冬天也会引起低温烫伤

所谓低温烫伤，是指长时间触摸可接受的高温所造成的烫伤。由于并不会马上感到烫，于是便渐渐地、一点一点地对皮肤内部造成伤害，甚至比一般烫伤更严重。

● 脚炉或暖宝宝要隔着衣物使用，避免直接接触皮肤。而热水袋则要仔细拧紧，以厚布包起来再使用。

● 电热毯或电热被最好别给宝宝用，这样比较安心。

● 绝对不可以让宝宝在电暖桌下睡觉，曾有当宝宝醒来时，已严重烫伤的意外案例。

不小心烫伤了……

就算注意，但还是不小心让宝宝烫伤了，请先冷静下来，马上用冷水冲洗患部或进行冰敷。

在处理烫伤时，最需注意的是要充分冰敷。因为借由冰敷，可缓和疼痛并减轻症状。冰敷的时间太短没有意义，最少要敷 20 ～ 30 分钟，直到不痛为止。

先充分冰敷

如果是手脚烫伤

把宝宝带往水龙头或莲蓬头底下，用冷水冲洗 20 ～ 30 分钟，请注意水流不要开得太强。

如果是穿着衣服的地方烫伤

若勉强脱下衣服，患部有可能会受到摩擦而伤到皮肤。可以从衣服上面直接冲水，充分降温后，再用剪刀剪开衣服。

若是耳朵或头部等烫伤

不好淋水的地方（耳朵或眼睛等），可以用浸过冰水的毛巾或装着冰水的塑料袋等加以冰敷，同时请赶紧叫救护车接受专业治疗！

别相信民间疗法及家传秘方！

有民间疗法说只要在烫伤的部位涂点酱油或油等就好，但如果是烫伤导致发炎还照做的话，就可能会引发细菌感染，进而更加疼痛，所以千万别相信。

总而言之，一有烫伤情况，就先冰敷，什么都别涂，直接就医。因为一旦涂上市售软膏等，医院就得先清洗该软膏才能开始治疗。同时请小心别弄破水泡。

边冰敷边送医

若只是皮肤变红的烫伤

就算只是小烫伤，若有水泡或化脓迹象，还是得就医。前往医院时也不妨用装冰水的塑料袋等加以冰敷，可借此减轻症状。

身体表面积 1/3 以上的大范围烫伤

若危及生命，请分秒必争地尽快就医，万一烫伤的表面积太广或过于严重，请冰敷患部并大声求助，请别人帮忙呼叫救护车。

儿童事故防治中心

家庭意外及交通意外占幼儿死亡原因的前几名。根据相关部门数据显示，1～14 岁的孩童最常见的死因是意外事故，如烧烫伤、误吞异物和摔落等。

误食

家里可能有很多宝宝会误食、误吞的危险物品，如固体、液体、药品、尖锐物品等。根据误吞的东西不同，解决办法也大不相同，切勿慌张，冷静以对才是上策。

宝宝开始学爬，活动范围愈趋扩大，其手指的功能也渐趋发达，可以两手各拿一个玩具，甚至还可以换拿其他玩具。宝宝的小手小脚越来越灵活，有时也可抓取、捡拾掉到地上的东西。

宝宝只要是眼睛看得到的、手摸得到的东西全都想往嘴里塞。

家里的东西，只要是会让宝宝误食的，就等同于危险的"毒物"或"异物"。万一宝宝真的不幸误吞了东西，就得赶紧处理。

宝宝什么都往嘴里塞

化妆品、洗洁剂、药品等具有毒性的东西，切记要妥善放在宝宝够不到的地方，好好保管。纽扣或玻璃弹珠等固体，直径若小于 3 厘米，都有被宝宝误吞的危险。

有一种叫作"误吞检测器"的东西，可检测该物品是否可能被宝宝误吞。父母们可以先行检测，家里有什么东西可能被宝宝误吞。

香烟最常被宝宝误吞！

家里有宝宝最好是禁烟。如果没办法禁烟，房间里也请尽量不要放香烟或者烟灰缸。

特别要注意的是，家中有宝宝，千万不能拿果汁饮料等空罐取代烟灰缸。小孩子很容易在不知情的状况下，以为罐子里有果汁，误吞下去是非常危险的。水溶后的尼古丁很容易被人体吸收，一旦发生这个状况，请立刻让孩子喝水或牛奶再催吐，并迅速送医。

若是能够确认误吞的香烟量超过 2 厘米，请先观察 4 ~ 5 小时，再确认是否有必要送医。

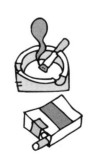

万一真的误食

首先，请冷静确认宝宝误食了"什么"，吞了"多少"，以及"正处于什么状态"，这对决定要不要催吐的判断非常重要。若家长仍感到不安，请马上拨打 120 急救电话。

让宝宝喝水或牛奶稀释毒性后催吐

厨房用清洁剂

发胶

药品

咖啡

酒精类

化妆品

香皂、洗发精

擦拭宝宝口腔，静待观察
※ 如果是大量误吞，最好还是尽快就医

火柴

芳香剂

干燥剂

马克笔

蚊香

蜡笔、粉蜡笔

黏土

体温计的水银

香烟

口红

不宜催吐，直接送医
一旦催吐会跑到气管里，恐引发肺炎

强酸、强碱制品

厕用洗涤剂

浴室用清洁剂

漂白剂、除锈剂、通药

农药类

杀虫剂、除草剂、生石灰

危险固体

铁钉、针、别针、玻璃

石油制品

灯油、石油、稀释剂、油漆、去光水

石蜡

请立刻催吐
这类物品属油溶性，不要喝牛奶，一定要喝水并进行催吐

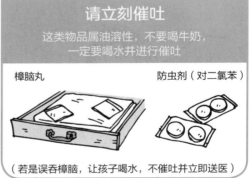

樟脑丸

防虫剂（对二氯苯）

（若是误吞樟脑，让孩子喝水，不催吐并立即送医）

※ 不管宝宝吞下什么东西，只要失去意识、引发痉挛，请马上叫救护车，连同宝宝吞下的东西一起带去医院。

当您发现宝宝误食异物或毒物时

催吐的方法

从背后环抱住宝宝，双手紧扣在宝宝胃部，往上用力拉抬数次进行催吐。

把宝宝的肚子放在大人的手腕或膝盖上压迫，用手用力地拍打、揉推宝宝背部进行催吐。

若看得见异物，可用手指挖出来，或用手指压住宝宝舌根进行催吐。

就算宝宝吞下异物，有时也不会堵住气管，而会直接进入胃部，这种情况的话2～3天后，异物会随着粪便排出，所以不妨多加留意事后宝宝的排便情况，确认所吞下的东西是否有排出来。

若异物有随着粪便排出体外，就没什么大碍，但还是得观察几天，看宝宝是否有出现腹痛或呕吐等情形。

若宝宝所误吞的是在上页图表中标明可进行催吐的东西，爸爸或妈妈要用手指压住宝宝的舌根进行催吐。同

香皂等毒物的催吐方法

时请小心别伤到宝宝口腔，或让吐出的东西堵塞气管。不过，若宝宝失去意识，或意识已经模糊，甚至已经出现痉挛等中毒症状时，请尽快呼叫救护车！

催吐的同时，也别忘了留意宝宝呼吸或脉搏，必要时进行人工呼吸或心脏按压。

不能给婴幼儿吃花生

一旦不小心让花生掉进气管里，再加上花生吸收水分后更难取出，就会演变成难治的肺炎，相当危险，所以绝对不可以给婴幼儿吃花生。

一直到 2 岁前，玩具或糖果、容易卡在喉咙的苹果或芋头等较硬的蔬果，也请记得小心处理过再拿给宝宝。

吞东西而咳不停时

宝宝误吞东西而咳个不停的时候，表示可能异物已进入到气管里。这时家长们请像催吐似地拍宝宝的背部数次，如果还是继续咳，要尽快就医。

接受诊断时的注意事项

请家长们先确认宝宝吞了什么，吞下多久了，仔细地跟医生说明。

最好连装着毒物的容器或空瓶一起带去，可帮助医生进行正确的判断。

不知道该怎么办？
打电话给 120 急救中心

误吞毒物的处理真是刻不容缓！在仓皇失措、不知如何是好时，可能已回天乏术。此时，不妨打电话给 120 急救中心，具有专业知识的咨询人员会提供妥善的指示。

致电时，冷静说明：

（1）宝宝吞了什么？吞了多久？

（2）几点左右吞的？

（3）宝宝现在的状况是？

这些信息非常重要，请务必说明。

异物进入眼、耳、鼻里

随着孩子的成长，有些调皮的孩子会把玩具或食物塞到鼻子或耳朵里。有时也会发生小虫子跑进耳朵里的情况，以及沾着食物或香皂的手揉到眼睛而痛到大叫的情况。请不要硬取出来，赶紧送医方为上策。

万一异物（毒物）进入眼睛

若宝宝流眼泪、眼睛充血且痛得哇哇叫时，表示有睫毛、脏东西或具刺激性的液体跑到眼睛里去了，甚至也有可能是罹患眼疾。

揉眼睛会伤到眼角膜，所以首先要阻止宝宝去揉眼睛。若是脏东西跑进去，有时会随着眼泪流出来，可以先观察一阵子。

● 脏东西没跟着眼泪流出来时

请翻开眼睑看看，若眼白或眼睑内侧有异物，可用蘸水的棉花棒小心地抹掉。

● 眼睛里看不到任何异物时

把宝宝的上眼睑翻开来，有时就看得到。

● 清洁剂、漂白剂或化学药品等跑到眼睛里

根据药品种类不同，有些有可能会因此影响到视力。请先用大量清水清洗，并迅速带往眼科就医。

● 怎样都拿不出来、痛得哇哇叫、眼睛充血得厉害时

若异物黏在黑眼球上，若勉强取出会伤到眼角膜。

阻止孩子揉眼睛的同时，尽快前往眼科就诊吧！另外，若异物随着眼泪流出后眼睛仍然充血，也请尽快就医。

当异物跑进鼻子里时

有些调皮的宝宝，会把玩具或点心等异物塞到鼻子里。要是不管它，就会开始流臭鼻涕或鼻子发臭。

● 还不会擤鼻涕的宝宝

各位家长们可以用嘴巴靠近宝宝塞到异物的鼻孔，用力把异物吸出来，此时宝宝的另一个鼻孔，要记得用手指塞住。

● 1 岁以上已会擤鼻涕的幼儿

用手指压住孩子没有塞到异物的鼻孔，让孩子用力地"喷"似的擤出来。

一旦企图勉强取出，有时反而会更把异物往里推，此时，还是尽快带往耳鼻喉科让医生治疗。

当异物跑进耳朵里时

当有虫子跑到耳朵里，有时宝宝会吓得放声大哭。家长若看到宝宝有揉搓耳朵或拉耳朵的动作，或者宝宝突然间听不到时，表示有可能耳朵已遭异物入侵。

如果企图勉强取出耳朵里的异物，有时反而会把异物推得更深，或伤到耳朵内部，所以请迅速将宝宝带往耳鼻喉科诊治。

● 当有虫子飞进耳朵里时

请在昏暗灯光下用手电筒等照耳朵，把虫子给引诱出来。若虫子还是不出来，请在有虫子的那一耳倒几滴橄榄油或温开水，等虫子死亡，耳朵朝下让虫子流出来。若目测就可以看见虫子，可以用镊子小心地夹出。

当耳朵进水时

让进水的耳朵朝下，轻轻拍打另一边耳朵上方的头部，再用棉棒或纸捻伸进耳朵里把水吸干即可。

受伤导致出血及流鼻血时的应急处理

擦伤或抓伤等看得见的、渗水般的出血，称为"微血管出血"，过一会就自然停止。鼻血也几乎是鼻子的微血管的小伤所导致。别慌张，先学会一些紧急处理方法，便可轻松应对。

擦伤、割伤、抓伤

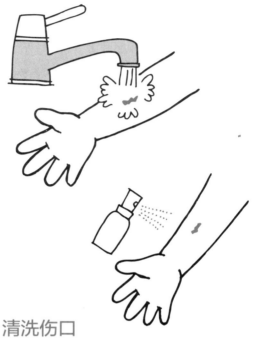

清洗伤口

擦伤或割伤时最重要的就是要防止细菌从伤口进入人体。这时可以用清水清洗伤口去除脏东西，若有不太刺激的消毒药水，不妨也擦一点。

创可贴别一直贴

长时间以创可贴一直保护伤口，反而会造成伤口闷热，导致发炎。只要伤口停止出血，就可以不再使用创可贴等其慢慢痊愈。

保护伤口

伤口不大时，可贴上创可贴保护伤口。

鼻血

由于孩子的鼻腔血管壁薄且脆弱，所以很容易流鼻血。流鼻血的原因不外乎乱挖鼻孔、撞到鼻子或擤鼻涕太用力等，只要妥善处理，大多能立即止血。若是流鼻血过于频繁，或撞到头后才流鼻血，请尽快就医！

孩子流鼻血时，为防止血流到喉咙里，请让孩子稍微低下头，同时从外侧摸摸看，用力按住没有骨头的柔软部分（鼻翼）5分钟以止血。

鼻血流不停时，可用浸过冰水的毛巾，或装着冰水的塑料袋加以冰敷，再用手指暂时捏住以止血。

※ 若重复上述步骤各 5 分钟、各 2 次仍无法止血，请尽快就医检查。

口腔受伤

跌倒、撞到玩具或游乐设施，有时会造成孩子脸颊或嘴唇内侧割伤。出血量多的话，自然会惊慌失措，但口腔里的伤口其实好得快。在伤口痊愈前，请不要给孩子吃太刺激的食物，饭后也一定要让孩子漱口，以保持口腔清洁。

口腔割伤时

让孩子赶紧把血吐出来，别吞下去并且立刻漱口。再仔细确认伤口位置及大小，用干净的纱布压住以止血。要是过一会儿仍无法止血，请尽快前往牙科诊所或口腔外科就医。

牙齿断掉时

要是刚长出来的乳牙，因碰撞而断掉了，有时也会影响到恒齿的状态。此时，请带着断掉的牙齿，尽快前往儿童牙科诊所就医。

伤口出血情形严重时

伤口过大而导致出血严重时，止血的同时得尽快就医。

来了解在家里可以先止血的方法吧！

割伤时的止血法

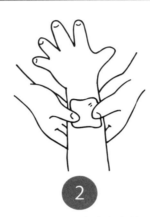

1 把手、脚的伤口抬高并高过心脏。

2 用干净纱布或布直接压住伤口，用手强压以止血。

3 停止出血后，在纱布或布上直接缠上绷带，并迅速带往医院。

紧急处理 **脖子、颈部、脸部的严重出血**

头部是即便轻伤也容易大量出血的部位。这表示有时候看似受伤严重，但出乎意料地竟马上就止血了。

满脸鲜血想必会吓到自己和别人吧？但只要孩子是抽抽搭搭地哭且还活蹦乱跳，那就无须过于惊慌，请仔细确认伤口大小及出血情况。

下述的方法是伤害危及生命时的非常手段。请家长用拇指按住摸得到动脉的地方，但按得过于压迫也会引发孩子休克，请千万小心。

血流不止时

这是血流不止时的非常手段，切勿用在未危及性命的伤口上。

 用 4 根手指压迫手臂上方内侧。

 用力夹住并压迫手指根部。

 用手用力压住大腿连接身体内侧、摸得到脉搏的地方。

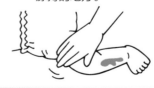

宝宝手指或指甲严重受伤！

打开后就没关上的门，因风吹的关系用力关上时，可能会夹到宝宝的手，严重时甚至会夹断手指。现今的手术技术相当棒，完全恢复的成功率也很高，万一不幸发生意外，请千万别放弃，冷静下来，尽快前往医院。

若手指断了，请带着断指尽快就医

拿干净纱布或布压住伤口，抬高受伤手指，且须高过心脏，维持这种姿势叫救护车紧急送医，别忘了把宝宝的断指也一并带去！

宝宝的断指就算脏脏的，也千万别清洗，就直接放进塑料袋等防水性的容器里。之后用冰块或保冷剂包住塑料袋，再一起放进另一个塑料袋，冰敷的同时尽快带往设有外科的医院，请小心别直接弄湿断指！

宝宝指甲剥落时

拿干净纱布压住伤口，并尽快就医。若只有部分指甲剥落，也不要勉强拔掉。

受伤或事故的紧急处理

撞到头部、胸部、腹部

当宝宝从楼梯等地方跌下去，撞到头或脸时，若还能大声哭，之后情况也没什么改变，就不需要太担心。不过，就算当时没什么大碍，有时会隔几天才出现后遗症。家长请仔细观察孩子3～4天，这样会比较让人放心。

撞到头时

用冰枕或装着冰水的塑料袋冰敷，同时让宝宝安静地躺下。

头若撞出包，请用浸过冰水的毛巾加以冰敷。

撞到头当天要让孩子静养，避免跑来跑去，也可以暂时不洗澡。

万一孩子意识无法恢复，请抬高孩子的头部并让他躺下，之后立刻叫救护车。若发现有液体从耳朵流出来，请采取该耳朝下的姿势让孩子侧躺。

※ 就算暂时失去意识，若马上恢复且后来并没有出现任何症状，就大多只是轻微脑震荡。

撞到胸部、腹部时

一旦强力撞到胸部或腹部，孩子会暂时意识模糊且呼吸困难。若只是单纯的碰、跌、撞伤，只要休息一下便能恢复。

另外，若胸部或腹部、背部遭强烈撞击，有时外表看似无碍，却已伤及内脏。

解开衣物或裤带好让孩子顺畅呼吸，同时让他安静躺着看看情况。

身体遭受强烈撞击时，就算皮肤没有出现伤口，却有可能出现红肿、痛、瘀青等症状。这是皮下出血所导致的皮肤变色，一旦发现有皮下出血情形，请用浸过冰水的毛巾等冰敷患部。

当孩子深呼吸或咳嗽会感到痛时，表示可能有肋骨骨折的现象，请前往医院就诊。

当孩子出现脸色发青，哭说肚子痛、呕吐、血尿、耳朵或鼻子流出血或像水的液体等症状的话，请迅速就医。

这种症状要小心！

不管是不是暂时性，一旦孩子失去意识且肿包软软的，疑似有内出血时，请务必带往医院。

也有明明当时已没什么大碍，但不久后却急转直下地出现症状的病例。撞到头后的2～3天内，都得进行观察。

若出现：

（1）失去意识。

（2）呕吐。

（3）呼吸不顺畅。

（4）平常不打呼但现在出现。

（5）迷迷糊糊且气色不佳。

（6）抽筋。

（7）耳朵或鼻子流出血或像水的液体。

（8）怕光。

有以上等症状时，请叫救护车迅速送往医院！

骨折、撕裂伤、脱臼

跌倒、从高处摔落造成骨折时，孩子会因为剧痛而哇哇大哭，患部会因为变形、内出血而呈现紫色。家长若发现孩子没办法移动患部，或手臂摇来晃去时，表示可能已经骨折或脱臼，请尽快就医！

脱臼

脱臼是指连接骨头和骨头的关节脱落了，当你拉宝宝的手时，要是宝宝哭，甚至无法抬起手，这就表示脱臼，也就是俗话说"手掉了"的状态。

当孩子脱臼时，有时也伴随骨折或筋组织受损，所以绝不可以随便将关节接回去，得接受专科医生的正确诊断和治疗。

如果不幸脱臼了，不立刻接受诊治，关节便动不了。另外，经常脱臼也会变成习惯，请小心不要变成习惯性脱臼。

骨折

小孩子的骨头很软，所以不会"咔"地应声折断，而是弯掉。另外，手脚的关节部分甚至会发生外翻型骨折，若以为肿痛情况不严重而加以忽视，孩子的骨头很可能就这样弯曲地长大。

发生意外后，若发现孩子的动作不同以往、觉得怪怪的，务必带往医院就诊。

不让患部乱动的固定法

肩、锁骨

肩或锁骨可用三角巾吊起来，再用别的布缠绕身体加以固定。

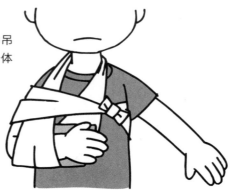

手臂、膝盖、脚

如果手臂、膝盖、脚骨折，可用木板、厚纸板、报纸、杂志等形同支架的东西（纸类卷成圆筒）包上布，让患部保持弯曲的状态加以固定。只需妥善固定，不仅可缓解疼痛，送医过程也会变得轻松。

脖子、脊椎、腰骨

脖子、脊椎、腰骨疑似有骨折状况时，切勿让孩子随意移动，并请迅速叫救护车。

受伤或事故的紧急处理

被动物、蚊虫咬伤

宠物或野生动物的牙齿细菌非常多，所以一旦没有完全消毒，伤口会红肿且持续长时间发痛。被动物咬伤时，要先用清水清洗干净，再前往医院就诊。

被狗咬伤感染狂犬病的例子，近年来可见到报道。狗咬人的可能性很大，宝宝柔软的皮肤，很容易就被咬伤皮下组织进而引发细菌感染。一旦被狗咬伤，除了得前往医院就诊外，也要记得通报当地的防疫部门。

若无法判断该蛇是否有毒，请先视为毒蛇并加以处理。

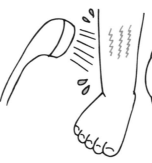

首先，为防止毒液流窜进入体内，请用绳子或毛巾绑住伤口上方，靠近心脏的位置，仔细清洗被咬的地方，并加以消毒，再迅速就医，但如果医院较远，也可以打电话听从医生意见做处理，到院后由院方施打蛇毒血清。

被猫抓伤或咬伤时，有可能会因此感染"猫抓病"，元凶是存在于猫跳蚤粪便中的细菌，务必要用清水仔细清洗伤口，并前往医院就诊。

宝宝或幼儿由于新陈代谢较为快速，所以容易招来蚊虫，皮肤又比大人敏感细嫩，所以一旦被叮咬，症状就特别明显。再者，蚊虫所挟带的毒素容易引发过敏，甚至造成二次细菌感染，最后演变成"水疱疹"。

要前往蚊虫聚集的草丛时，记得帮宝宝穿上纤维较密的长袖衣物或长裤，收晒在户外的衣服时，也要检查是否有虫子停在上面。

被蚊虫叮咬时，要先用香皂仔细清洗患部，再涂上防虫或止痒药膏。若是被虻或蚂蚁咬伤，可以擦点类固醇软膏，药效不错。

被毛毛虫、毒蛾咬伤时

一旦接触到毛毛虫或毒蛾的鳞粉，会觉得奇痒无比，皮肤还会变红。处理方式是用清水仔细清洗后，擦点类固醇软膏。

被蜜蜂蜇伤时

被蜜蜂蜇伤时，不仅伤口会红肿，且感到强烈疼痛，偶尔也会觉得呼吸困难，甚至休克而失去意识，相当危险。若有疼痛或红肿、休克症状，请尽速就医。

❶ 被蜜蜂蜇伤时，请迅速离开现场（蜂巢附近）10 米以上。
❷ 用清水仔细清洗伤口，若蜂针还留在皮肤上，可用手指迅速拔出来，防止毒液继续注入体内。
❸ 用清水冲洗，同时用指甲等压迫伤口周围，把毒液挤出来。就医治疗后，可用湿毛巾等冰敷伤口，并让孩子保持安静。

蚊虫叮咬　要尽快就医

就算伤口红肿，如果马上就消退的话表示没什么大碍，但少部分孩子会演变成以下的严重过敏症状。紧急处理后，请尽快带往医院就诊。

①发热　②呕吐　③呼吸困难　④意识模糊
⑤红色颗粒或肿包变大且扩散　⑥休克

外面世界危险重重

教会孩子保护自己前，大人得寸步不离地保护他们，也要反复教导孩子：别靠近危险的地方！

庭院

车停在停车场，车门或后车厢一定要上锁，以防止孩子恶作剧。也不可以让孩子在停放的车辆旁边玩，以免不小心被压到。

柜子里若摆有石油或农药等危险物品，一定要仔细上锁。

道路

刚学步的宝宝都不喜欢人家牵，但在车子会通过的地方，一定要牵着。

孩子有时会从滑梯或长椅跌下来。

水池或喷水池等有水的地方，切记要寸步不离。有时仅数厘米深的水也会让孩子溺水。

公园

孩子会想靠近去荡秋千，但要小心，不要被别的正在荡秋千的孩子给撞到了。

一定要检查沙地里是否有碎玻璃或尖锐物品，及狗或猫有没有在这里大便，请切记安全第一。

跷跷板或木马等会动的玩具，有时会让孩子撞到头或晃到掉下来。

紧急情况下的对策

中暑

小心车子

常有这样的意外，即父母亲把婴幼儿留在车里，自己跑去办事，导致孩子发生脱水症状，甚至危及生命。千万不要认为只要有开空调就没问题，因为夏天的车内温度就算有开空调仍相当高。除此之外，醒来的孩子跑出车外、原本睡在摇篮的宝宝竟掉出来等意外更是常见案例。就算只是离开短短几分钟，都绝对不可以把孩子单独留在车里。

在户外时

天气热的时候，一定要帮孩子戴上帽子，在阴凉的地方玩耍。也别忘了携带开水或大麦茶，频繁地帮宝宝补充水分！

 紧急处理

①皮肤潮红且干燥　　②脸色发青

③汗流不出来　　　　④呕吐

1 立刻移往阴凉的地方，解开衣物，用浸过水的毛巾包裹身体降温。若孩子还有意识，不妨让宝宝一口一口地喝水，尽量多喝一点。

2 处理后仍没有活力或缺乏意识时，请尽快带着宝宝就医！

呼叫救护车的方式及人工呼吸、心肺按摩

当孩子从高处摔下来，叫名字也没反应，或在浴缸里溺水，失去意识时请拨 120 叫救护车。由于有些症状是需要开始施行人工呼吸或心脏按压的，所以家长们最好平常就先学会这些方法。

呼叫救护车

呼叫救护车时，最重要的是父母自己要先沉着冷静，好好地看清楚宝宝的状况，若判断得接受紧急治疗，就大声呼救，请周围的人帮忙。一旦有人手，就可以分工合作。行动得以迅速展开，自然容易获救！

要是当时周遭都没有人，就得根据宝宝的症状，同时施行紧急处理程序及打 120。

通过人工呼吸、心脏按压，宝宝获救的概率便大大提升，请家长们仔细地学习。

如何拨打 120

（1）拨打 120，接通后告知对方这是"紧急事件"。
（2）沉着冷静地告知对方自己的姓名、所在地址及醒目地标、电话号码、患者姓名、年龄、什么时候、在哪里、发生什么事。
（3）如果对方有给予紧急处理的指示，请遵照指示行动。
（4）若有两位以上大人在场，一位请陪在孩子身旁，另一位则到醒目地标去引导救护车。

陪孩子去医院时

（1）详实回答救护人员所询问的问题，包括孩子的情况、紧急处理的内容、常去的医院名称等。
（2）遵照救护人员的指示行动！
（3）前往医院时，除了医保卡，也别忘了携带现金。

人工呼吸法

孩子失去意识时，请把耳朵贴近孩子的嘴边，听听看是否有呼吸声？心脏是否还在跳动？如果发现胸口没有上下起伏时，请立刻施行人工呼吸。

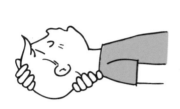

1 让孩子仰躺，下巴往上抬，头部往后仰以保持呼吸道畅通。

2 把孩子鼻子或嘴里的异物挖出来。

3 施救者深吸一口气后，用嘴巴完全罩住孩子的嘴，每次以1.5～2秒的速率，连续吹两口气。只要孩子的胸部隆起，就表示空气已进到肺里。

4 吹完气后立刻抽离，确认孩子的胸口有没有消瘪，或是否有空气从肺部出来的声音。

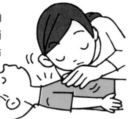

5 等到孩子恢复呼吸便可以停止施行。

心脏按压的方法

当家长把耳朵贴近孩子左胸，也听不到心脏跳动的声音，或摸颈动脉、大动脉也感受不到脉搏时，请保持孩子呼吸道畅通，并重复2～3次人工呼吸步骤，接着按摩心脏。进行心脏按压时，请配合人工呼吸一并实施。

1 让孩子仰躺在平坦坚硬的地方。

2 用手指抵住孩子肋骨中央（两乳头之间）轻轻按压。用1秒1次多（1分钟约80～100次）的频率按压，每按压5次，便从孩子嘴巴吹进空气1次。

3 等到孩子心脏恢复正常跳动后就可以停止。

确认休克症状

孩子受到重伤、身体遭受严重损害时，有时血压会下降到危及生命的地步，甚至出现休克症状。

这时，尽快叫救护车！

1 失去意识。

2 呼吸困难。

3 皮肤泛蓝，变得冰冷，盗汗。

4 舌头或指甲的部分呈现灰色或蓝色。

5 迷迷糊糊，容易想睡觉。

6 无法安静下来，容易胡闹。

当孩子陷入上述情形时，采取紧急措施，同时呼叫救护车！

紧急处理方法及注意事项

1 当有疑似骨折情况时，就算手臂或脚是弯曲的，也请保持原状！

2 如果患部被东西束缚住（鞋、袜或衣物等），请立刻脱掉以免孩子乱动。

3 发生休克情形时，请让孩子仰躺在毛毯等上面，把脚抬高，并将孩子的脸侧向一边。要帮孩子盖上毛毯，或陪在旁边抱着孩子睡，用大人的体温温暖孩子，切勿使用热水袋或电热毯等用品。

4 如果孩子觉得口渴、想要喝水时，请用浸过水的棉花棒，帮孩子擦拭嘴唇。

5 给孩子饮料或食物，反而可能让呕吐物堵住气管。

与能够创造健康身心的"食物"欣然相遇，我们靠"吃东西"延续生命、建构身体、丰富心灵。这无比重要的"吃东西"就从断奶食品（辅食）开始。

由于断奶食品是宝宝自出生以来，第一次和"吃东西"相遇，所以宝宝的反应也是千奇百怪。变得很慎重、表情很怪、喜滋滋地笑个不停、哭笑不得等。

由于各位都是新手父母，所以因此不知所措也是可以理解的。就算您已不是新手父母，大部分的事情也都是过了也就忘了，且每个孩子的吃法都不一样，会烦恼更是理所当然。

就算一切顺利，新手父母们还是会担心；一会担心不吃会长不大，一会又担心这次会不会吃太多……新手父母们经常来找我咨询有关断奶食品的问题，谈来谈去，最后总是透露出希望宝宝幸福的心情，真是可怜天下父母心啊！

断奶食品，顾名思义，就是"断绝母乳的食品"，是"一眠大一寸"的宝宝只靠母乳或牛奶容易营养不足的时期的食品。吃断奶食品，等于是改从食物获取营养的基础练习。宝宝在刚出生的时候，虽然没有人教，却会本能地去吸吮母乳，这是我们身为哺乳动物的本能。可是，当我们要进食时，却必须通过"眼睛确认、放到嘴里、咀嚼、下咽"等一连串动作，才得以完成，宝宝要学会这些步骤，得花 5～6 个月到 1 年左右的时间，才能通过一点一点吃断奶食品来一步一步地学会这些动作。

不要太过焦急紧张，别钻牛角尖，快乐地伴随宝宝成长就好。

添加辅食的过程不顺利时，任谁都会伤脑筋，别紧张，且让我们好好看这出"来来往往"的慢戏。由于宝宝自己也会有要吃的意思，所以不要把汤匙硬塞进宝宝嘴里，只要把汤匙拿到宝宝的下嘴唇边，静静等着他自己张开嘴巴吞下去就好，这动作非常重要。

有些孩子很会吃，有些孩子就是没有兴趣；有些孩子某个时期胃口大开，但过一阵子后却又食欲减退。但是，一年过后，跨出第一步，该自己吃的时候，他就会好好地吃。

每天三餐，借由各种食物获取营养这无需多言，但通过累积吃东西的快乐体验，会更进一步地成为心灵的营养。继而，就如同胡萝卜的红、大头菜的淡绿般，宝宝更可以一点一点地体验各种食材的缤纷色彩和滋味。

宝宝充分地利用五官来感受吃东西这件事，很多体验都是生平的第一次，同时正拼命地编织他小小的生命，把吃东西的喜悦装进小脑袋瓜里。

新手父母们不妨利用断乳食品这绝佳机会，重新审视自家三餐，和孩子围坐桌边，享受吃东西乐趣的同时，寻找出更多的幸福！

营养师　**小池澄子**

小池澄子

营养师、料理研究家。曾担任日本女子营养大学讲师，并在多所大学担任兼职讲师。主要从事企业及诊所的健康管理工作，同时支援托儿所，进行育儿、营养咨询等活动。主要著作有：《简单又好吃的点心》《婴幼儿食品入门》《副食品百科》《黑豆健康生活》等。